2016—2017
中国门窗幕墙行业
主流技术与市场热点
分析报告

特邀顾问　郝际平

顾　　问　黄　圻　赵洪千

主　　编　董　红

中国建材工业出版社

图书在版编目（CIP）数据

2016—2017 中国门窗幕墙行业主流技术与市场热点
分析报告/董红主编．—北京：中国建材工业出版社，
2017.2
　ISBN 978-7-5160-1782-1

Ⅰ.①2… Ⅱ.①董… Ⅲ.①铝合金—门—生产工艺
—研究报告—中国—2016—2017 ②铝合金—门—市场分析—
研究报告—中国—2016—2017 ③铝合金—窗—生产工艺—
研究报告—中国—2016—2017 ④铝合金—窗—市场分析—研
究报告—中国—2016—2017 ⑤幕墙—工程施工—研究报告
—中国—2016—2017 ⑥幕墙—市场分析—研究报告—中国—
2016—2017 Ⅳ.①TU228 ②TU227 ③F426.9

中国版本图书馆 CIP 数据核字（2017）第 027448 号

内 容 简 介

　　近年来，门窗幕墙行业高速发展，新产品、新技术层出不穷。为了给广大读者
和用户一个清晰的概念和选用方法，中国建筑金属结构协会铝门窗幕墙委员会推出
了本书。书中以幕墙工程、门窗系统产品两大类体系为主线，围绕其产业链上的型
材、玻璃、建筑用胶、五金配件、隔热（密封）材料和生产加工设备等展开文章的
编撰工作，旨在为广大读者提供前沿的行业资讯，引导企业家，坚持新品研发、技
术创新以适应经济新常态发展。同时，还针对当前的热门工程案例，邀请行业专家
结合最新的标准规范进行了宣贯和解读。

　　本书可作为房地产开发商、设计院、咨询顾问公司以及广大门窗幕墙上、下游
企业管理、市场、技术等人士的参考工具书，也可作为门窗幕墙相关从业人员的专
业技能培训教材。

2016—2017 中国门窗幕墙行业主流技术与市场热点分析报告

特邀顾问　郝际平
顾　　问　黄圻　赵洪千
主　　编　董红

出版发行：中国建材工业出版社
地　　址：北京市海淀区三里河路 1 号
邮　　编：100044
经　　销：全国各地新华书店
印　　刷：北京中科印刷有限公司
开　　本：710mm×1000mm　1/16
印　　张：25.75
字　　数：470 千字
版　　次：2017 年 2 月第 1 版
印　　次：2017 年 2 月第 1 次
定　　价：118.00 元

本社网址：www.jccbs.com　　微信公众号：zgjcgycbs
广告经营许可证号：京海工商广字第 8293 号
本书如出现印装质量问题，由我社网络直销部负责调换。联系电话：(010) 88386906

致读者：岁月不居，春秋代序

昨天，伴随着改革开放，建筑业的发展带动门窗幕墙产业快速提升，新产品、新技术不断涌现，推动了中国的经济发展与进步。为了集中展示建筑门窗幕墙行业所取得的丰硕成果，总结行业发展所取得的成功经验，特别是解读行业主流技术的应用现状和市场未来的发展趋势，汇总行业相关信息和商机，鼓励企业进行技术研发和管理创新，宣扬先进的企业文化，展望行业的发展前景，中国幕墙网 ALwindoor.com 在中国建筑金属结构协会铝门窗幕墙委员会专家组、全国建筑幕墙顾问行业联盟的支持帮助下，特别推出《2016—2017 中国门窗幕墙行业主流技术与市场热点分析报告》。

今天，《2016—2017 中国门窗幕墙行业主流技术与市场热点分析报告》一书正式出版发行，本书主要内容包括门窗幕墙行业发展概括与数据统计、前沿技术展望、工程案例分析、专家论文和网站原创文章等，内容涵盖了建筑幕墙、门窗产业以及与其相关配套的型材、玻璃、建筑胶、五金配件、隔热材料和门窗加工设备等上、下游产业链，旨在为广大读者还原一个真实的门窗幕墙行业。

明天，网上流传一篇"社会正在淘汰的 7 种人，会有你吗？"，刚开始，大家都不以为然，认为这还是"杞人忧天"的事，淘汰从何说起。但时至今日，答案正在悄然揭晓！中国正在经历一个漫长而又寒冷的冬天，对于大自然，如果没有冬天，一直都是阳春三月，杂草会吸光所有营养，不会再有参天的大树；而对于中国建筑业，冬天的磨砺，是为了炼造出真正的百年品牌。无论冬天有多久多冷，当春天来临时，大树会长高，绿叶发新芽，而那些野蛮生长的"杂草"将一去不复返！这样的自然法则，不正是印证了我们正在经历的产业结构调整吗？

在此，要特别致谢对本书编撰工作提供帮助和指导的领导、专家和学者们；同时，还要鸣谢山东永安胶业有限公司对本书出版发行给予的大力支持；最后，希望本书的出版发行，能与广大行业读者、业界精英们，一起成长，共同进步！

中国幕墙网　编辑部

二零一七年元月

目　　录

第三部分 市场热点分析

第四部分 行业调查报告

JG/T 475-2015

永安参与《建筑幕墙用硅酮结构密封胶》标准编制

真正提供硅酮结构胶25年质保

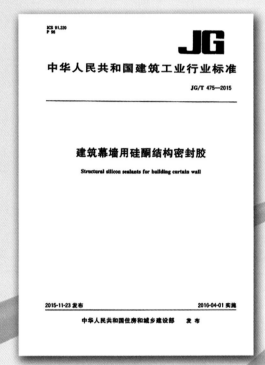

永安结构胶
率先通过新标准检测

2016年4月1日，永安胶业参与编制的JG/T 475—2015《建筑幕墙用硅酮结构密封胶》正式实施，本标准主要参考了欧标ETAG 002，部分项目参考美标ASTM C 1184和欧标EN 15434。JG/T 475—2015《建筑幕墙用硅酮结构密封胶》的先进性体现在：明确提出硅酮结构胶的使用寿命不低于25年；产品质量的稳定性及一致性方面；环境因素对密封胶的加速老化方面；力学因素对密封胶的加速老化方面，老化后力学性能的判定方法方面。

JG/T 475—2015《建筑幕墙用硅酮结构密封胶》与GB 16776—2005《建筑用硅酮结构密封胶》两个标准是同时存在的，从最低质保年限上看，选用符合JG/T 475—2015标准的产品一方面能更好的确保幕墙的品质和可靠性，另一方面可减少维护成本。

中国胶粘剂产业创新创业孵化基地

——山东永安胶业有限公司主导建设

中国胶粘剂产业创新创业孵化基地建筑面积20800平方米，设计总高度65.6米。该孵化基地是永安响应国家"大众创业，万众创新"的口号，依托永安百亩生产基地，结合地处江北最大铝型材市场优越地理环境，根据行业新常态和传统制造企业发展战略升级的需要，提出的全新平台级发展战略，同时也是行业内首家企业主导建设完成的孵化基地。中国胶粘剂产业创新创业孵化基地建成后将立足胶粘剂产业，以资源整合的崭新商业合作模式全新运行，并配备行业领先的产品展示体验科技馆，国家级标准实验室、永安学院等配套场馆设施，建立全新的胶粘剂技术展示、研发服务中心。

第一部分

行业政策解读

新型建筑工业化与门窗幕墙行业的发展机遇

◎ 郝际平

中国建筑金属结构协会

随着社会的进步、经济的发展，人们对居住舒适性的要求越来越高，耗费的能源越来越多。我们既要满足人们对居住舒适性的要求，又要建造节能好的建筑。就目前现状看，我国建筑无论在建造、使用还是在拆除的过程中，能耗都很大。建筑能耗占社会总能耗的比例在逐年上升，已从 20 世纪七十年代末的 10％上升到 27.45％。据住建部科技司推算：随着城市化进程的加快和人民生活质量的改善，我国建筑耗能比例最终还将上升至 35％左右，如此大的比重，建筑耗能已经成为我国经济发展的软肋。

据 2015 年《中国建筑节能年度发展研究报告》数据显示：截至 2013 年中国民用建筑综合面积为 545 亿平方米，其中 97％以上是高能耗建筑，而我国目前每年建成的房屋面积仍高达 16 亿平方米，超过所有发达国家年建成建筑面积的总和。以如此建设速度，预计到 2020 年，全国高耗能建筑面积将达到 700 亿平方米。如果再不注重建筑节能设计，改变建造方式，加强"四节一环保"的绿色建筑的使用，将直接加剧能源危机。

我国《绿色建筑行动方案》中也明确指出："住房城乡建设等部门要加快建立促进建筑工业化的设计、施工、部品生产等环节的标准体系，推动结构件、部品、部件的标准化，丰富标准件的种类，提高通用性和可置换性。推广适合工业化生产的预制装配式混凝土、钢结构等建筑体系，加快发展建设工程的预制和装配技术，提高建筑工业化技术集成水平。"

因此，下一步建筑业的重点任务就是"推动建筑工业化"。建筑门窗幕墙行业作为建筑业重要的组成部分，加快建筑门窗幕墙工业化的步伐，实现建筑门窗幕墙工业化与信息化的深度融合不仅具有十分重要的现实意义，而且具有长远的社会意义。

1 发展建筑工业化的必要性

建筑能耗如此之大，高能耗建筑如此之多，建筑工业化就成为建筑节能的重要突破口，也是未来建筑业发展的必由之路。建筑工业化就是通过"标准化设计、工厂化生产、装配化施工、一体化装修、信息化管理和智能应用"的方式，改变传统建筑业的生产方式。

首先，与发达国家的现状进行对比：英国、美国、日本等发达国家的装配式建筑的比例在 70％以上，我国的比例尚不足 7％，可见装配式建筑未来的市场规模还是非常可观的。

其次，我国人口红利已不在，以密集劳动力为主要作业工人的建筑模式已很难持续，新型的建造方式既是时代发展的召唤也是发展的必然。

再次，传统的建筑施工方式的高污染、高耗能已无法满足我国对绿色节能建筑的发展要求。国家在推动装配式建筑发展方面也给出了明确的指标，总理 2016 政府年工作报告指出：要积极推广绿色建筑和建材，大力发展钢结构和装配式建筑，提高建筑工程标准和质量。

2 建筑工业化发展的优势

从政策上讲：根据《建筑产业现代化发展纲要》的要求，到 2020 年，装配式建筑占新建建筑的比例 20％以上，到 2025 年，装配式建筑占新建建筑的比例 50％以上。据不完全统计，目前全国已有 30 多个省市出台了装配式建筑专门的指导意见和相关配套措施，不少地方更是对装配式建筑的发展提出了明确要求。越来越多的市场主体开始加入到装配式建筑的建设大军中。但是由于改革开放前，钢铁工业的发展水平滞后，产量有限，钢结构的应用受到限制，致使钢结构及其知识的普及远远不如钢混结构，以致我国已成为世界钢产量第一时，一讲装配化就是钢混结构，忘掉了与生俱来就是装配式建筑的钢结构。这一点应该引起建筑业界的高度关注。

从社会环境讲：一方面新型城镇化带来城镇快速发展，意味着大量的建筑需求将持续，而建筑工业化契合了节能减排的需求，传统的高能耗建筑方式必须改变。另一方面，随着人口红利的逐渐消失，越来越严重的建筑人工紧缺和人力资源成本的上升，带来建筑业对提高劳动生产率需求的提升。从而使过去制约建筑工业化发展的建造成本高的制约逐渐消失。

从节能优势上讲：据统计采用装配式建筑，建造过程中的一次节能就能带来可观的效益：无须搭设脚手架，不用传统木模板、木方，节约木材90%；节约用水65%左右；节约钢材5%～8%；节约混凝土10%左右；减少现场施工垃圾90%；施工阶段，现场基本无粉尘污染；减少现场施工场地50%左右；减少现场作业人员50%以上；减少现场生活垃圾50%以上。

3　未来建筑工业化发展的关键点

（1）注重系统研究和专门人才的培养

创新是生命。人才是关键。未来科技的主体是企业，企业要加大科技投入，培育新型建筑工业化研究机构，主动和高等院校、设计、研究机构联合，开展专门的工业化技术研究，建立"政、产、学、研、用"五位一体的机制。财政科技经费也要支持新型建筑工业化的科研及引进、消化、吸收再创造等工作。同时要高度关注人才的培养，我们既要培养专业技术人才，也要培养管理经营人才，同时不能忽视具有"工匠精神"的产业工人。

（2）建立标准化体系的同时调和标准化与多元化之间的矛盾

一方面我国目前建筑行业标准的监管存在缺失，制定的标准体系尚未出台行业强制性准则，产业链中很多环节并未实际按照标准执行。而标准体系的建立是实现建筑产品的大批量、社会化、商品化生产的前提，也是大幅降低工业化成本的必要条件。从世界各国的经验来讲，标准化体系的建立能够极大地推动建筑工业化的发展。因此在未来制订工业化建筑全过程、主要产业链的标准体系尤为重要；而建筑的标准化、模块化设计技术体系与通用化接口技术研发也是建筑工业化发展的必要需求。

另一方面，目前标准化体系设计方面还处于设计定型、构件统一、规格少且强调标准化与通用化阶段，而现在消费者需求的是个性化，多元化的产品。在今后标准的设定中应更多地注重灵活性以及解决标准领域的制约瓶颈问题，促进行业快速发展。

（3）注意结构体系的完备性

目前，社会上普遍缺少对结构体系的认知，由于这样那样的原因，人们对钢混结构了解较多,对钢结构知之甚少。我们要加大宣传力度,让更多的人了解钢结构,组合结构,使政府工作报告中明确指出的"大力发展钢结构和装配式建筑,提高建筑工程标准和质量"落到实处。

(4)注重工业化发展上下游全产业链的共同发展

新型建筑工业化的发展依赖于研究、施工、设计、生产、监督、服务等全产业链的共同进步,如传统的建筑业中"建筑设计"属于独立的行业,因此设计时无需考虑施工的工艺流程,施工对设计阶段的影响也有限。而新型建筑工业化的生产方式是采用信息化的方式协同设计、施工、部品建造与装饰装修紧密的结合。从部品生产角度,很多部件需要附加在构件上,需要大量产业链环节之间接口集成的问题,这不是一家企业的事情,需要标准化设计企业、部品生产企业、建材企业、安装施工企业等一起配合完成。因此建筑工业化必须是全产业链的工业化,建筑从设计出图、生产制造、运输配送、施工安装、到验收运营的全过程都要实现工业化。

4 建筑门窗幕墙的工业化

在建筑领域,我国门窗每年有五亿平方米的产量,它的产值超过了两千亿元人民币;幕墙每年有八千到九千万平方米的产量,产值超过一千亿元。就产业化程度而言,幕墙相对比较高,大型建筑和公共建筑,特别是超高层,单元式幕墙使用率80%,一般幕墙安装方式无法实现。而门窗作为一种工业化产品,工业化的生产、加工、安装比例也在逐年增加。

建筑门窗幕墙工业化的定义就是采用现代工业的生产和管理手段替代传统的、分散式手工业的生产方式,从而达到降低成本、提高质量的目的。其特征在于以门窗幕墙系统的设计标准化为前提、工厂生产集约化为手段、现场施工装配化与标准化为核心、组织管理科学化为保证。在建筑门窗幕墙系统化、标准化和信息化的基础上,实现建筑门窗幕墙的工业化,进而达到产品化的目标,是建筑门窗幕墙行业发展的必然趋势。

(1)门窗企业的工业化发展

在新型建筑工业化发展的大环境下,门窗需要设计系统化、标准化;生产精细化、工艺化;施工机械化,装配化,这样的发展模式对于门窗企业既是机遇又是挑战。

门窗企业要注意工艺标准化、设备标准化使产品性能更加稳定并且得到提高。在具备条件的情况下，标准规格的门窗产品整樘出厂。对于建筑标准规格外的门窗采用标准附框或专用附框进行安装。附框内口的宽、高构造尺寸应与门窗洞口标志尺寸一致，在洞口装修阶段或装修完成后采用标准的方法进行整体安装，从而最大程度的解决标准化与多元化之间的矛盾，使门窗产品更有适合于建筑工业化发展。

在生产过程中，建立智能化工厂。将大批量标准化产品生产与柔性定制化生产相结合。满足后工业化时代不同层次消费者对产品的需求。

（2）幕墙企业的工业化发展

应对建筑工业化，幕墙企业要从设计、生产、施工和信息化管理等方面寻求发展与突破。从设计开始，BIM作为建筑信息模型技术，贯穿于幕墙工程始终，通过参数模型整合各种项目的相关信息，在项目策划、运行和维护的全生命周期过程中进行共享和传递，在提高生产效率、节约成本和缩短工期方面发挥重要作用。在设计与产品生产中注重研发，推广单元式幕墙的应用，提高产品标准化程度，使部件、附件的通用性和可置换性得以提高。同时大力推动装配式建筑发展，注重预制建筑节点的延性和防水等关键技术研发，提升施工管理的水平。从而达到各环节整体发展，提升我国新型建筑工业化进行的速度。

总之，人类社会发展要走可持续之路，建筑业发展要走绿色化之路已成为大家的共识和必然选择。新型建筑工业化就是建筑业绿色发展的首选之路，她为门窗幕墙企业带来了无限的发展空间，产品的创新，技术的进步，绿色的需求……只有抓如机遇，走在前列的企业才能成为舞台的主角。

供给侧结构性改革与门窗幕墙行业的关系

◎ 黄 圻

中国建筑金属结构协会

1 新形势下供给侧结构性改革的重要性

2016 年是国家"十三五"规划的开局之年，供给侧结构性改革不断深化，刚刚闭幕的中央经济工作会议明确了"稳中求进"工作总基调。稳中求进是十八大以来我国经济社会发展的经验总结，当前中国的经济要发展就必须在稳的基础上讲发展。稳是基调，稳是大局，中国要在稳的前提下才有所进取。

党的十八大以来，我国已经确立了适应经济发展新常态下的经济政策框架，形成一心向上的格局、以供给侧结构性改革为主体的政策体系，贯彻中央稳中求进的工作总基调。2017 年是供给侧改革的深化之年，中央经济工作会议提出"三去一降一补"的方针，要继续推动钢铁、煤炭行业化解过剩产能。同时对火电、建材、水泥、平板玻璃等存在产能过剩现象的领域，也需要统筹化解。

去库存，国家要在坚持分类调控。在因地施策的前提下，把去库存和促进人口城镇化结合起来。去杠杆，要在控制总杠杆的前提下，把国有企业去杠杆作为重点。降成本，要在减税、降费、降低要素成本上加大工作力度。补短板、既要补硬短板，也要补软短板，补发展短板，补制度短板。

2017 年中央提出振兴实体经济，明确要在坚持提高质量和核心竞争力为中心，坚持创新驱动发展，扩大高质量产品和服务供给。抓住实体经济，振兴制造业，促进制造业提质增效，作为推进供给侧结构性改革的重要内容。

建立房地产市场稳健发展的长效机制，楼市的平稳健康发展是供给侧经济发展的总基调，"房子是用来住的，不是用来炒的"要建立房地产经济发展的长效建设机制。

从供给侧结构性改革的基础上分析，旨在调整经济结构，使要素实现最优配置，提升经济增长的质量和数量。需求侧改革主要有投资、消费、出口三驾马车，供给侧则有劳动力、土地、资本、制度创造、创新等要素。

供给侧结构性改革，就是从提高供给质量出发，用改革的办法推进结构调整，矫正要素配置扭曲，扩大有效供给，提高供给结构对需求变化的适应性和灵活性，提高全要素生产率，更好满足广大人民群众的需要，促进经济社会持续健康发展。

用增量改革促存量调整，在增加投资过程中优化投资结构、产业结构开源疏流，在经济可持续高速增长的基础上实现经济可持续发展与人民生活水平不断提高。

优化产权结构，国进民进、政府宏观调控与民间活力相互促进。优化投融资结构，促进资源整合，实现资源优化配置与优化再生。

优化产业结构、提高产业质量，优化产品结构、提升产品质量。优化分配结构，实现公平分配，使消费成为生产力。

优化流通结构，节省交易成本，提高有效经济总量。

优化消费结构，实现消费品不断升级，不断提高人民生活品质，实现创新、协调、绿色、开放、共享的全面发展。

上述五点，我们不难发现，侧供给结构性改革带来的不仅仅是变革，更是创新驱动、优化升级的过程。

2 供给侧结构性改革对建筑门窗幕墙行业的重要性

认真分析我国这几年的房地产政策，我国的房地产业始终是在收缩、适度放开、适当控制、个别微调的调控模式中转化。因此，门窗幕墙行业也持续受相关政策影响，最辉煌的时期应该在逐步地在退去。

很多企业的销售额都在一定幅度的削减，包括我们的上、下游产品。供给侧结构性改革绝不是头脑发热喊出的一句口号，而是市场倒逼企业做出改变的信号。

随着供给侧结构性改革的实施，对整个国民经济建设提出新的要求，当然也包括我们门窗幕墙行业。近年来，门窗幕墙行业发展面临转型，产业急待升级，更重要的是，我们的思维方式、发展理念需要变革。

门窗幕墙行业是属于房地产行业的下游产业，型材、五金、玻璃、设备、配件等产业的上游产业，随着上下游产业的形式不断变化，尤其是跟国家大的经济面波动相伴的，经济结构调整，生产制造要素配置变化息息相关。

2016 年，铝门窗幕墙委员再次启动铝门窗幕墙行业调查统计工作。

统计工作是行业的一件大事，国家和行业向来都很注意统计工作，新形势下供给侧改革，国家进行结构性调整，企业同样也面临着生产规模调整、产品研发、新项目投产的重大问的抉择，这些工作都需要行业统计工作作为基础。铝门窗幕墙委员会在会员单位的大力支持下，自 2005 年开始进行了行业统计工作，统计工作做的计较基础、也比较扎实。通过几年的统计数据积累，基本摸清了行业生产规模，产业生产规律和产品发展方向。

大家都知道，统计工作是个比较困难的工作。统计工作需要认真细致，需要大量扎实的基础数计支持，特别是需要广大会员单位的基础数据的汇总。但是，我们的统计基础数据汇总困难，统计表格上交率低，基础数据不足，导致行业统计工作暂时停滞。

2016 年，铝门窗幕墙委员会再次启动行业统计工作，希望这次通过行业统计工作，在国家新形势的供给侧改革下，为企业发展和再投资，做一些有意的参考数据。2016 年度行业统计工作我们共收企业统计表 374 份，统计工作涵盖铝门窗、建筑幕墙、建筑密封胶、建筑玻璃、铝型材、建筑五金、门窗加工设备、隔热条和密封材料等 9 大类企业。

3 当前我国铝门窗幕墙企业面临的问题

首先是资金紧张。对于大部分产业链企业，特别是各类供应商来说，严峻的行业环境，上游企业尤其是房地产企业资金紧张，银行及金融系统谨慎贷款等不利因素，都造成了整个门窗幕墙行业企业的资金紧张状况。

其次是订单不足。从 2016 年 11 月份 36 个大中城市存销比（库存压力指标）变化来看，由于"救市"、房企冲刺年度销售业绩指标等因素，一线城市及部分二线城市库存去化周期回落至合理区间，但是，库存压力仍然较大、市场去化周期在 15 个月以上、市场基本面表现欠佳的城市仍然占大多数。尤其是在 2017 年初，对于大多数城市而言，由于冲刺年度销售业绩指标的意愿降低，导致市场去化速度降低，去化周期还会略有回升，此时，"去库存"仍然是市场主旋律，房价在 2017 年年内仍然有下行压力。总体来讲，当前中国货币政策尽管有宽松趋势，但是还没有出现大水漫灌的特征。从房地产调控政策走向来看，在宏观经济尚未明显好转之时，房地产市场调控政策不会向从严方向有太大变化。上游企业的紧张状况，必然导致门窗幕墙行业工程量减少，新开工程不足，无法满足门窗幕墙行业企业的经济增长、订单增长的要求。

最后，门窗幕墙行业内出现很多工程以房抵款、资不抵债和三角债的现象。

针对当前行业现状，如何发展、如何改变、如何变革，在此给予大家三点建议。

第一，企业要把新产品和新技术，作为我们的发展方向。企业不重研发、低价恶性竞争，导致开发商、用户都不重视门窗这种产品，最终更低质、更低价，形成恶性循环。

这几年铝合金门窗工程量减少，而家装市场的零单门窗生意见好，有些超出我们的预想。当然，铝合金门窗家装市场的到来也不是空穴来风，改革开放以来我国的建筑业蓬勃发展，新建建筑的工程量巨大，新建建筑的门窗大都是统一规格、统一型号，工程的设计施工便利不少，工程对应的业主也仅是房地产公司一家，工程管理、工程质量、工程结算都相对简单方便。而对于家装的零单门窗工程我们的企业却甚少涉足，门窗工程零散，合同一单一谈，门窗设计加工安装都需要大龄的人工介入，相对于过去的房地产工程而言，成本大大增加。

但是家装门窗市场有许多我们过去看不到的亮点，比如资金回收，困扰我国建筑业多年的顽疾就是建筑业的三角债问题，我国从事 30 年以上的门窗幕墙企业都深有感受，很多企业的应收资金多达几亿元，有些债务繁纷复杂、盘根错节，有些债务长达 20 年时间，有些已经很难找到原始债务的责任方。而家装市场的资金回收就大大简化和方便，一单一结，清晰明了。

我国门窗企业这几年拼命打造自己的企业品牌，花钱不少，花力气不少，但收效甚微。门窗产品品牌虽然早已进入市场，但是以房地产工程作为供需方的市场经济，对消费者而言，门窗的选择是极为被动的，对门窗品牌的选择仅停留在买什么房子就只能用什么窗户，产品质量能过得去就行的地步。

这就为很多的家装门窗提供了生存空间，他们的灵活性、个性化设计往往能在第一时间吸引住消费者。

当然现在的家装市场也存在着很多问题，一个就是门窗标准的执行，很多家装门窗厂对贯彻国家标准的意识淡漠，甚至不懂得应该执行哪些国家标准，对当前国家的建筑节能要求、门窗防火性能要求、安全要求都不是很了解。对于家装市场的门窗工程验收也仅是做些表面文章，老百姓很难掌握各种十分专业的门窗技术要求，任凭个体商家的游说，

未来成熟的门窗市场中，价格战永远没有出路。虽然以价格为主要促销手段的方式将在很长一段时间存在下去，但从长远看，商家和厂家应该更注意资本积累和文化沉淀，提升产品和服务的竞争力，提高企业的抗风险能力和应对危机的能力，特别是二、三级市场的门窗经销商，他们更多的是考虑眼下利益。市场不好做，高价位产品销路不好，只有用低价产品，靠量来保持的利润增长。因为消费者不可能永远把眼光放在价格上。

第二，企业要结合我们国家的建筑节能政策，建筑节能是一个长期的话题。

许多我们的建设项目，90％以上是高耗能建筑。在此基础上，预计到2020年，全国高耗能建筑面积将达到70亿万平方米。因此，如果不注重建筑节能设计，将直接提高我们的能源危机。

目前在中国超过400亿平方米现有建筑中，在高能耗建筑中，门窗幕墙对能源的消耗占了近一半。建筑门窗幕墙节能是建筑节能的关键。因此，采用新型节能窗户和门幕墙，既有建筑节能，能源形势的客观要求，也有住宅新的需求要求，节能型门窗幕墙将成为发展的必然趋势。

当然包括门窗幕墙节能，这几年的行业都在不断地努力，特别是前两年北京、上海等地区率先执行75％的节能标准，而在夏热冬暖地区，建筑遮阳系统也受到重视，从而延伸出新的要求，企业应该积极响应。

第三，企业应该加强新产品在设计院、房地产开发商以及普通用户层面的推广力度。伴随着当前外部品牌进入中国市场、与本国品牌融合，产品技术的日新月异，丰富的差异化需求，尤其是越来越多的个体需求化等造成巨大的行业竞争压力。提高品牌影响力和产品竞争力，突破市场禁锢，在自身行业竞争中领先对手占领市场高地、开拓新市场是企业当前及未来几年考虑的首要问题。

有的企业在这方面下了很大的工夫，包括做系统门窗、节能门窗等，这

些对推动了我们行业技术进步和发展，是非常有益的，委员会也会对这样的企业，给予大力支持和帮助。

4　2017 年门窗幕墙行业需要关注的几个问题

1）进一步国家落实建筑节能政策

2017 年是国家"十三五"规划的深化之年，国家继续落实各项建筑节能政策。2015 年开始，随着我国建筑节能的进一步落实，北京、上海等地率先执行 75％建筑节能指标，从各地门窗节能落实情况看，门窗幕墙工程对于75％节能政策的实际落实情况并不理想。多数企业的门窗产品的节能指标仅是落实在样品门窗，真正的实际工程门窗其节能指标未能达到设计要求。各地区建设部管部门对建筑节能的检查也仅停留在样品指标或图纸审查阶段。

也有个别地区的建设行政主管部门盲目提高门窗建筑节能 K 值指标、门窗遮阳、节能辅框等要求，使得当地门窗建筑节能指标难以实施。建筑门窗的设计使用脱离不开经济环境和当地的使用习惯，仅提高节能指标，门窗产品的节能范围是很有限的，现有材料的使用想要做到突破性进展是不可能的。大家都觉得德国的门窗产品好，从我国目前门窗企业的制造技术来看，企业应该完全可以生产出德国的门窗产品。包括 K 值在 1.6 以下的门窗、防火门窗、被动房门窗、隔声率达到 30 分贝门窗等，于是各地区的建设行政主管部门纷纷提出，要大幅度提高建筑节能指标，要增加门窗各项性能的综合要求，其中包括：提高节能指标、防火、防盗、安全、遮阳、隔声等要求，要推广使用满足新节能要求的门窗。但是完全忽略了我国现有的建筑价格体系要想使用符合德国的门窗产品也是完全达不到的，我国现在实际工程门窗应用水平很低，经济较发达的北上广深等几大城市的门窗平均价格也就是在 800 元/平方米，西北、东北等地区门窗的平均价格在 450/平方米上下。我们企业的样品室里看，真有不少性能高、质量好的门窗，有些门窗设计，一点不比德国的门窗差。而我们实际到建筑工地一看，真正使用的门窗产品质量相差甚远。因此，脱离开了我国建筑门窗的整体价格体系，仅是靠我们门窗行业空喊建筑节能口号是不可能转变我国建筑门窗落后面貌。

2）住建部发展装配式建筑与门窗的关系

大力发展装配式建筑是建造方式的重大变革，党中央、国务院高度重视装配式建筑的发展，《中共中央国务院关于进一步加强城市规划建设管理工作的若干意见》提出，要发展新型建造方式，大力推广装配式建筑，力争用 10 年左右时间，使装配式建筑占新建建筑面积的比例达到 30％。2016 年 9 月 27 日，国务院办公厅印发了《关于大力发展装配式建筑的指导意见》，提出以京津冀、长三角、珠三角三大城市群为重点推进地区，常住人口超过 300 万的其他城市为积极推进地区，其余城市为鼓励推进地区，因地制宜发展装配式混凝土结构、钢结构和现代木结构建筑。

2016 年 11 月，陈政高部长在全国装配式建筑工作现场会上，要求大力发展装配式建筑促进建筑业转型升级。他指出：装配式建筑是建造方式的重大变革，要充分认识发展装配式建筑的重大意义。一是贯彻绿色发展理念的需要。二是实现建筑现代化的需要。三是保证工程质量的需要。四是缩短建设周期的需要。五是可以催生新的产业和相关的服务业。

（1）装配式混凝土建筑技术规范提出了与门窗幕墙有关的问题：

① 装配式混凝土建筑宜采用装配式的单元幕墙系统。

② 装配式混凝土建筑幕墙设计应与建筑设计、结构设计和机电设计同步协调进行，并应与照明设计协同。

③ 幕墙结构的设计使用年限宜与建筑主体结构的设计使用年限一致，且不应低于 25 年。幕墙支承结构的设计使用年限应与主体结构相同。

（2）装配式钢结构建筑技术规范提出了与门窗幕墙有关的问题：

① 术语中提到：部品包括屋顶、外墙板、幕墙、门窗、等建筑外围护系统。

② 在围护系统提到，建筑幕墙体系应符合下列规定，建筑幕墙可采用玻璃幕墙、金属幕墙、石材幕墙、人造板材幕墙。

③ 在围护系统的设计应考虑以下内容：围护系统的连接、接缝及门窗洞口等部位的构造节点。

（3）装配式木结构建筑技术规范提出了与门窗幕墙有关的问题：

① 建筑外围护结构应采用结构构件与保温、气密、饰面等材料的一体化集成系统，满足结构、防火、保温、防水、防潮以及装饰等设计要求。

② 组合墙体单元的接缝及门窗洞口等防水薄弱部位宜采用材料防水和构造防水相结合的做法。

3）建筑门窗零售业的市场探讨

近些年随着国家宏观经济调控，去产能去库存政策的实施，压缩房地产总量，新建建筑的数量在不断地减少，但是我国的一线城市的楼市依然火爆，房价还在继续攀升，引发出了二手房火爆的现象。新建住宅建筑明显减少，新楼盘的全面"豪宅化"，不少地区已经进入存量房时代。相反，二手房交易市场逐步扩大。北京市统计，2016 年 9 月份，新建商品住宅合同签约 5525 套，而二手房屋网签高达 30516 套，环比增长 18.9%，二手房成交合同是新房的 5.46 倍。2016 年 8 月份的广州建博会，家装门窗馆爆棚，全部是华南地区的个体门窗和系统门窗企业的招商大会。同样原来我们的门窗企业大多是以新建建筑的工程类门窗为主体，原来的工程市场，现在如何转为零售市场。

门窗的零售市场引发我们问题思考：

① 二手房交易大大增加，房屋改建装修，旧房换新门窗的概率大大增加。我们以工程类为主的门窗企业需要转型。

② 随着门窗的家装零单市场的扩大，家装门窗质量监控怎么控制，是否执行国家标准，行业怎样管理数量众多、水平参差不齐的小型门窗企业。

③ 过去建筑主体是房地产开发商、建筑施工单位和门窗厂，现在建筑主体转向家装个体，怎样保证个体消费者权益，如何保证门窗产品质量和工程质量成为一个新的行业问题。

我国的建筑市场是从计划经济逐步转变为市场经济，建筑门窗市场管理也同样是经历了这样一个阶段，从 20 世纪 60 年代的木门窗，80 年代的以钢代木政策的实施，到 90 年代改革开放，各种钢、铝、塑、木、复合门窗全面在行业推广使用，我们还经历了从门窗生产许可证，到门窗施工资质的政府监管时期。随着我国改革开放工作的不断深入，国家下决心加快改革开放进程，取消和减少政府的行政审批，由过去的行政准入准变为市场淘汰。国家陆续取消了门窗生产许可证和门窗施工资质的行政管理。

现在门窗企业突然放开，大家习惯的企业入门门槛没有了，房地产行业成为习惯的以资质论能力的框框没了，以资质衡量企业产品质量水平的标准没有了。怎么去衡量一个企业的能力和水平，成了行业一个大的问题。

门窗的零售市场问题更加严重，长期以来我们的建筑质量监控都是以建筑主体方为核心，也就是建筑的发包方或建筑的总承包方为主体。现在的零售市场，发包方是个体消费者，并且一点不懂门窗，承包方是参差不齐的小型门窗门店。门窗产品如何执行国家标准，如何落实国家建筑节能政策，如何保证门窗的施工质量，俨然成为门窗零售市场的一个重大问题。近几年，各地区的建设行政主管部门都在陆续出台一些有关门窗工程质量的管理条例，这些条例和管理办法也大多是管理以工程类为主的建筑门窗工程，对于家装零售类门窗工程的管理办法几乎也是空白。

因此，家装类门窗工程的产品质量问题、工程投诉问题、门窗落实国家节能指标问题，工程质量监管问题，就都成为今后门窗行业的新问题。总不能指望每一个家装个体在换门窗之前去恶补门窗知识，学习有关门窗设计原理和施工工艺，去了解国家的建筑节能政策，去懂得门窗的 6 个物理性能。

因此，企业首先要设计生产出合格的门窗产品，有优质的售后维修服务，努力打造门窗行业品牌，以品牌为基础、以信誉为前提、以质量为原则，让客户信任你的产品、依赖你的产品、购买你的产品才是零售门窗企业发展的核心要素。

4）住建部市场司《关于促进建筑工程设计事务所发展的通知》

按照《中共中央国务院关于进一步加强城市规划建设管理工作的若干意见》要求，为建筑工程设计事务所发展创造更加良好的条件，激发设计人员活力，促进建筑工程设计事务所发展，简化《工程设计资质标准》中建筑工程设计事务所资质标准指标。减少建筑师等注册人员数量，放宽注册人员年龄限制，取消技术装备、标准体系等指标的考核。

这些新的要求对我国建筑幕墙设计咨询机构也开放了，更多从事幕墙顾问和设计咨询可以申请设计资质。

5）征询幕墙设计资质改革的意见

住建筑为了进一步落实国务院行政审批制度改革要求，进一步推进简政放权、放管结合、优化服务改革，进一步减少资质类别，拟对建筑装饰、建筑幕墙工程等 8 个专项资质进行改革，委托中国建筑金属结构协会铝门窗幕墙委员会广泛征求行业意见。委员会立即召集 6 个省、市协会和 8 家幕墙企业的座谈会，就取消幕墙工程专项设计资质问题进行了讨论和研究。及时把企业的汇总意见报给有关建设主管部门。

6）积极推进门窗幕墙行业团体标准工作

根据国务院深化标准化工作改革方案，今后由政府主导制定的标准精简为 4 类，分别是强制性国家标准和推荐性国家标准、推荐性行业标准、推荐性地方标准。市场自主制定的标准分为团体标准和企业标准。政府主导制定的标准侧重于保基本，市场自主制定的标准侧重于提高竞争力。

建立健全新型标准体系配套的标准化管理体制，鼓励具备相应能力的学会、协会、商会、联合会等社会组织和产业技术联盟，协调相关市场主体共同制定满足市场和创新需要的标准，供市场自愿选用，增加标准的有效供给。

在标准管理上，对团体标准不设行政许可，由社会组织和产业技术联盟自主制定发布，通过市场竞争优胜劣汰。

有关部门正在制定团体标准管理办法，对团体标准进行必要的规范、引导和监督行业标准的进行。在工作推进上，选择市场化程度高、技术创新活跃、产品类标准较多的领域，先行开展团体标准试点工作。支持专利融入团体标准，推动技术进步。

2017年，铝门窗幕墙委员会要把组织团体标准作为首要工作，积极开展建筑门窗幕墙团体标准的编制工作。未来几年，把制订适用于行业需要的团体标准作为委员会行业技术领域发展的重点。通过标准制订工作，提升委员会的技术管理水平，带动整个行业向规范化、标准化方向发展，打造工业化程度高、科技含量高的新一代门窗幕墙行业。

过去的2016年是我国国民经济社会发展第十三个五年计划的开局之年，国家产业结构面临调整，各行各业的发展都需要不断的创新，而即将到来的2017年是供给侧结构性改革的深化之年。我们更是要团结奋进，加倍努力，抓机遇，迎挑战，共同努力，为了我国铝门窗幕墙行业的明天更加美好。

中国门窗幕墙行业回顾与展望
（工作报告）

◎ 董　红

中国建筑金属结构协会铝门窗幕墙委员会

开篇的话：2016 年是"十三五"规划的开局之年，是决胜全面小康的开局之年，也是推进供给侧结构性改革的攻坚之年。这一年的中国门窗幕墙行业，闯关夺隘，奋然前行。企业在管理体制改革、创新突破方面，我们动真碰硬，披荆斩棘；行业在转型困惑面前，我们清醒坚定，勇毅笃行。

1　2016 年行业发展现状分析

1）国内外经济形势对行业的影响

2016 年，国外发达经济体总体增长乏力，从国际环境看，仍然复杂严峻，而我国宏观经济保持平稳运行，国民经济正处在结构调整、转型升级的关键阶段，调整的阵痛还在持续，实体经济运行还是比较困难。另外，宏观调控的两难和多难的问题有所增加，当前形势还比较复杂，困难还很多。铝门窗幕墙行业在经济大环境低迷的情况下，承受了较大的下行压力，根据铝门窗幕墙委员会 2016 年度开展的行业数据统计工作来看，企业生产总值与 2015 年基本持平，行业保持平稳发展态势。其中铝门窗幕墙行业生产总值约为 6 千亿元，较 2015 年增长约 2％，当中幕墙工程生产总值所占的比例有所下降，而铝合金门窗的总产值占比继续提高。另一方面产能过剩的情况依然存在，在总产值持平的前提下，企业利润却呈现整体下滑的趋势，低价竞争成为房地产行业的通病，2016 年全行业经营利润较 2015 年下降 24％。尤其是幕墙工程、建筑玻璃、门窗五金件等三个行业利润下滑最为明显，分别下降 60％、

40％和30％。而型材、建筑密封胶和隔热条和密封材料产业的利润则有所上升，其中铝型材行业利润上浮较多，超过30％。

2016年行业的总体经营状况表明，随着国家对房地产业投入的减少，铝门窗幕墙行业承受了前所未有的下行压力，个别企业因资金链短缺、银行贷款缩紧等情况的影响，出现经营困难的局面。

2）房地产行业供给侧改革情况对行业的影响

房地产行业作为国民经济稳定发展的关键性支柱产业，在2016年经历了创新发展和换代升级的过程。首先是城市分化严重，库存压力大，由于城市人口流动和资源配置的差别，不同城市房地产分化严重，一线城市和部分二线城市面临房价上涨的压力。三级城市库存压力大，已连续多月下降，但商品房的面积仍是高的。去库存成为当前的一项重要任务。其次是房地产成本不断上升。一是土地成本增加，二是材料成本增加，三是劳动力和管理成本也在增加。房地产是高度依赖土地和资金的行业，但土地不能无限供应，企业拿地的成本不断提高，引起社会的关注。

12月9日召开的政治局会议强调"明年要加快研究建立符合国情、适应市场规律的房地产平稳健康发展长效机制"。可见，房地产行业的改革是一个长期的过程，必须要经历一个痛苦的转型期，才能实现较好的供需平衡。未来，房地产行业如何平稳发展将是国民经济发展最重要的议题。

目前，一方面是一线城市高不可攀的房价，另一方面是三四线城市地产业的苦苦挣扎。一方面是门窗幕墙行业日益过剩的产能，另一方面是很多领域刚起步亟待发展并提供成熟的产品。那么，在房地产整个行业的变革时期，门窗幕墙行业如何思变成为我们需要思考的问题。

首先，建筑行业在"十三五"期间的发展重心是建筑工业化，以期通过技术革新抵御未来人力成本陡增和人力资源短缺的现状。但建筑的工业化之路存在较多的难点，如何配合建筑业整体的转型，研发适用于装配式建筑的高品质门窗系统，将成为未来行业发展的关键点。

其次，被动房技术的出现，表明国内房地产业正在从低端基础产业向高端舒适化方向发展，未来，人们将更注重生活品质和居住舒适性及智能化，因此，门窗幕墙行业的发展也应向未来的高标准高层次方向发展。无论是住宅产业化还是被动房绿色建筑，技术的革新才是行业发展的王道。

2016年铝门窗幕墙企业依然存在工程量不足，资金紧缺的局面。随着房地产业发展整体低迷情况的持续，工程垫资现象严重，工程付款条件苛刻，因工程拖欠款引起的经济纠纷数量增多，政府工程的验收手续繁杂，开发商工程常以工程质量不达要求等理由拖欠或拒付工程尾款，这直接导致企业资金周转困难。

3）行业企业面临结构和规模调整

门窗幕墙材料生产企业一方面面临低价中标的被动局面，另一方面还要承受今年原材料价格的显著增长。成本提高，售价保持不变甚至降低，给企业带来了前所未有的发展压力。因此企业对管理手段的升级、规模效益的升级等战略性调整迫在眉睫。

近两年，因经营不善而难以维持的材料生产企业数量呈增长的态势，大部分企业表示经营难度加剧，许多企业因盲目扩大生产或新投资项目失败或追求上市资本运作而导致经营困难。整个行业在经济下行压力下，面临企业间洗牌和重组的可能，未来能够生存并发展的企业一定是有思想、会思考的企业。那么，如何根据市场需求合理发展，成为行业企业近一两年需要认真思考的问题。我认为，真正能长远发展下去的企业一定是具有质量过硬的产品和足够市场影响力的品牌，做百年企业，有长远规划应该成为我们整个行业企业发展的座右铭。

4）国家宏观政策对行业的影响

委员会将协同行业企业及有关专家，认真学习和解读国家相关政策，及时获取前沿信息，捕捉行业发展契机，将成为委员会及各企业长期的工作内容之一。国家近期出台的相关政策有：

（1）《关于党政机关停止新建楼堂馆所和清理办公用房的通知》，通知要求：政府部门严禁以任何理由，新建、扩建、改建、楼堂馆所。

（2）《住房和城乡建设部、国家安全监管总局关于进一步加强玻璃幕墙安全防护工作的通知》，通知要求：新建住宅、党政机关办公楼、医院、中小学校、人员密集、流动性大的商业中心，交通枢纽，公共文化体育设施等场所，临近道路、广场及下部为出入口、人员通道的建筑，严禁采用全隐框玻璃幕墙。

（3）2014 年住房和城乡建设部关于印发《建筑业企业资质标准》的通知，在新《建筑业企业资质标准》中取消了有关建筑门窗的资质。

（4）随着国家标准《建筑设计防火规范》GB 50016—2014 和《建筑幕墙、门窗通用技术条件》GB/T 31433—2015 的陆续实施，国家对建筑幕墙及外墙上门、窗的耐火完整性提出了较高的要求。目前市场上生产的大部分建筑外窗都难以满足耐火完整性 0.5h 的要求。

（5）《国务院关于进一步加强城市规划建设管理工作的若干意见》中，明确提出大力发展新型建造形式，大力推广装配式建筑；制定装配式建筑设计、施工和验收规范；用 10 年左右的时间，使装配式建筑占新建建筑的比例达到 30%。

（6）《装配式混凝土结构技术规程》（JGJ 1—2014）、北京市地标《装配式剪力墙住宅建筑设计规程》（DB11/T 970—2013）、上海市工程建设规范《装配整体式混凝土住宅体系设计规程》（DG/TJ 08-2071—2010）中对门窗设计提出了新的要求。

5）原材料价格波动对行业的影响

2016 年 9 月，负增长了长达四年半之久的 PPI 终于逆转，这标志着中国工业领域全面涨价正式开启。事实上，从年初开始，煤炭、铁矿石、造纸等大宗原材料就开始上涨，数月后传导到整个建筑业及工业领域。

铝合金、锌合金 TDI 从年初时每吨 1 万多元相比，目前已涨到接近每吨 2 万元的水平；尤其到了 10 月份市场大幅拉涨，全年累计涨幅 70% 左右。受原材料价格大幅拉涨，现在门窗、幕墙、五金、配件等价格已涨了接近 50%。

运费上涨，各行各业受影响 9 月 21 日，国家发布"最严治超令"，部分地区物流由 6 元一件货涨到了 10 元一件，建材每吨运输成本上涨 100 元，饲料运输成本上涨 35% 以上，化工原料涨幅惊人，煤炭上涨 10 元/吨。

各类建筑及工业原材料的涨价风波依然持续，2016 年建筑铝门窗、建筑幕墙受到的原材料涨价冲击，强度之大、势头之猛，在近十年来看，都很少见。

我们结合建筑行业，尤其是铝门窗、建筑幕墙行业固有的"压货多、收款难"现象，不难分析出一个结果，大多数企业的利润甚至是成本都消耗在了原材料涨价及应收货款上，企业内部的流动资金压力大，资金链非常脆弱。合理的企业市场布局，清晰的企业经营思路，更多的收集行业数据信息，及时调整经营策略、资金投入等方面，应成为我们行业企业的重中之重。

2 2017 年行业前景与委员会工作部署

1）落实强化行业推荐产品工作

行业推荐产品的品牌效应在工程投标、选材采购等方面一直都是产品具有竞争力的象征。行业产品推荐工作已做了十余年，在行业内一直广受关注。近年来，随着企业数量的增加，行业推荐产品数量也逐年增加，部分获推荐企业在经营不善时，存在将获推荐产品转包生产或违规转让获证资质的情况。因此，在完成行业产品推荐工作之余，委员会也在积极建立对行业推荐产品生产企业的监督管理及检查机制，进一步推进相关监督工作的开展。委员会将严格把控行业推荐产品质量关，定期组织专家对获推荐企业进行监督检查，了解掌握获推荐产品的生产、销售及使用情况，树立并强化行业推荐产品在建筑工程领域的品牌形象。

2）积极推进行业团体标准的编制工作

根据国务院印发的《深化标准化工作改革方案》（国发【2015】13 号），改革措施中指出，政府主导制定的标准由 6 类整合精简为 4 类，分别是强制性国家标准和推荐性国家标准、推荐性行业标准、推荐性地方标准；市场自主制定的标准分为团体标准和企业标准。政府主导制定的标准侧重于保基本，市场自主制定的标准侧重于提高竞争力。同时建立完善与新型标准体系配套的标准化管理体制。方案中指出：在标准制定主体上，鼓励具备相应能力的学会、协会、商会、联合会等社会组织和产业技术联盟，协调相关市场主体共同制定满足市场和创新需要的标准，供市场自愿选用，增加标准的有效供给。在标准管理上，对团体标准不设行政许可，由社会组织和产业技术联盟自主制定发布，通过市场竞争优胜劣汰。国务院标准化主管部门会同国务院有关部门制定团体标准发展指导意见和标准化良好行为规范，对团体标准进行必要的规范、引导和监督。在工作推进上，选择市场化程度高、技术创新活跃、产品类标准较多的领域，先行开展团体标准试点工作。支持专利融入团体标准，推动技术进步。

根据上述要求，委员会积极开展团体标准的制订工作，委员会在 2016 年结合当前国内相关行业团体标准的体系要求，牵头组织八家知名建筑幕墙咨询公司共同编制《建筑幕墙工程咨询导则》，还积极参与住房城乡建设部负责的《建筑门窗系列标准应用实施指南》、《建筑幕墙产品系列标准应用技术指南》的编写工作，在技术领域发挥委员会的组织协调优势，牵头做好标准制修订工作。未来，还将把制订适用于行业需要的团体标准作为委员会行业技术领域发展的重点。通过标准制订工作，提升委员会的技术管理水平，带动整个行业向规范化、标准化方向发展，打造工业化程度高、科技含量高的新一代门窗幕墙行业。

3）继续做好铝门窗幕墙行业数据统计工作

统计工作是行业的一件大事，国家和行业向来都很注意统计工作，新形势下供给侧改革，国家进行结构性调整，企业同样也面临着生产规模调整、产品研发、新项目投产的重大问的抉择，这些工作都需要行业统计工作作为基础。铝门窗幕墙委员会在会员单位的大力支持下，自 2005 年开始进行了行业统计工作，统计工作做的计较基础、也比较扎实。通过几年的统计数据积累，基本摸清了行业生产规模，产业生产规律和产品发展方向。

2017 年，铝门窗幕墙委员会将继续推进行业的统计工作，希望通过不断升级的统计手段以及不断深入的统计工作开展，在国家鼓励建立行业大数据的背景下，在供给侧新形势的改革下，为行业的企业发展和再投资，做出有价值的参考数据。

4）强化现代信息传播能力，丰富行业网络信息平台

继续坚持积极的联合地方协会、行业专家和骨干企业，利用委员会网站平台：中国幕墙网 ALwindoor.com 以及官方微信平台（alwindoor_wx），发布最新的幕墙工程进展动态，并实时提供既有门窗幕墙在面对极端天气条件下，相关的情况调研报告，帮助行业同仁正确认识在恶劣天气下，在建、既有工程的应对办法和措施。同时，还将对工程中设计不妥、施工不当以及选材错误等问题，所埋下的安全隐患与引发的受灾原因，进行分析。及时推出相关的报道，提醒相关从业者警钟长鸣，工作中重视对门窗幕墙的设计标准、施工规范、选材安全等环节的执行与监管。

最后，还将对工程中出现的一些问题，例如：幕墙玻璃自爆所造成的安全问题，在与相关专家调查取证信息核实后，面向行业，面向大众普及行业常识。对相关事件的发生，经过调查核实结果，进行了客观公正的报道说明。启动联合多家公众媒体发文，引导社会民众更加深入的了解和认识门窗幕墙行业，呼吁全社会正视工程安全中的"小概率"事件，不能随意妄下定论，影响行业可持续健康发展。

5）推进产业集群工作，鼓励节能绿色技术

随着我国建筑产业的继续深化发展，铝合金门窗建筑幕墙产业不断发展，江西省安义县是继广东南海大沥，山东省临朐之后又一个建筑铝型材产业集群地区。江西省安义县地处江西南昌附近，因历史原因，改革开放以后，当地人出外打工，逐渐形成以制作、安装铝合金门窗为主线的建筑职业，历经20 多年的发展，遍布全国各地，并在安义地区成功建成 50 多家铝合金型材生

产企业，形成了以铝合金门窗加工、建筑铝型材生产、门窗配套产品为主线的建筑产业集群地区。

2016 年，江西省安义县政府向协会提出申请，冠名"中国中部铝材之乡"产业基地报告，根据安义县政府的申请，委员会将组织专家进行现场审核，"中国中部铝材之乡"产业基地的授牌工作将在 2017 年 3 月份的广州"第二十三届全国铝门窗幕墙新产品博览会"上进行。

中国建筑金属结构协会铝门窗幕墙委员会推进这项产业集群工作是为了在我国全面实施建筑节能政策的实施，推广铝合金节能门窗的普及工作。2002 年，委员会授予广东南海大沥镇"中国铝材第一镇"称号以后，广东兴发铝型材厂、亚洲铝材厂、坚美铝型材厂、广亚铝材厂、豪美铝材厂、等一大批知名企业产品在全国各地的建筑工程中使用。

山东临朐县，在当地政府的大力支之下，和当地企业的努力下形成了中国北部地区建筑铝合金门窗和建筑铝型材产业基地，同时也形成了铝合金门窗、门窗配件、建筑密封胶的产能集群生产加工产业基地。2007 年，协会授予了山东临朐"中国（江北）铝型材第一县"，进一步推进临朐地区的铝合金门窗、建筑铝型材、建筑密封胶、门窗配件等门窗产业基地品牌效应，逐步形成了北方地区的铝合金门窗及材料的集散地，弥补了门窗行业长期"南铝北运"的局面，山东华建铝材、山东永安密封胶等一批企业的产品在重大工程上使用。

委员会还要继续围绕着推进产业基地和名牌产品的工作，利用地区产业集群优势，借助行业协会信息平台，全面推广节能铝合金节能门窗产业。同时，委员会要继续加强对冠名地域及其相关产品的管理力度，积极贯彻实施国家标准，积极推广节能产品，积极响应政府号召使用环保生产技术。加强对冠名地域的监督工作。

6) 夯实基础、巩固优势迎接新的挑战与机遇

（1）坚持以创新理念、激发活力的精神，继续开展行业年会及新产品博览会相关工作，历年的行业年会及新产品博览会不仅仅为建筑幕墙门窗行业内工程、材料、设计、施工等企业提供了最新、最广、最全的信息，同时也是最好的合作交流平台。

（2）在 2017 年，拟邀请财经专家与知名地产人，做独家导读《建筑经济与地产趋势》，从经济大层面深入剖析房地产发展趋势，科学指导行业企业发展如何迎合经济形式，以及未来几年房地产与宏观经济面的影响。

（3）深化企业家传承活动，通过集中众多的家族企业传承代表共同学习家族企业文化养成方法、当今最新颖的企业发展思路、国内最优秀的企业传承发展案例分享、融合最优质的企业发展战略合作团队，委员会引领行业内企业为下一个三十年发展中夯实百年企业基础。

（4）开展技术培训班、就业技能培训班等，为建筑门窗幕墙行业的设计技术、预算、施工、工程管理等，提供权威、统一、合理、全面的学习、培养、提升平台，并将一如既往的进行下去。

发展寄语：

随着前些年，国内建筑门窗、幕墙市场需求急速增长，国外企业纷纷介入国内市场，国内门窗、幕墙企业借助国内人力资源等优势，也积极向国际市场拓展行业盛况空前，市场国际化趋势愈来愈强。而面对当前房地产市场环境，结合多位资深专家的观点，我们认为，接下来的中国门窗幕墙行业，将会逐渐进入"平静"发展期；同时，2017年将是我国国民经济社会发展第十三个五年计划实施的关键一年，国家将继续调整产业结构，不断深化改革，增强企业创新能力。纵观国内外经济形势和门窗幕墙行业的发展，铝门窗幕墙行业要共同努力，学习、了解、掌握经济发展信号和行业发展动向，承受压力，抓住机遇，迎接挑战，共创行业新的辉煌。

YONGAN 永安

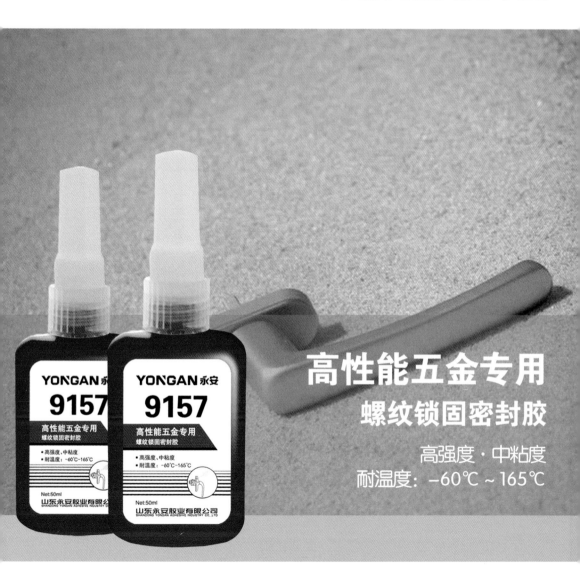

高性能五金专用
螺纹锁固密封胶

高强度·中粘度
耐温度：–60℃ ~ 165℃

建筑五金好帮手！

作为中国胶粘剂产业创新创业孵化基地，永安拥有完整的建筑密封胶系统解决方案，其中永安牌9157高性能五金专用螺纹锁固密封胶是一款高强度、中粘度的厌氧胶产品，本品采用特殊配方调制，在隔绝空气的条件下可交联反应固化，形成耐温、耐高压、耐介质的弹性密封胶，耐候性和锁固性更强，可以让五金执手寿命和性能明显提升。

风靡欧美的优质环保胶

　　服务于全球门窗幕墙及家装工程市场的优质胶粘密封剂制造商——山东永安胶业有限公司，经过5年潜心研发，推出全新改性硅烷密封胶EASYSIL™宜粘得™密封胶品牌。EASYSIL™宜粘得™完全采用荣获弗若斯特沙利文欧洲公司（Frost & Sullivan Europe）"建筑密封胶新产品创新奖"的德国公司技术，该技术基础是具有极高反应活性的众多应用中的"天才"——α硅烷。由于亚甲基桥取代了硅原子和官能基团之间传统的丙烯桥，因此α-硅烷更具活性，可生产新型快速交联单组分粘合剂和密封剂，并可配制出不含锡的产品体系，这在使用环保安全性方面是一个技术上的飞跃，可满足人类所有未来需求的技术和生态方面的要求。

第二部分

主流技术介绍

中国门窗幕墙检测行业的发展现状与未来机遇

◎ 张仁瑜　刘　盈　任盼红

中国建筑科学研究院·国家建筑工程质量监督检验中心

建筑门窗幕墙是建筑外围护结构的重要组成部分，是建筑室内外空间连接的桥梁，是人居空间与自然环境进行沟通的渠道，其性能直接影响到建筑物的功能、安全、环保、美观等诸多方面。同时门窗幕墙又是建筑外围护结构中热工、隔声性能最薄弱的环节，直接关系到使用者的舒适感受。建筑门窗幕墙性能检测是保证门窗幕墙质量的有效手段。建筑门窗幕墙检测行业的发展为推动建筑门窗幕墙的技术进步做出了不可替代的贡献，逐步发展成为一个成熟的检测技术领域。

本文首先介绍了我国门窗幕墙检测行业的发展现状，并分析了中国经济形势变化对全国门窗幕墙检测行业的影响，同时对我国门窗幕墙检测新技术进行了总结，较深入探讨了我国经济形式转变带给门窗幕墙检测行业的困惑、挑战与机遇。此外，本文还介绍了中国建筑科学研究院国家建筑工程质量监督检验中心在门窗幕墙检测领域的发展及优势。

1　我国门窗幕墙检测行业的发展

伴随着改革开放进程的推进以及中国经济长期稳定、健康有序的发展，建筑行业作为国民经济的重要支柱型产业，多年来保持快速增长的趋势。建筑门窗幕墙行业作为建筑围护结构体系的重要组成部分，其发展速度也让世界为之惊叹。我国门窗幕墙行业用了 30 多年的时间走了西方国家 100 多年的路程，从无到有、从小到大、从弱到强，取得了长足的进步。我国幕墙行业起步于 1983 年，1985 年建成的北京长城饭店标志着我国大型建筑幕墙工程的开端。20 世纪 90 年代，我国门窗幕墙行业进入高速发展期，截止 2011 年，我国建筑门窗的年产量达 5 亿 m²，占全球年总产量的 60％以上。历经近 30 年的成长，目前已发展成为世界第一幕墙生产和使用大国。1985 年，我国的幕墙建筑面积年产量为 15 万 m²，1990 年达到了 105 万 m²，2000 年幕墙的建造量达到 1000 万 m²，十五年增长 70 倍，年平均增长 5 倍。我国建筑幕墙年产量增长示意图如图 1 所示。

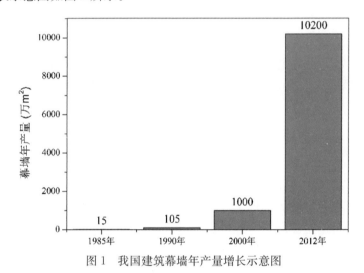

图 1　我国建筑幕墙年产量增长示意图

尽管建筑行业迅猛发展，但发展水平参差不齐，从材料、产品、安装到投入使用等方面的质量问题也接连出现。为了确保建筑工程质量，为用户提供安全、节能的建筑环境，检测行业应运而生。近年来，国家将检验检测服务业定位为生产性服务业、高技术服务业、科技服务业。在我国建筑检测行业发展大潮中，门窗幕墙检测业也随之飞速发展。

我国门窗幕墙检测及检测行业的发展现状为：

（1）检验检测机构数量

据不完全统计，全国门窗检测机构已逾 300 家，仅北京、上海两个城市就有近 40 家门窗检测机构。此外，各省各地市随着门窗检测工作的需要也逐步建立相应的检测机构，甚至部分县级市也拥有了自己的门窗检测机构。然而，检测机构的发展并不均衡，发展速度也决定于市场需求，目前，发达地区门窗检测机构数量较多，分布较集中，偏远落后地区的门窗专业检测结构数量少或是尚未设立。

据不完全统计，全国幕墙检测机构约 100 多家，北京 6 家、上海 4～5 家，深圳 6 家，安徽省 4 家，太原市 5 家；基本上发达地区平均一个省份有 4～5 家，部分落后地区目前还没有幕墙检测机构。

除检测机构数量分布不均衡外，检测机构的硬件配套及检测技术能力也不尽相同。目前，国内最大的幕墙四性（气密性能、水密性能、抗风压性能、平面内变形性能）检测设备分别位于华东地区的上海市建筑科学研究院，尺寸为 20m×20m；以及位于北京的中国建筑科学研究院国家建筑工程质量监督检验中心，检测设备尺寸为 33m×16.8m。

此外，随着国家对既有幕墙安全性的高度关注，既有幕墙的检测需求激增，开展既有幕墙检测的机构数量也快速增加，几乎有幕墙资质的机构都在做，仅厦门市建委推荐的检测机构就有 9 家，但各个检测机构的技术水平却参差不齐。

2016 年 6 月 12 日，质检总局、国家认监委发布了 2015 年度全国检验检测服务业统计信息。从机构数量看，检验检测服务业继续保持快速增长态势。截至 2015 年底，全国各类检验检测机构共计 31122 家，较 2014 年度增长 9.82%，近三年年均增长 11.92%。图 2 为 2013—2015 年全国检验检测机构数量变化图。

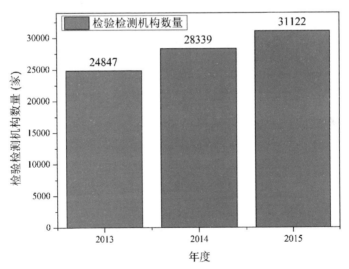

图 2　2013—2015 年全国检验检测机构数量变化图

依据上述数据，我们可以看出国内门窗检测机构数量约占全国检测机构总量的 1%。全国幕墙检测机构数量约占全国检测机构总量的 0.3%。

（2）检验检测机构营业收入

幕墙检测具有其特殊性，一般来说，一个幕墙工程项目只需做一组幕墙四性检测。所以，除大型地标建筑外，新建幕墙项目的检测费（包括幕墙四性及相关建材）通常几万元到十几万元不等。

按照门窗幕墙检测机构平均每家 400 万的年产值，以 200 家机构估算，2015 年门窗幕墙检测的产值估算约 8 个亿。近年来，随着检测机构的激增，检测费报价越来越低，检测机构利润一再压缩，对整个检测行业的发展影响较大。

2015 年全国检验检测服务业（包括所有检测食品、药品、建筑等所有检测领域）营业收入 1799.98 亿元，较 2014 年增加 10.37%，近三年年均增长 13.45%，远高于全国国内生产总值（GDP）的增长水平。图 3 为 2013—2015 年全国检验检测机构营业收入变化图。

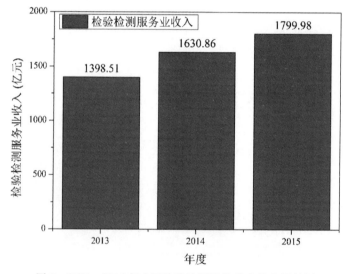

图 3　2013—2015 年全国检验检测机构营业收入增长图

上述数据表明，全国门窗幕墙检测机构营业收入占全国检测机构营业收入的 0.44%，门窗幕墙检测行业创收效益显著。

统计表明，在我国经济下行压力增大、增速放缓的情况下，检验检测服务业仍保持了高速发展，对国民经济的贡献作用持续上升，成为"大众创业，万众创新"的重要平台，为国家"稳增长、调结构、促发展"和产业提质升级的战略目标做出了积极的贡献。

2　中国经济形势变化对全国门窗幕墙检测行业的影响

房地产是推动我国经济快速发展的重要推动力量。我们先从门窗幕墙检测行业的上游产业——房地产的发展情况入手，可以更深刻地了解门窗幕墙检测行业的发展机遇与挑战。

我国"十五"至"十三五"期间，房地产投资开发增速统计数据见表 1。

表 1　我国十五至十三五期间房地产投资开发增速统计数据

十五时期		十一五时期		十二五时期		十三五时期	
年份	投资增速（%）	年份	投资增速（%）	年份	投资增速（%）	年份	投资增速（%）
2001	27.3	2006	22.1	2011	27.9	2016 1~4 月份	7.2
2002	22.8	2007	30.2	2012	16.2	2016 1~5 月份	7.0
2003	30.3	2008	23.4	2013	19.8	2016 1~6 月份	6.1
2004	29.6	2009	16.1	2014	10.4	2016 1~7 月份	5.3
2005	20.9	2010	33.2	2015	1.0	2016 1~8 月份	5.4
平均	26.2	平均	25.0	平均	15.1	平均	6.2

由此可见，随着国民经济高速发展期到结构调整平稳期的转变，房地产行业结束了超级繁荣期，国家宏观经济调控要调整产能过剩，房地产投资及建设的速度放缓，门窗幕墙行业受到下行压力的冲击在所难免，这就给我国门窗幕墙检测行业带来了新的挑战。

3　我国门窗幕墙检测技术

我国门窗检测起步于 1980 年，在 1980 年之前针对门窗的性能基本上是没有任何检测的，并且在最开始的门窗检测没有标准规范，只有一个简单的依据——门窗上堆放重物，抗压能力不低于每平方米 70 公斤。起初幕墙检测大多是到国外的检测中心，依据的也是国外相关地区的标准。当时幕墙物理性能检测中心有美国的佛罗里达检测中心、新加坡国家检测中心、香港幕墙检测中心。中国的检测中心按照国际的幕墙检测的方法去研究摸索，与国外机构、企业不断交流学习，逐步形成了我国自己的检测方法。

随着建筑门窗行业的不断发展壮大，市场对建筑门窗检测的需求日益增大。所以，从 20 世纪 80 年代末期开始，陆续有一些省级的建筑科研单位开始进行门窗物理性能检测方面的研究，如广东省建筑科学研究院、河南省建筑科学研究院、四川省建筑科学研究院等单位。门窗生产企业在引进成套门窗生产设备的同时，为了检验建筑门窗产品的质量稳定性，并持续改进，往往配套有门窗三性检测设备，代表厂家有沈阳黎明飞机公司铝合金门窗厂等。

从 1990 年开始，建筑门窗检测技术逐渐发展成熟；建筑幕墙技术的引进，使得建筑幕墙迅速在中国发展普及，建筑幕墙性能的检测技术也提到日程上来。建筑幕墙的性能主要分为两大类：一是幕墙的力学性能，涉及幕墙使用的安全性与可靠性，与抗风、抗震紧密联系，主要包括幕墙的抗风压性能（风压变形性能）、平面内变形性能和耐撞击性能、防弹防爆性能等；二是幕墙的物理性能，涉及幕墙及整个建筑的正常使用与节能环保，如幕墙水密性能（雨水渗透性能）、气密性能（空气渗透性能）、保温性能、隔声性能和光学性能等。

自 2001 年以来，建筑门窗幕墙检测技术日益成熟，逐渐形成了完整的检测标准体系，具有丰富经验的检测技术人员组成专业队伍，在不断积累的技术数据基础之上，大量门窗幕墙检测标准得以整理修订。建筑门窗幕墙行业的不断发展创新，推动其检测技术不断地适应新的要求。

常规建筑幕墙的气密、水密、抗风压和平面内变形性能是关键技术指标，标志了建筑幕墙产品的质量水平。超常规建筑幕墙属于建筑幕墙的一种特殊形式，特殊性主要有：构造形式复杂、应用条件特殊，以及试验时的超大型试件或复杂试件及特殊性能要求等。超常规建筑幕墙可以是几种幕墙形式的组合，也可能是单独设计的构造，甚至可能包括部分结构体系的功能，主要用于特殊用途的公共建筑、重要历史建筑等。超大型幕墙试件的检测技术常根据顾问公司或业主的要求提高检测技术水平和评价技术要求，主要有（1）气密、水密、抗风压和层间变位性能的检测技术；（2）建筑幕墙在爆炸冲击波荷载作用下的性能检测技术；（3）极限温度反复作用下幕墙气密性能变化的检测技术；（4）动态水密作用下建筑幕墙的防止雨水渗漏性能的检测技术等。

建筑门窗幕墙节能性能相关检测技术主要包括保温性能、气密性能、遮阳性能、可见光通过能力等的检测技术。

4 我国门窗幕墙检测行业的挑战与机遇

近年，上海、杭州等地发生的玻璃坠落和玻璃雨事件，社会反响非常强烈，对我国的建筑玻璃幕墙行业影响颇大，老百姓对玻璃幕墙产生畏惧，认为既有建筑幕墙给人民的生命财产带来了潜在危险。

各地建设主管部门、住建部、国务院领导对既有建筑安全性高度重视，相继出台了一些政策规定，如《住房城乡建设部、国家安全监管总局关于进一步加强玻璃幕墙安全防护工作的通知》等，要求加强对玻璃幕墙工程的质量控制，修订相关标准、出台玻璃幕墙的行政监管办法。

一方面是新建建筑面积的缓慢增长，一方面是既有建筑安全警钟的敲响，门窗幕墙检测行业不得不寻找新的发展方向，同时解决既有建筑幕墙安全问题，为门窗幕墙行业发展保驾护航。

哪里有问题，哪有就有挑战，同时哪里就有机遇。

（1）新建、既有建筑幕墙的安全性检测以及整改技术方案研究

新建幕墙工程验收安全性检测及评价方法；近年来，建筑门窗幕墙检测技术还包括工程质量检测验收技术，逐步强调建筑整体可靠性质量的评价及性能评价，逐步从门窗幕墙试件的实验室检测向现场实体检测发展，将旧有的仅对来样负责的检测思路转变为见证检验及工程现场检验相结合的发展模式。

此外，随着门窗幕墙行业的发展，既有门窗幕墙的数量越来越多，如何确保既有建筑的安全成为未来检测行业技术发展的重心。对接近或达到设计使用年限或幕墙粘接材料质保期的既有幕墙建立安全性检测评价的统一方法，以及配套的幕墙安全问题整改技术方案将成为今后门窗幕墙检测行业的一个重要发展方向。

（2）新建及既有建筑门窗、幕墙的节能环保检测

随着我国城镇化进程的进一步发展，建筑总量将不断增加，建筑能耗总量和占全社会能耗比例都将持续增加。我国既有建筑面积超过 550 亿 m^2，有不少建筑节能性能较差，热值损耗较高，给使用者带来的舒适感较差。从节能环保的角度出发，需要对此类建筑进行节能改造。

作为建筑外围护结构，幕墙、门窗的热工性能最为薄弱，是建筑节能的关键环节。新建及既有建筑门窗、幕墙的节能环保检测仍是一个重要领域。

（3）检测与咨询相辅相成

既有门窗幕墙的安全检测、节能检测的下一步就是安全与节能改造、加固维修工作。在改造、修缮之后还应再次对建筑门窗、幕墙的安全性及节能性进行检测及评价，咨询工作与检测密不可分、相辅相成，也成为今后检测机构的发展方向。

（4）检验（CAI）、测试（CAT）、质量控制的信息化

日前，住建部印发《2016—2020 年建筑业信息化发展纲要》，纲要指出贯彻党的十八大以来、国务院推进信息化发展相关精神，落实创新、协调、绿色、开放、共享的发展理念及国家大数据战略、"互联网＋"行动等相关要求，实施《国家信息化发展战略纲要》，增强建筑业信息化发展能力，优化建筑业信息化发展环境，加快推动信息技术与建筑业发展深度融合，充分发挥信息化的引领和支撑作用，塑造建筑业新业态。建筑门窗幕墙行业作为建筑业重要的组成部分，加快建筑门窗幕墙工业化的步伐，实现建筑门窗幕墙工业化与信息化的深度融合就具有十分重要的现实意义。

利用 BIM 技术等，实现检验（CAI）、测试（CAT）、质量控制的信息化，可以统一幕墙安全性现场检测过程和后期数据处理过程；在改进现场检测方法的同时，简化繁琐的现场检测过程，在第一时间内完成后期本来需要大量人工处理的工作。

5 国家建筑工程质量监督检验中心在门窗幕墙检测领域的优势

中国建筑科学研究院国家建筑工程质量监督检验中心（图 4）于 1985 年根据城乡建设环境保护部和国家标准局（84）城建字第 726 号文要求筹建，是我国首批国家级质量监督检验机构。三十年来，中心一直致力于服务政府与社会，业务遍布全国及世界各地。中心多次受国家政府部门委托，对国内外重大工程和突发公共安全事故进行检测、鉴定和调查，为政府提供有力的技术支持。中心积极开展各类工程、产品和材料检测工作，每年完成国内外工程检测几千余项，完成产品和材料检测几万余组（件）。

国家建筑工程质量监督检验中心时刻谨记肩负的社会责任，与时俱进，不断开拓新的业务领域，陆续承担重点项目和课题，自主研发检测设备，申请国家专利，总结相关成果，纂写标准规范，促进检测业务的开展，形成良性循环。

(a)中国建筑科学研究院　　　　(b)国家建筑工程质量监督检验中心

图 4　中国建筑科学研究院·国家建筑工程质量监督检验中心

　　我中心有着丰富的幕墙检测和鉴定经验。针对目前幕墙工程质量问题多发的现状，近年来，我中心着力开展既有幕墙安全性检测相关重大课题、项目的研究，自主研制了既有幕墙安全性现场检测设备 4 大类 6 台套，建立了既有建筑幕墙安全性检测方法，并且着手制订既有幕墙安全性检测标准和规范。

　　通过与国外相关研究人员合作，查阅并翻译了诸多国外相关研究报告和检测标准；在国外相关研究成果的基础上，我中心于 2009 年开始着手研究既有玻璃幕墙粘结可靠性问题的检测方法并获得建设部科研项目《建筑玻璃幕墙粘结结构安全性监测及评定方法研究》（项目编号：2009-k3-27），该项目经过 3 年的研究工作，研制了适用于玻璃幕墙粘结性现场检测的设备，建立了现场检测的方法，实现了定性定量的检测既有玻璃幕墙粘结可靠性，并已于 2013 年初通过验收。我中心 2012 年完成科技部分析测试科研项目《既有建筑幕墙结构密封胶的耐久性分析测试方法研究》，在硅酮结构胶耐久性研究方面开展了大量的工作，尤其是在既有玻璃幕墙硅酮结构胶化学测试方面开创和建立了成熟的检测方法。上述研究工作的完成为既有幕墙工程检测工作奠定了坚实的理论基础。

　　我中心积极开展既有幕墙新型检验检测装置的研发，力争拥有自主知识产权，以创新驱动发展，近年的发明专利有：《一种既有玻璃幕墙结构胶力学性能现场检测系统》《一种既有玻璃幕墙结构胶力学性能现场检测装置》《一种玻璃幕墙粘接可靠性检测装置》等。

　　为规范玻璃幕墙粘接安全性的检测评价，为新建和既有玻璃幕墙工程粘接安全性的验收及检测评价提供依据，建立玻璃幕墙粘接安全性评价方法，避免玻璃幕墙粘接失效安全事故的发生,我中心申请并主编了行业标准《玻璃幕墙粘接安全性检测评价技术规程》(已报批),修订了《玻璃幕墙工程质量检验标准》(JGJ/T 139)(在编),制订国家标准《建筑玻璃幕墙粘结结构可靠性试验方法》(已报批)。至此,我中心在既有幕墙安全性检测领域真正形成了拥有自主知识产权的核心技术和检验装置,掌握了制订行业标准的先行权,在激烈的市场环境中拥有较强的竞争力。

此外我中心获批"十三五"国家科技计划项目 2016YFC0701800《工业化建筑检测与评价关键技术》。立项"十三五"国家科技计划课题:2016YFC0701803《建筑部品与构配件产品质量认证与认证技术体系》;2016YFC0701804《工业化建筑连接节点质量检测技术》;2016YFC0701805《工业化建筑质量验收方法及标准体系》;2016YFC0701706-5《装配式建筑拼缝用密封胶质量控制及应用技术研究》,力争为开拓工业化建筑检测技术做出应有的贡献。

近年来,我中心积极开展科研成果转化工作,将自主研发的设备和制订的方法用于既有幕墙鉴定工作中,承揽了北京、福建、浙江、湖北、河南等多地的既有幕墙鉴定。列举典型案例如下:

(1)北京市三里屯地标建筑群既有幕墙检查评估

我中心承接了北京市朝阳区三里屯地标建筑群(19栋建筑)幕墙安全性检查鉴定项目[图5(a)],将自主研发的气囊法检测设备用于该工程隐框玻璃幕墙的检测工作[图5(b)]。

(a)幕墙外观图　　　　　(b)玻璃幕墙安全性现场检测

图5　北京市三里屯地标性建筑群既有幕墙检查鉴定

（2）浙江省衢州电力大楼既有幕墙检查评估

我中心受衢州电力委托对其主楼幕墙进行检查鉴定［图6（a）］，我中心将推杆法用于该幕墙的鉴定工作［如图6（b）］。

(a)幕墙外观图　　　　　　(b)玻璃幕墙安全性现场检测

图6　浙江省衢州电力调度大楼既有幕墙检查评估

（3）厦门古龙酱文化园石材幕墙安全鉴定项目

除受业内外关注度较高的既有玻璃幕墙检查鉴定工作外，我中心还积极研发其他类幕墙的安全鉴定设备和方法。我中心将外吸盘法设备用于厦门古龙酱文化园石材幕墙安全鉴定工作中，如图7所示。

(a)幕墙外观图　　　　　　(b)石材幕墙连接安全性现场检测

图7　厦门古龙酱文化园石材幕墙安全鉴定项目

上述既有幕墙安全性检查鉴定案例可见，国家建筑工程质量监督检验中心在既有幕墙安全性鉴定领域从基础科研工作、标准编制等工作着手，通过研发可操作性强的检测设备，建立成熟可靠的检测方法，成功拓展了该领域的检测市场，成为既有幕墙鉴定领域的权威检验结构，相关工作的开展对保障幕墙使用安全具有非常重要的作用。

6　结语

回顾建筑门窗幕墙检测行业的发展历程，见证了建筑门窗幕墙行业的飞速发展，自身也从无到有、从小到大、从弱到强，不论是检测标准体系、检测技术研究还是检测设备研发，都在日益趋于成熟。随着国民经济进入结构调整期，我国门窗幕墙检测行业也会随着整个行业的变革而面临着新的挑战和机遇。所以，建筑门窗幕墙检测的从业者仍然需要不断努力，为推动建筑门窗幕墙的技术进步做出贡献。新建及既有门窗幕墙检测需求可与国家建筑工程质量监督检验中心联系，电话010-64517714。

玻璃采光顶下的温室效应及解决方法

◎ 刘忠伟

北京中新方建筑科技研究中心

1 前言

玻璃采光顶在现代化建筑中是普遍采用的，但采光顶下面的室内温度过高、热辐射较强、光线刺激人眼睛等缺陷也越来越引起人们的关注，采光顶的这种现象人们称之为温室效应。玻璃具有温室效应，特别是采光顶，其温室效应更加明显。何谓温室效应？简单地说，在阳光辐照下，太阳能量透过玻璃进入室内引起室内温度升高，特别是在夏季，且进入室内的热量不易通过建筑物自然散发，使得室内的热舒适性和光舒适性变差。

现代化建筑不仅要好看，还要好用。因此找出采光顶温室效应的原因和解决方法，使得采光顶下面空间的热环境优化是非常重要的。本文采用解析计算的方法，定量阐述了玻璃采光顶下的温室效应机理，首次提出室内空气综合温度的概念，并采用室内空气综合温度来表征室内热舒适性。建立了室内空气综合温度与采光顶遮阳系数的数学关系式，结果表明，遮阳系数不仅与建筑节能密切相关，也与采光顶室内热舒适性密切相关。分别计算了玻璃板遮阳、室外遮阳和室内遮阳三种遮阳方式对热舒适性的作用，定量说明了室内遮阳对室内热舒适性的作用。

2 温室效应

以长沙市为例，夏季太阳辐射照度 I 最大为 $1000W/m^2$，即使玻璃的遮阳系数 Sc 采用 0.35，每平方米每秒进入室内的能量 E 为：

$$E=0.889 \times S_c \times I=0.889 \times 0.35 \times 1000W/m^2=311J/m^2s \qquad (1)$$

E 高达 311 焦耳。设采光顶玻璃传热系数 U 采用 $2.0W/m^2K$，夏季室外温度 T_o 设定为 $30℃$，即使室内温度 T_i 高达 $40℃$，采光顶玻璃每平方米每秒由室内传出室外的热量 $E1$ 为：

$$E1=(Ti-To)U=(40-30) \times 2.0W/m^2=20J/m^2s \qquad (2)$$

仅为 20 焦耳，即通过玻璃每平方米每秒进入室内的太阳能量是通过玻璃每平方米每秒传出室外热量的 15.5 倍。进入室内的太阳能量是要转化成热量的，室内不断有热量积累，因此室内温度不断升高，单纯靠散热室内温度是不会降低的，这就是温室效应。仍以长沙市为例，夏季，南朝向太阳辐射照度为 $236W/m^2$，东西朝向太阳辐射照度为 $138W/m^2$，北朝向太阳辐射照度为 $138W/m^2$，垂直朝向太阳辐射照度为 $1000W/m^2$，是东南西北朝向的 $4\sim7$ 倍左右，这就是采光顶下面温室效应比立面玻璃幕墙强烈的原因。

此外，采光顶下面不仅热环境不佳，热舒适性差，其光环境也不佳。具体表现为太阳光过强，刺激人眼睛，如同人站在室外阳光下，有些采光顶下面室内大理石地面反射太阳光，加剧了采光顶下面光的不舒适性。

3 室内空气综合温度

采光顶下面即使空气温度适宜，只要有阳光，人们仍然感到燥热，如同在室外站在阳光下一样。室外有大气综合温度的概念，采光顶也应当引入室内空气综合温度的概念，因为采用一般空气温度不足以表征室内空气对人体的热效益。设室外太阳辐射照度为 I_0，采光顶玻璃太阳光直接透射率为 G_1，则进入室内的太阳辐射照度 I_1 为：

$$I_1=G_1 \times I_0 \qquad (3)$$

太阳光的直接透射率是太阳光总透射率的主要部分，一般占太阳光总透射率 G 的 $95\% \sim 98\%$，而采光顶遮阳系数 S_c 等于 $G/0.889$，因此上式为：

$$I_1=G_1 \times I_0 \approx G \times I_0=0.889 \times S_c \times I_0 \qquad (4)$$

设室内人体表面或人体衣服的太阳辐射吸收系数为 ρ，室内人体表面或人体衣服的表面换热系数为 α，室内空气温度为 T_0，则室内空气综合温度 T 为：

$$T=T_0+\frac{\rho}{\alpha} \times I_1=T_0+0.889 \times \frac{\rho}{\alpha} \times S_c \times I_0 \qquad (5)$$

仍以长沙市为例，取室内温度 T_0 为 $22℃$，室内人体表面或人体衣服的太阳辐射吸收系数为 ρ 为 0.5，室内人体表面或人体衣服的表面换热系数为 α 为 $8W/m^2K$，采光顶玻璃遮阳系数 Sc 为 0.35，夏季太阳辐射垂直照度 I_0 最大为 $1000\mathrm{W/m^2}$，则采光顶下室内空气综合温度 T 为：

$$T=T_0+\frac{\rho}{\alpha}\times I_1=T_0+0.889\times\frac{\rho}{\alpha}\times Sc\times I_0$$
$$=(22+0.889\times\frac{0.5}{8}\times0.35\times1000) \tag{6}$$
$$=41.4℃$$

尽管室内的空气温度仅为 $22℃$，极为舒适，但采光顶下面人体感觉的是综合温度，而此时的室内空气综合温度高达 $41.4℃$，因此人体感觉极其不舒适。

如果此时有人站在室内南朝向的窗下，让太阳光完全照射人体，其他条件不变，唯有南朝向太阳辐射照度 I_0 为 $236\mathrm{W/m^2}$，此时人体感觉到的室内空气综合温度为：

$$T=T_0+\frac{\rho}{\alpha}\times I_1=T_0+0.889\times\frac{\rho}{\alpha}\times Sc\times I_0$$
$$=(22+0.889\times\frac{0.5}{8}\times0.35\times236) \tag{7}$$
$$=26.6℃$$

即人体感觉到的室内空气综合温度仅为 $26.6℃$，不会感觉明显的不舒适。

同为室内 $22℃$ 的空气温度，在普通窗的建筑和采光顶下人体感觉的温度差别极大，在采光顶下面的室内，仅采用空气温度不足以表征室内的热环境和人体的热舒适性，本文引入室内空气综合温度的概念，它能准确地的表征采光顶下室内热环境和人体热舒适性。

4　遮阳作用

由公式（5）显示的室内空气综合温度可见，室内空气综合温度与太阳辐射照度成正比。在夏热冬冷地区和夏热冬暖地区，夏季太阳辐射照度强烈，因此这些地区采光顶下的温室效应极为显著，必须采取措施给予解决，否则由于采光顶下面人体感觉过热而无法使用。在寒冷地区，夏季也有一段时间太阳辐射照度较为强烈，采光顶下温室效应也应考虑采取适当措施给予解决。由公式（5）还可见，室内空气综合温度与采光顶的遮阳系数成正比。降低遮阳系数可显著降低采光顶温室效应，改善采光顶下面的热环境，增加热舒适性。通常认为采光顶遮阳系数对降低夏季制冷能耗有作用，引入室内空气综合温度后，遮阳系数对降低室内空气综合温度，改善采光顶下面热环境，增加采光顶下面热舒适性的作用也表现出来。

遮阳通常有三种形式：（1）玻璃遮阳；（2）外遮阳；（3）内遮阳。

（1）玻璃遮阳

采光顶玻璃通常采用夹层中空 Low-E 玻璃，其遮阳系数一般均可满足标准、规范要求，考虑到采光顶下面热环境较差，设计时采光顶下面的制冷功率均较高，制冷能耗也较大，因此在降低玻璃遮阳系数的同时，其传热系数越低越好。

采光顶下面的温室效应是由于大量太阳能透过采光顶玻璃进入室内并积累，造成室内温度升高，因此人们很自然想到能否通过采光顶玻璃尽可能将室内热量通过玻璃传到室外，以降低室内温度，减少温室效应。如果采用夹层玻璃而不是夹层中空玻璃构建采光顶是否可行？仍以长沙市为例，采用夹层玻璃，其传热系数为 $5.5\sim6.0\,W/m^2K$，太阳能通过采光顶玻璃进入室内的能量最高每平方米每秒为 311 焦耳，而热量通过玻璃由室内传到室外，按室内外 $10\,℃$ 温差计算，每平方米每秒最多 $50\sim60$ 焦耳，即通过玻璃每平方米每秒进入室内的太阳能量是通过玻璃每平方米每秒传出室外热量的 5 倍左右。室内不断有热量积累，室内温度不断升高，即使采用传热系数非常高的夹层玻璃，单纯靠散热室内温度是不会降低的。当室内温度超过一定程度，人们就要开空调，开空调后室内温度就会低于室外，例如夏季，室外 $30\,℃$，开空调的房间室内温度 $22\,℃$，室内温度就会低于室外温度，环境热量就会由室外传向室内，此时玻璃传热系数越高，空调能耗越高，传热系数越低，空调能耗越低，因此，可以明确断言：在任何地区，任何季节，玻璃的传热系数越低，越节能。

（2）外遮阳

随着国家不断强调建筑节能，这几年外遮阳产品、技术、标准、规范等得到了长足的发展。采光顶采用外遮阳效果非常好，一般以遮阳板为主。对于遮阳板，太阳光二次透射率占太阳光总透射率比重非常小，为计算简便，忽略不计。设外遮阳系统的遮阳系数为 $Sc1$，采光顶玻璃的遮阳系数为 $Sc2$，则整个系统的遮阳系数为：

$$Sc = Sc1 \times Sc2 \tag{8}$$

室内空气综合温度为：

$$T = T_0 + \frac{\rho}{\alpha} \times I_1 = T_0 + 0.889 \times \frac{\rho}{\alpha} \times Sc \times I_0$$
$$\tag{9}$$
$$= T_0 + 0.889 \times \frac{\rho}{\alpha} \times Sc1 \times Sc2 \times I_0$$

仍以长沙市为例，取室内温度 T_0 为 22℃，室内人体表面或人体衣服的太阳辐射吸收系数为 ρ 为 0.5，室内人体表面或人体衣服的表面换热系数为 α 为 $8\text{W}/\text{m}^2\text{K}$，外遮阳系统的遮阳系数 $Sc1$ 为 0.5，采光顶遮阳系数 $Sc2$ 为 0.35，夏季太阳辐射垂直照度 I_0 最大为 $1000\text{W}/\text{m}^2$，则采光顶下综合温度 T 为：

$$T = T_0 + \frac{\rho}{\alpha} \times I_1 = T_0 + 0.889 \times \frac{\rho}{\alpha} \times Sc1 \times Sc2 \times I_0$$

$$= (22 + 0.889 \times \frac{0.5}{8} \times 0.35 \times 0.5 \times 1000) \tag{10}$$

$$= 31.7℃$$

同等条件下，无外遮阳系统时室内空气综合温度高达 41.4℃，外遮阳系统降低室内空气综合温度达到 10℃ 左右，效果极为明显。

（3）内遮阳

通常认为外遮阳对建筑节能有贡献，内遮阳由于位于室内，太阳光已进入室内之后才照射在内遮阳系统上，因此认为内遮阳对建筑节能无贡献。事实上，室内遮阳对建筑节能是有贡献的，特别是对降低室内空气综合温度，增强室内热、光环境舒适性作用显著。下面简述室内遮阳对建筑节能的作用和与室内空气综合温度的关系。

① 降低遮阳系数

在室外可以看见室内遮阳，说明室内遮阳对可见光存在反射，且反射光已传到室外，室外人们才能看见室内遮阳，因此室内遮阳对降低遮阳系数有关系。

② 降低传热

在室内遮阳与玻璃之间存在一个空气层，该空气层的温度与室内外温度均不相同。该空气层是动态的、变化的，但是在定型方面却不变。例如夏季，室外温度设定为 30℃，室内温度设定为 22℃，与传热相关的温差为 8℃。但如果有室内遮阳，遮阳与玻璃之间空气层的温度一定位于 22～30℃ 之间，在有太阳光照射时，其温度会更高，甚至会超过 30℃，与玻璃传热相关的温差一定小于 8℃，因此通过玻璃热量由室外接入室内的会减少，在太阳光照射下，甚至会出现热量由室内向室外传的情况，明显降低建筑能耗。

③ 降低室内空气综合温度

室内遮阳采样遮阳布、遮阳帘的较多，对于遮阳布和遮阳帘太阳光直接透射率和太阳光总透射率相差较大，太阳光的二次透射率不能忽略。设玻璃的遮阳系数为 $Sc1$，室内遮阳的太阳光直接透射率为 $G2$，则室内空气综合温度为：

$$T = T_0 + \frac{\rho}{\alpha} \times I_1 = T_0 + 0.889 \times \frac{\rho}{\alpha} \times Sc1 \times G2 \times I_0 \qquad (11)$$

仍以长沙市为例，取室内温度 T_0 为 22℃，室内人体表面或人体衣服的太阳辐射吸收系数为 ρ 为 0.5，室内人体表面或人体衣服的表面换热系数为 α 为 $8W/m^2K$，采光顶玻璃遮阳系数 $Sc1$ 为 0.35，室内遮阳太阳光直接透射率 $G2$ 为 0.2，夏季太阳辐射垂直照度 I_0 最大为 $1000W/m^2$，则采光顶下室内空气综合温度 T 为：

$$\begin{aligned} T &= T_0 + \frac{\rho}{\alpha} \times I_1 = T_0 + 0.889 \times \frac{\rho}{\alpha} \times Sc1 \times G2 \times I_0 \\ &= (22 + 0.889 \times \frac{0.5}{8} \times 0.35 \times 0.2 \times 1000) \\ &= 29.7℃ \end{aligned} \qquad (13)$$

室内遮阳对于建筑节能贡献是有的，也许不显著，但其对降低室内空气综合温度作用却较明显。

5 结语

综上所述，采光顶下面的温室效应极为明显，采用室内空气综合温度可准确地表征其热舒适性。单纯采用玻璃遮阳不足以改善采光顶下面室内热舒适性，同时采用外遮阳或内遮阳可显著降低室内空气综合温度，采光顶下面热舒适性可以满足人们的需要。

建筑幕墙的单元化技术概览

◎ 曾晓武

深圳市方大建科集团有限公司

摘　要　建筑幕墙工业化是建筑幕墙发展的大趋势，能有效提高建筑幕墙的整体质量和安装效率，而建筑幕墙的单元化是实现建筑幕墙工业化最重要的基础之一。如何实现建筑幕墙工程单元化，本文希望通过对框架式幕墙和异形幕墙的单元化来分别进行详细阐述。

关键词　建筑幕墙；单元化

1　前言

建筑幕墙单元化的核心思想是尽可能地把所有的幕墙产品放在工厂进行生产，工地只是简单地安装，同时尽可能地使用建筑机械进行施工，从而有效地提高幕墙产品的整体质量和安装效率，尽可能地降低人员伤害事故。所以，概括成三句话，就是"能工厂做的不工地做、能地面做的不高空做、能机械化的不用人工"。

建筑幕墙单元化贯穿了建筑幕墙设计、生产、施工等整个环节，本文建筑幕墙单元化主要包括两个方面的内容，一是框架式幕墙单元化；二是异形幕墙单元化。

2　框架式幕墙单元化

传统的框架式幕墙一般都是在工厂加工好材料后，运到工地进行骨架、面板等材料的安装，大量的工作集中在工地完成，对幕墙的整体质量控制要求较高，安装质量完全依赖安装工人的综合素质，安装质量较难有效地监督和控制，且现场安装工期较长，进度完全依赖安装工人的人数，也容易产生安全事故。如何才能解决框架式幕墙的这些弊端呢？对框架式幕墙进行单元化可能是一种非常有效的技术思路。

2.1　设计思路

传统的幕墙系统主要是框架式幕墙和单元式幕墙，两者各有优缺点，而框架式幕墙单元化系统则很好地整合并吸取了两种传统幕墙系统的优点：如幕墙板块在工厂进行工业化生产，标准化程度高，与工地组装相比，幕墙组装质量更加容易控制和保障，施工效率也显著提高。同时，框架式幕墙单元化系统的所有防水采用成熟可靠的硅酮密封胶进行密封，维护更加简单、便捷，形成了一种新型的打胶单元式幕墙系统，避免了传统幕墙系统的缺点，如单元式幕墙系统设计较复杂，多层空腔和多道胶条的防水设计如果不合理，容易造成系统设计失误。

2.2　框架式幕墙单元化

框架式幕墙单元化就是尽可能地将框架式幕墙进行单元化设计，使其满足工厂的单元化生产和工地的单元化安装。框架式幕墙中常见的几种幕墙形式如玻璃幕墙、铝板幕墙、石材幕墙等都可以按照这个设计思路进行单元化的设计，下面以标准的框架式玻璃幕墙为例进行分析、比较。

2.2.1　标准框架式幕墙与框架式幕墙单元化比较

与标准框架式幕墙相比，框架式幕墙单元化系统吸取了单元式幕墙的优点，将每个分格做成单元板块，以实现在工厂的工业化生产，工地的机械化施工，极大地提高了幕墙加工质量、安装质量和安装效率，具体详见图 1 和图 2。具体改进方案如下：

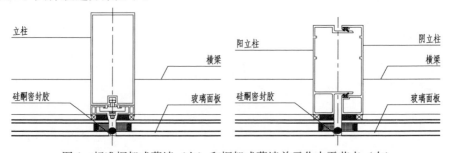

图 1　标准框架式幕墙（左）和框架式幕墙单元化水平节点（右）

1）将立柱和横梁都拆分设计为对插型材，以实现板块单元化；

2）型材加工同样只需简单切割，无需费时费工开槽铣槽；

3）材料成本有所增加，但综合成本如安装成本等显著降低。

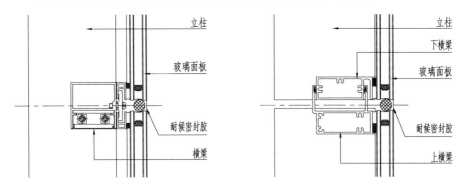

图 2　标准框架式玻璃幕墙（左）和框架式玻璃幕墙单元化竖向节点（右）

2.2.2　标准单元式幕墙与框架式幕墙单元化比较

与标准单元式幕墙相比，框架式幕墙单元化系统更加简单，型材之间的插接仅是用于保证玻璃面板表面的平整度，没有水密、气密的要求，但安装方案、措施基本相同，具体改进方案如下：

1）取消多道水密、气密腔，将胶条防水、防气改为成熟的耐候胶防水、防气；

2）对插横梁截面高度可大大减小，材料成本明显降低；

3）圆弧半径较小的单元板块完全适用；

4）型材加工只需简单切割，无需费时费工开槽铣槽，极大地提高了加工效率等。

同样，框架式铝板幕墙和石材幕墙单元化只需将面板材料由玻璃改为铝板或石材，固定面板的方式也进行相应调整即可。

2.3　框架式幕墙单元化工程实例

下面以深圳宝安国际机场 T3 航站楼登机廊桥幕墙工程实例来进一步阐述框架式幕墙如何单元化。

深圳宝安国际机场 T3 航站楼共有 58 个登机廊桥，总幕墙面积约 8.7 万 m²，其中玻璃幕墙约 1.8 万 m²，铝板幕墙约 6.9 万 m²，具体详见图 3。每个登机廊桥只有 1500 多 m²，顶部标高约 8m，底部标高约 4m，且位置非常分散，如果采用传统的框架式幕墙进行大面积现场施工，58 个登机廊桥每个都要搭满堂脚手架，施工效率不高，工期难以保证。

图 3　深圳机场 T3 航站楼登机廊桥实景

　　对此，在本幕墙工程中，对登机廊桥部分的原框架式幕墙进行了单元化设计、施工，将原招标图纸中的框架式幕墙系统改进为单元化的幕墙系统，将立柱一分为二，形成单元板块，两个幕墙系统的节点比较参见图 4 和图 5，通过框架式幕墙单元化改进，将玻璃或者铝板面板与骨架组装成单元板块，使所有板块尽可能地在工厂进行大批量生产，整体运往工地后，用单元式幕墙板块安装方式在工地进行机械化吊装，板块间不插接，依靠外侧打胶进行密封。

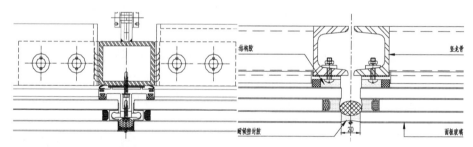

图 4　原玻璃幕墙招标节点（左）和单元化后的幕墙节点（右）

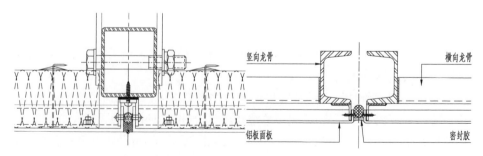

图 5　原铝板幕墙招标节点（左）和单元化后的幕墙节点（右）

通过最终测算，综合成本明显降低，施工效率大幅提升，采用汽车吊进行吊装施工，一个登机廊桥一周时间即可大面积完工，为保证深圳机场总体施工工期奠定了坚实的基础。

3　异形幕墙单元化

近十年，国内出现了很多外观设计新颖且造型奇异的建筑，尽管建筑高度不高，但由于其造型特殊，通常无法界定哪些属于幕墙，哪些属于屋面，这里统称为异形幕墙工程。异形幕墙一般都是三维空间造型，外形复杂，所有骨架和面板需要三维定位和三维安装，如果还是按传统框架式幕墙在工地现场进行三维定位和安装，将会给设计、加工、安装等环节带来极大的困难，同时加大了对技术、质量和工期的要求，有没有办法可以解决呢？通过近年来对具体的异形幕墙工程的研究和探讨，笔者认为异形幕墙单元化可能是最好的解决办法。

3.1　设计思路

一般来说，异形幕墙虽然造型奇异，但通常还是有规律可循。首先将异形幕墙外立面进行单元板块划分，划分单元板块大小的原则是应满足可单元化生产和可单元化吊装两个条件，然后将划分出来的单元板块进行整体设计，整体组装和整体吊装，既可保证工程质量，又可极大的提高施工效率。

由于异形幕墙工程差异较大，只能具体工程具体分析，下面分别列出几个具体的异形幕墙工程实例来进行探讨。

3.2　南昌万达茂幕墙工程

南昌万达茂幕墙工程采用了江西特色的青花瓷图案，幕墙最大标高25.9m，建筑立面由 29 个双曲面青花瓷造型组成，是目前世界上最大的青花瓷建筑。主要幕墙类型为 13mm 厚瓷板幕墙和 3mm 厚铝板幕墙，幕墙面积约 7.9 万 m^2，实景照片见图 6。

南昌万达茂青花瓷幕墙工程是一个典型的异形幕墙工程，主要存在以下的重难点：

1) 外立面造型奇异，多为双曲面，各面板尺寸大小不一，差异变化较大；

图 6　南昌万达茂青花瓷幕墙工程实景

2）面板上有青花瓷图案，各面板编号不同，种类较多，在工地查找材料非常困难；

3）原招标图为框架式幕墙，大部分幕墙骨架和面板都是空间三维造型，需在工地现场进行三维空间定位，放线困难；

4）大部分是高空斜曲面施工作业，绝大部分无法搭设脚手架进行施工，危险性较大；

5）青花瓷罐体间相贯线收口位置工艺复杂，安装质量要求高；

6）项目施工工期紧等。

如何解决以上存在的问题呢？采用异形幕墙单元化可以很好地解决这些难题。首先将所有立面中的 800×600mm 分格的单块瓷板合并成为 3×3 分格的小单元，形成一个 2400×1800mm 的单元板块，共 6142 个单元，每个单元由 9 块瓷板与支承钢架组成，在工厂根据三维设计放线进行大批量工业化生产，单元板块运到工地后采用汽车吊进行吊装。

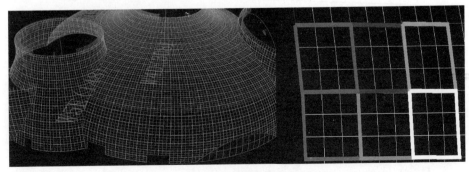

图 7　青花瓷异形幕墙单元划分

通过异形幕墙的单元化，大幅减少了单位面板的数量，减少工地异形材料组织、堆放等难度，所有单元板块只需按设计提供的三维坐标控制两个固定点坐标，极大地减少了满堂脚手架的使用量，青花瓷罐体间相贯线收口仍采用框架式安装方式，进行现场拼装，避免工厂加工板块误差造成的影响，更有利于控制相贯线间的板块安装质量。虽然材料成本有所增加，但综合成本显著下降，施工效率显著提高。单元板块间固定节点见图8。

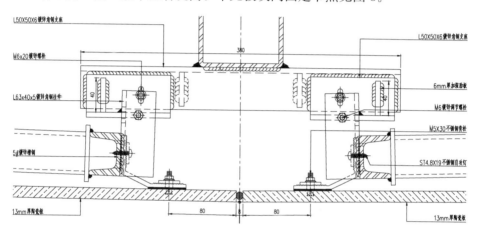

图8　青花瓷异形幕墙单元化水平节点

3.3　武汉万达K5不锈钢球幕墙工程

武汉万达K5幕墙工程最大标高40.6m，主要幕墙类型为铝板幕墙和直径为600mm的带LED的不锈钢金属球，幕墙面积约3.5万 m²，实景照片见图9。

图9　武汉万达K5不锈钢球幕墙工程实景

武汉万达K5不锈钢球幕墙工程最大的特点是在铝板幕墙上打孔，外侧安装直径为 $\varphi600$mm不锈钢球，不锈钢球总数为4.3万多个，而每个不锈钢球正立面又安装了大小不一的 LED 照明。由于原招标图设计为框架式幕墙，所有铝板和不锈钢球需在现场安装，容易造成在铝板幕墙上打孔后再安装不锈钢球时的防水问题以及 4.3 万个不锈钢球如何保质保量地安装。

本工程铝板幕墙中铝板分格均为 45 度斜线放置的菱形，菱形对角线长度为 900mm，每个菱形铝板中间位置打孔后安装不锈钢球，具体节点详见图 10。如何进行异形幕墙单元化呢？首先将 9 块菱形铝板合并成一个大的菱形单元板块，整个菱形单元板块包括钢骨架、9 块菱形铝板和 9 个不锈钢球均在地面组装成一个单元体，再用汽车吊进行整体吊装。由于单元板块在地面组装，从而解决了铝板与不锈钢连接处的防水和单独安装不锈钢球比较困难的问题，安装质量和安装效率大大提高，吊装措施详见图 11。

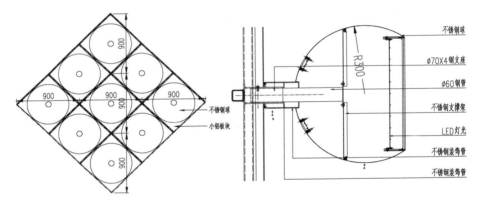

图 10　不锈钢球幕墙单元划分（左）及不锈钢球连接铝板剖面节点（右）

图 11　铝板与不锈钢球幕墙单元板块吊装

3.4 深圳世界大学生运动会体育馆外围护工程

深圳世界大学生运动会体育馆外围护工程为多折面的水晶体造型，包括幕墙和屋面两大部分，是比较典型的异形幕墙工程，整个建筑由 16 等分的相同折面造型结构构成，每个等分体内又包括 15 个大三角面，共计 240 个晶体造型的大三角多面体。屋面采用单层折面空间网格结构，跨度约 150m，最大建筑标高约 36m，幕墙面积约 4.6 万 m^2，屋面面板主要采用聚碳酸酯板材料，立面主要是 XIR 膜玻璃幕墙，整体建筑效果见图 12。

图 12　深圳世界大学生运动会体育馆实景

如此复杂的外立面造型，如果采用结构材料、幕墙材料和屋面材料均在工地进行现场拼装，施工安装难度可想而知。在总共 240 个多晶体造型的多面体中，最大三角形面的尺寸为 32×31×18m，面积约 226m^2，仅钢结构骨架重约 7 吨，加上幕墙次龙骨，完全可以整体吊装。所以，在进行本工程异形幕墙单元化时，总体单元化思路如下：

1）选取所有的 240 个多面体作为整体吊装的大单元板块；

2）为方便公路运输，每个大单元板块又划分为 9 个小榀单元构成，具体见图 13；

3）9 个小榀单元在工厂进行批量加工后运到工地，在地面进行整体焊接、组装后，形成一个大单元板块；

4）在大单元板块上安装幕墙骨架，但整体吊装前不安装面板材料，以避免破损；

5）采用重型汽车吊整体吊装大单元板块，固定后再安装面板材料。

深圳世界大学生运动会体育馆外围护工程通过异形幕墙的单元化，将大量的钢檩条的加工和组装工作放在加工厂进行，大大减少钢檩条现场的加工

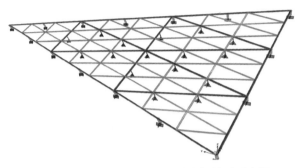

图 13　大单元板块划分成 9 个小榀单元示意图

和安装量，且提高了钢檩条加工制作的效率和精度；工地施工时直接将大单元板块进行吊装安装，即保证了质量，又大大缩短了工期，极大地简化了原本需要在高空作业的施工措施，同时，提高了施工过程的安全性，吊装见图 14。

图 14　大单元板块整体吊装图

4　结语

通过工程实践可以看到，与传统幕墙工艺相比较，幕墙单元化工艺十分有效地降低了加工成本和安装成本，极大限度地减少了施工现场存在的人工安装安全隐患，提高了施工效率，同时改进并提高了幕墙工程的整体生产、安装质量，解决了异形建筑幕墙的施工难点。

框架式幕墙单元化和异形幕墙单元化从表面上看材料成本和运输成本增加了 5％～6％，但随着人工成本和安全成本的不断提高，材料成本所占工程总价的比重逐渐降低，综合成本显著降低，特别是单元化后可采用了机械化生产和安装，有效地降低了加工成本和安装成本，有效地降低了可能存在的人工安装安全隐患，但却有效地提高了施工效率和施工安全，同时也有效地提高了幕墙工程的整体生产、安装质量。

综上所述，从幕墙设计、加工、组装到工地安装等整个流程如果能够尽可能地以建筑幕墙单元化为主体思路，探讨各种不同幕墙类型实现单元化的可能性（如传统石材幕墙的单元化等）并加以广泛应用，那么建筑幕墙的单元化或将是幕墙行业未来发展的方向。

先进国家的团体标准监督体制介绍

◎ 顾泰昌

中国建筑标准设计研究院

摘　要　本文通过对国外团体标准的监督模式、监督层级和手段进行分析和介绍，着重从政府和团体标准制定机构本身两个层面进行介绍。

关键词　团体标准；监督体制

1　国外团体标准监督模式分析

国外对于团体标准的监督，主要有以下三种情况：

1）对纳入法规和法令强制要求执行的标准，其监督体系即为技术法规监督体系，接受政府部门的监督管理。

2）有契约关系存在的团体标准，这种契约关系有两种，一种是合同形成的契约，另一种是采信机构与机构成员、社团组织与会员之间。即这类团体标准是有实施要求的标准。

（1）社团对会员的要求，采信机构对旗下人员要求，即标准被一些特定组织机构采纳并在机构范围内要求推广实施，才有监督意义，其监督管理部门为这些标准的发布和采用机构，多为一些行业社团组织、保险机构；

（2）基于合同的契约关系，即标准被纳入合同条款，往往存在于业主和承包商，承包商和分包商之间，这时的监管团体一般为对标准有特定要求的业主方，以及业主方的咨询团队。

3）没有实施要求和契约关系的团体标准。这种情况占多数，大多数团体标准，其制定发布组织并没有要求会员执行，而是完全的自愿性文件。很多社团为避免监督义务和责任，甚至还会针对团体标准出一份"免责申明"。谁使用谁负责。这种情况下标准是没有监督的，主要依靠政府对技术法规实施和监督要求保障标准的合法性底线。

技术法规是标准的制定依据，也是底线要求。政府虽然对团体标准不直接实施监督，但是通过技术法规的监督确保了标准的安全、质量和可持续等底线要求。

2 国外团体标准监督层级和手段分析

根据对国外团体标准监督模式的分析，从各个层级和几种常用的监督手段总结如下。

团体标准的监督体系

文件类别	标准	
监督组织管理部门	标准制定和采用机构	
监督执行主体	标准的采用机构，多为一些行业社团组织、保险机构、对标准有特定要求的业主方，以及业主方的咨询团队。	
监督形式和举措	政府层面监督	①通过对技术法规的监督确保标准的合法性底线 ②对标准化组织认证实现对标准的间接监管 ③政府对标准的直接监管
	团体层面监管（发布/采用机构的监督）	①发表免责申明 ②团体自律：良好行为引导 ③对工程项目执行标准的情况直接进行检查 ④合格评定 ⑤会员监管 ⑥人员认可，对人的监管实现对标准的监管 ⑦建立标准质量评价体系
	基于合同契约关系的监管（采信方的监管）	①业主的监督 ②建筑师等咨询团队的监督 ③委托专业检查机构进行监管
	自我监督	责任制、诚信机制、职业生涯、法律约束

1）政府层面监督

纳入技术法规的标准，其监督体系即为技术法规监督体系。对于未纳入法律法规要求的标准，总结各国做法，政府层面的监督主要有以下几种方式：

（1）通过对技术法规的监督确保标准的合法性底线。这是所有国家通用的方式。

（2）对标准化组织认证，通过对标准化组织的监督间接实现对标准质量的监督。这种方式是美国特有的，政府不直接监督标准化组织，而是委托ANSI开展认证。为此，美国建立了ANSI ESSENTIAL REQUIREMENTS的标准化组织管理要求和评审机制，由ANSI对标准化组织进行评审认可，确保其编制团体标准的质量。美国有700多家标准制定组织，ANSI对其中的近两百家进行评审认证，成为标准发展组织SDOs，这些经过授权的标准组织有完备的标准编制和管理程序，其编制的标准更有质量保障，更容易得到民间的认可和实施。

（3）政府对标准的直接监管。这是法国所特有的，而且是针对国家标准，而非团体标准。法国政府对国家标准的监管是从机构的组建、人员的任命、标准的计划到审批都要全权参与监管。法国政府负责标准管理监督工作的标准化专署下设质量认证认可处、法规处、标准化评价处全面指导和监督标准化工作，推进法国标准的实施，并负责监督标准化过程中的协商一致工作。

2）团体层面监督

团体标准制定发布和采信机构对标准有实施要求时会监督，没有实施要求时一般发布免责声明。总的说来，这些制定发布团体标准的社会团体监督表现形式有如下几种情况。

（1）团体标准制定组织发表免责申明。这是大多数社团的做法，尤其在日本，由于团体标准地位比较弱势，所以一般会制定颁布免责声明，如日本空调卫生工学会制定颁布了《免责规程》，规定了学会公开发布的技术报告和标准类文件的各种权利、义务和免责事项，明确了对使用者的学会责任范围。其中和标准使用相关的主要内容如下：

必须同意本规程规定，否则不能利用本学会公开发布的标准等资料。

使用本学会标准等资料时，使用者承担一切责任，学会不承担由于使用本标准等产生的任何后果和损害。

学会对标准等的变更不对外进行预先通知。

利用者使用本学会标准等资料，必须得到本学会的承认

（2）团体自律：良好行为引导。在发达国家，团体标准化活动由于受政府约束少，更多地依靠团体自律行为，针对团体标准化活动，各国都出台相应的良好行为标准，用以引导标准化机构践行标准化活动准则和规律。WTO/TBT协定中便有关于制定、采用和实施标准的良好行为规范，ISO/IEC发布了相应的指南文件《标准化良好行为规范》，英国也发布了BSI PAS

98-1：2011《标准联盟 第 1 部分：组建与管理良好规范指南》，各类标准社团组织在标准化建设活动中会遵守这些良好行为规范用以指导日常标准化工作。

（3）团体组织对标准实施进行监督。一般存在于对标准实施有要求的社团中，监管手段主要有以下几种：

① 对工程项目执行标准的情况直接进行检查

有些标准发布或采信机构自身就建立了一套完整的内部制度约束和监管机制。当对旗下会员和会员所负责工程有特定标准要求时，会对会员行为及所负责的工程进行定期检查、监督抽查，甚至设立专门的监管部门进行监督，以期提高或保持其服务质量和水平。以 NHBC 对标准的监管为例，NHBC 自身的业务里便有标准检查和质量管理服务这一块，主要针对标准在工程项目中的执行情况进行检查，此外，NHBC 还有专门的建筑控制团体对 NHBC 标准的执行情况进行监督。NHBC 成立了建筑控制服务有限公司 NHBC BCS，除检查工程项目是否符合建筑法规的要求，也代表 NHBC 检查是否符合 NHBC 标准的要求。NHBC BCS 的建筑控制领域包括计划评估、现场检查、违规检查和处理、竣工检查、记录检查和归档。不符合 NHBC 标准则要求整改，甚至拆除重建。当然，用户或 NHBC 也可以根据需要提出标准检查和质量管理服务，通过对标准执行的监督促使各方严格执行 NHBC 标准并贯彻实施。

② 合格评定

合格评定，是指对一种产品是否符合特定标准或技术规定进行确认的过程。主要是通过各种认证实现，包括产品认证、建筑性能和质量认证等符合性认证。认证既是一种实施推广手段，也是一种有效的监督方式。

关于产品认证，为符合欧盟协调标准的要求，欧盟有强制性的 CE、ETA 认证，英国有 BS 认证、法国有 NF 认证、日本有 JIS 认证，通过认证表示符合国家标准的要求，针对团体标准的认证很少，美国相对比较多，如美国的 UL 和 FM 等认证。按照团体标准生产制定的产品若能通过这些国家级的认证，不仅产品在市场的认可度高，这些团体标准也能收获一定的认可度。

建筑性能和质量认证主要有美国的 LEED、WELL 等认证、英国的 EPC、BREEAM 等认证、法国的 Qualitel 认证、Effinergie 认证等。

③ 会员管理，通过对会员的监管实现对标准的监管

通过学会的规章制度实现对会员的管理，此外大型的社团组织都有自己的纪律委员会对会员行为和规范进行监管，包括会员从事工程建设活动的项目及实施的标准。再比如 RIBA 按照 ARB 要求，以及自身管理要求，有专门

的纪律委员会对会员进行监管，并对会员登记的工程项目、持续教育情况进行监管，一旦有违反法规、RIBA 基本质量标准和相关标准的情况，便可采取惩罚或取消资质的措施。对会员提出标准实施要求，并通过对会员的监督实现对标准的监管。

④ 人员认可，通过对职业资格人员的监管实现对标准的监管

很多有行业影响力的团体标准制定机构同时还开展职业资格人员认可，或是组织职业资格考试的工作。政府层面组织的职业考试往往是考察对技术法规的了解，而团体机构开展的职业考试和人员认可还包括对特定标准的了解和掌握程度，并且，相当多的团体机构还负责对认可人员的监管，有些人员的认可和监管还受到法律保障。如 BSI 对其认可的资质人员要求执行法规和 BS 标准，对资质人员的工作进行监管时会考察是否执行了相关标准，其对资质人员的监督包括完工前后的定期、随机抽查，每位成员每三年至少接受一次现场检查。对于记录里没有达到良好的资质人员，每年都要接受检查评估。

美国的专业执照制度一般按照各专业进行考试。美国的专业执照有建筑师执照与工程师执照，另有建造和项目管理人员资质认可制度，多由非官方机构组织的认证考试。美国建造师学会资格认证委员会将建造师按照参与建造工作的全过程或一部分工作，分为项目经理、现场总管、项目总管、工种负责人、施工经理、首席执行官等等。同技术人员资格考试一样，建造师分为主力建造师和注册建造师。认证过程分为考试和实践经验审核两部分，主要考察内容为技术法规和标准。只有熟悉和了解技术法规和相关标准的人员才能获得资格证书。

⑤ 建立标准质量评价体系

欧美国家都建立了标准效益和质量评价体系，可通过评价体系检验标准对市场的适用性。标准效益的评价并非针对某个具体标准，而是针对某个领域进行标准化的一个综合评价。质量评价体系则是针对标准的科学性、合理性、适用性和可操作性进行评价，法国 AFNOR 已经质量评价纳入其质量工作计划中，并要求在其下属机构、委员会，和各行业标准化局中推行，以实现标准的优化和改进。

3）工程建设中纳入合同时的监督

基于合同的契约关系，这种契约关系受法律和司法程序的保护。且现在有专门的合同争端解决方案确保纳入合同的标准的实施。这种合同契约通常存在于工程建设项目的业主与施工企业之间，由此形成的监督方式主要由以

下几种：

（1）业主的监督。业主作为项目的发起人、组织者、决策者、使用者和受益者，对建设项目全过程负有监督管理的职责。一般业主对于可能出现的风险进行评估，通过与工程保险公司签订合同，对风险进行管控。在技术方面，业主一般通过聘请工程咨询公司，对项目进行全过程的监管。工程咨询公司对方案的可行性、设计和施工是否符合相关要求进行技术审查，确保工程项目按照相关法规和标准进行。一旦出现问题，例如未按照建筑防火法规进行设计，业主将负主要责任人。因此，业主对是否按照标准和法规的要求进行设计和施工的问题非常重视。

（2）建筑师等咨询团队的监督。这种工程咨询制度是业主对工程质量进行管理和监督的一种间接方式。美国的工程咨询制度比较成熟和健全，英国、法国和日本也有相应的工程咨询制度。从事工程咨询的单位主要是工程设计公司或事务所、建筑师事务所、结构师事务所、各种专业工程事务所。业主通过咨询公司专业的建筑师、工程师和测量师等，依照相关标准对工程项目从招投标文件到施工过程进行全方位的检查和监督。

（3）委托专业检查机构进行监管。在英国和法国比较常见，由于有专业的检查机构如英国的 BCB，法国的 TIS，负责工程质量的监管，没有标准要求时，检查员以建筑法规作为实施监管依据，有标准要求时，则按照相关标准作为实施监督依据。

当然，在工程实际监管中，除了这些监管责任人，通常还有很多第三方机构的参与，如发证机构、检测机构、第三方认证认可机构等参与标准的实施监督。

4）自我监督

标准使用者主要为从事建设活动的各参与方，相当一部分是专业的职业资格人员，由于这些发达国家责任制明确，且都有法律规定职业资格人员的职责、义务和保险等内容，因此这些标准使用者几乎都有隐形的约束机制，如有保险的约束，诚信机制约束，或是自身职业发展的约束，甚至是司法约束，所有这些约束机制迫使参见各方按照合同规定或是法规规定执行标准的相关要求。

3 结语

国外的团体标准监督层级分为政府、团体本身和标准使用者三个层面，各层级的手段各有特点。就政府而言，更多的是通过法规和认证对团体标准进行直接或间接的监督。就团体层面而言，更多的是通过自我约束对制定机构进行两方面的监督。而标准使用方对标准也有自我判断的责任。因此，国外团体标准的监督是从不同方面通过多种手段进行质量保证的。

滨海城市机场航站楼幕墙设计特点与技术介绍

◎ 杨　俊　花定兴

深圳市三鑫幕墙工程有限公司

摘　要　本文对青岛新机场 T1 航站楼大板块幕墙设计进行了详细介绍，对重难点技术进行了分析，并提出了切合实际的施工工艺和解决办法。

关键词　铝合金 T 型件；向心关节轴承；电动开启

1　工程概况

青岛新机场建设项目 T1 航站楼位于青岛市胶州市中心东北 11km，大沽河西岸地区，北侧紧邻胶济客运专线，南侧紧邻胶济铁路，为新机场提供了良好的交通条件，新机场建成后将成为区域性枢纽机场，可满足年旅客吞吐量 3500 万人次，货邮吞吐量 50 万吨，飞机起降 30 万架次。

机场方案设计构型以"海星"为造型基础，关联青岛地域文化。既兼具集中式与单元式航站楼优点的构型，又充分体现青岛作为海港城市的独特海洋文化特征。主航站楼建筑外部造型以流畅的曲线为基调，从来自两侧指廊的曲面向中央汇聚，若五洋汇流，气势非凡。五指状的对称布局设计不片面追求外形的视觉效果，内在联系也极其讲究，采用连续曲面指廊与大厅融为整体。五个指廊夹角较小，符合机场运作要求，旅客登机和转机便捷，机场运作集约高效（图 1）。

航站楼分区以指廊和大厅的结构缝为边界划分，分为指廊 A、B、C、D、E，大厅 F。T1 航站楼楼层分为 6 层，地上 4 层，分别为 L4，L3，L2，L1，地下 1 层。总建筑面积 47.7 万 m^2，幕墙总面积 25.3 万 m^2，建筑高度 42.150m，幕墙顶标高 25.000m，幕墙结构使用年限为 25 年。

本工程由玻璃幕墙、石材幕墙和铝板幕墙等几种类型幕墙所组成，本文则主要介绍体量大、难度高的大板块幕墙系统。

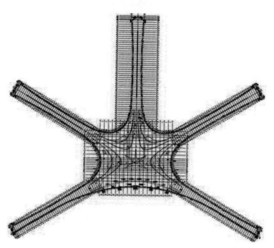

图 1　青岛新机场平面图

2　大板块幕墙设计介绍

2.1　大板块幕墙-铝合金系统

大板块玻璃幕墙是本工程的设计重点，系统设计的是否合理，对现场的安装，后期的使用及维护都有很大的影响。设计的原则是保证建筑效果的前提下，玻璃幕墙系统在室外完成玻璃的安装及后期的破损更换，施工机械的使用和对玻璃幕墙的维护尽量不对室内产生影响。（图 2）

机场作为大型交通设施，为实现人视线的流畅通透、简洁，上部旅客到达的公共区域采用大分格的玻璃幕墙，分格尺寸：宽 3000mmX 高 2250mm，幕墙总高度 8~14m 变化。

为达到效果且受力体系明确，分为两部分来实现：第一部分是负责与主体结构连接的钢结构，位于最内侧；第二部分是铝合金框架系统，正风压由竖向立柱和横梁承受，负压由横向压板承受，压板外侧安装装饰条满足建筑效果（图 3、图 4）。

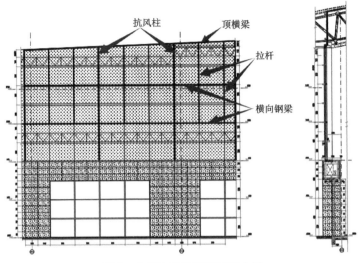

图 2 大板块幕墙系统局部大样

幕墙水平荷载传递路线：

玻璃面板→铝合金横梁→铝合金立柱→钢结构系统→主体结构

幕墙自重荷载传递路线：

玻璃面板→铝合金 T 型件→铝合金立柱→钢结构系统→主体结构

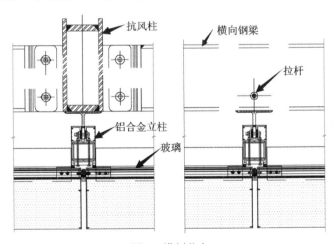

图 3 横剖节点

玻璃幕墙标准板块基本构造体系，立面以 9m 左右为一个基本单元，每个基准单元再均分为三等分。（图 5）

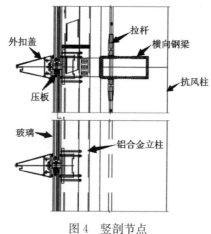

图 4　竖剖节点

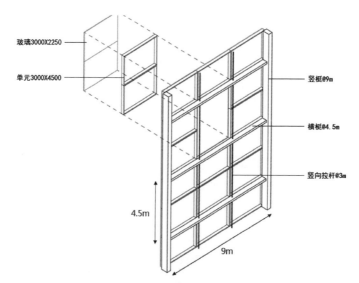

图 5　幕墙基本板块构造体系

本工程大板块幕墙采用玻璃为 12（超白）Low＿E（双银）＋12Ar＋10＋2.28PVB＋8mm 钢化夹胶中空玻璃，单块标准玻璃重量达到 500 多 kg。如果采用常规受力体系，仅支撑玻璃重量就需要较大截面的铝合金横梁，这与原建筑设计的要求相差较大。为解决这一问题，引入了点式玻璃幕墙夹板承受玻璃自重的思路，幕墙设计采用了 6061-T6 铝合金 T 型件，直接承受玻璃传来的重力荷载，同时，铝合金 T 型件用来固定铝合金横梁，承受铝合金横梁传来的水平荷载。（图 6～图 9）

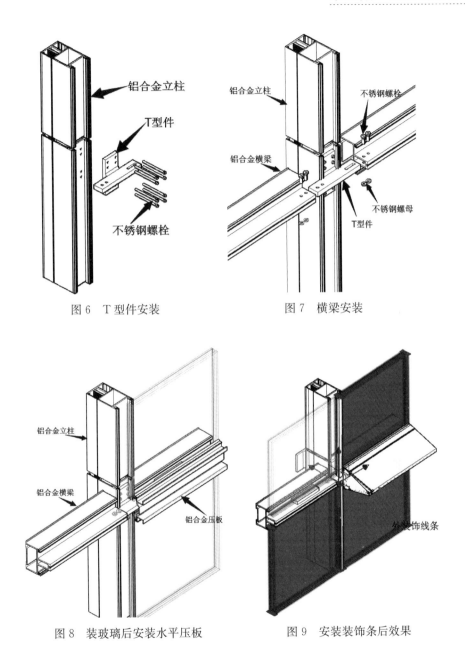

图 6　T 型件安装　　　　　　　　　图 7　横梁安装

图 8　装玻璃后安装水平压板　　　　图 9　安装装饰条后效果

2.2　大板块幕墙-钢结构系统

2.2.1 本工程玻璃幕墙后侧钢构，根据不同位置的风压取值、不同的跨度，采用不同的截面。抗风柱采用 $600×200×25×20$（Q345B）（600 的高度根据不同位置变化），标准钢横梁规格 320×150×12（Q345B），顶横梁规格 320×200×16（Q345B）（厚度根据不同位置取值变化），钢横梁之间通过直径 20mm 的 550 级钢拉杆连接（图 10），钢拉杆承受外侧玻璃幕墙及钢横梁重量，最终将自重荷载传至顶部钢梁。

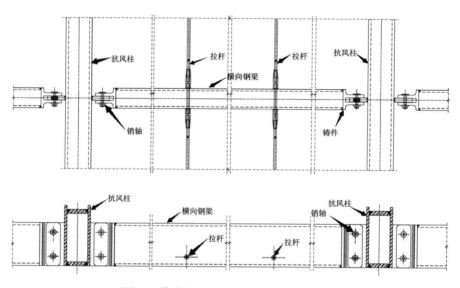

图 10　幕墙钢结构横梁与抗风柱连接节点

2.2.2 本工大厅区大板块玻璃幕墙为弧线段（图 11），在风荷载的作用下，幕墙顶部支座会承受一定的侧向力，幕墙钢结构与主体结构之间采用常规耳板＋销轴的连接节点已不太适用。节点设计必须满足具有良好的强度、刚度、较强的耐磨性和可靠性等，并有一定的水平角度的转动，这样才能保证结构的安全使用。

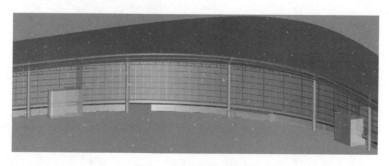

图 11　弯弧位置示意图

为解决这一问题，幕墙设计采用了能实现平面内双向受力和自由转动的向心关节轴承节点，该节点可以避免传递力矩使销轴产生永久变形，延长杆件的使用寿命（图12、图13）。

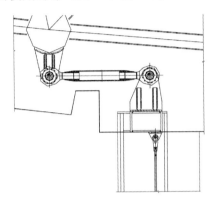 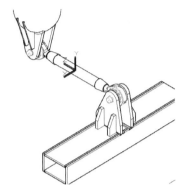

图12　钢构与网架连接球连接图　　　　图13　连接示意图

向心关节轴承由一组具有外球面的内圈和内球面的外圈两部分偶合而成，其外圈内球面与内圈外球面紧密贴合，可实现空间任意角度转动与摆动。其结构组成为：向心关节轴承及轴承外圈压盖、轴承内圈定位套、销轴、销轴压盖和高强螺栓等附件。

向心关节轴承节点轴向力传递路线：

连杆→轴承外圈端盖（嵌固板）→轴承外圈→轴承内圈→耳板→主体结构

向心关节轴承节点径向力传递路线：

连杆→轴承外圈端盖（嵌固板）→轴承外圈→轴承内圈→销轴→耳板→主体结构

2.3　大板块幕墙-电动开启系统

根据《青岛新机场航站楼消防安全性能评估报告》对大空间排烟的要求，在屋面大厅侧天窗，指廊顶天窗以及大板块玻璃幕墙设置消防联动的电动开启扇，总量约2100余扇，规格：宽1500×高1150，玻璃同样采用12（超白）Low_E（双银）＋12Ar＋10＋2.28PVB＋8mm钢化夹胶中空玻璃，单扇重量约150kg，最大开启角度45°；开启扇配置多点锁驱动器，结合电动开启装置实现消防联动的要求（图14）。

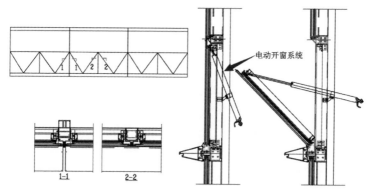

图 14　大板块幕墙电动开启示意图

2.4　大板块幕墙-顶部封修系统

大板块幕墙顶部封修，原方案为安装龙骨后，内、外两层 12mm 水泥压力板＋150mm 厚岩棉。因屋面网架为空间结构，网架连杆不规律穿过封修层，且水泥压力板板材较重，易破损，施工难度较大。后经过方案优化，选用成品岩棉复合板作封修材料（图 15），网架穿管位置采用镀锌铁皮封堵。岩棉复合板具有：模块化、质量轻、隔热效果好，运输、施工效率高、安全等特点。

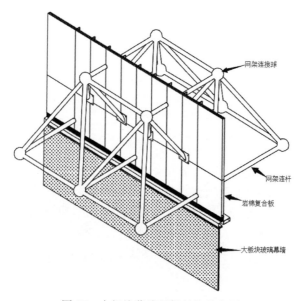

图 15　大板块幕墙顶部封修示意图

3　结语

　　青岛新机场 T1 航站楼幕墙的设计中，针对目前机场幕墙设计同质化的情况，采用了不同的构造方式，预期能达到较好的建筑效果。在大板块幕墙的构造设计中，明框幕墙和点式幕墙的结合考虑，脱离固有的思维，不再按原有的幕墙分类单一使用，而是采用结合的方式综合运用，取得了较好的效果。

新型双层幕墙设计及应用

◎ 孟根宝力高　刘　珩　阚　亮

沈阳远大铝业工程有限公司

摘　要　回顾双层幕墙的发展历史，总结各种形式（内/外/混合/密闭式）双层幕墙的优劣；论述新型双层幕墙的设计要点：节能匹配设计、关注综合成本以及长寿命设计技巧等；进而提出双层幕墙窄幅化、低综合成本化、高性能化、智能化和集成化是双层幕墙发展的必由之路。其中重点介绍了 CCF 密闭式双层幕墙的设计要点和 ACF 超中空幕墙的设计理念。

关键词　新型双层幕墙；CCF 密闭式双层幕墙；ACF 超中空幕墙；幕墙设计

1　概述

随着 2015 年度中国房地产行业发展放缓，中国建筑行业在经历了 30 年改革开放的飞速发展后，将进入行业调整期。这种调整将不单体现在建筑市场的规模上，还会体现在建筑行业的发展理念上，在人们享受着改革开放红利的同时，对未来生活的理念也将逐渐诉诸建筑：舒适、节能、环保、高效及人工智能将成为未来建筑行业的追求目标。而国内幕墙行业市场产品也必将由低端、粗犷向高端、精细化过渡发展。本文以双层幕墙为例，探讨双层幕墙的技术特点以及未来的发展方向——CCF 密闭式双层幕墙和 ACF 超中空幕墙。

2　双层幕墙的基本概念及工程实例

双层幕墙亦称作通风式幕墙、热通道幕墙，由内外两层幕墙、中间空腔、通风系统、空调系统、环境监测系统、楼宇自动控制系统等构成。它是结合烟囱效应、热压差、气压差等原理来对幕墙内空气的交换与流动进行控制，装配必要的附属装置来实现夏季散热与冬季保温的目的。从设计构思、内容组成和工作过程各方面看，都是一个各专业协调合作的多功能系统。

双层幕墙作为比较流行的建筑外围护结构最早出现在德国，首次应用于京根的史泰福工厂，建成于1903年，是一个三层的建筑，底层作为存储空间，上面两层用来作为工作区域。目前建筑仍在使用中（图1和图2）。北美的第一个双层幕墙工程是美国旧金山"HALLIDIE"大楼，建于1918年（图3）。十九世纪末二十世纪初，双层幕墙开始进入中国，最早的是北京天亚花园，2004年竣工（图4）。

图1　　　　　　　　　图2　　　　　　　　　图3

图4

目前，双层幕墙作为新型的建筑节能产品之一，不断被应用于国内外幕墙工程中，例如位于上海鼎固大厦，2007 年竣工（图 5），上海越洋国际广场、陆家嘴星展银行、金虹桥大厦等。法兰克福的航空铁路客运中心"THE SQUAIRE"，2008 年竣工（图 6）。伦敦的莱登大厦"THE LEADENHALL BUILDING"，2014 年竣工（图 7～图 9）。

图 5

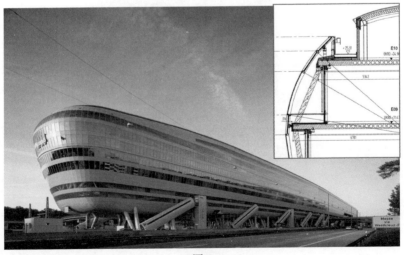

图 6

图 7

图 8

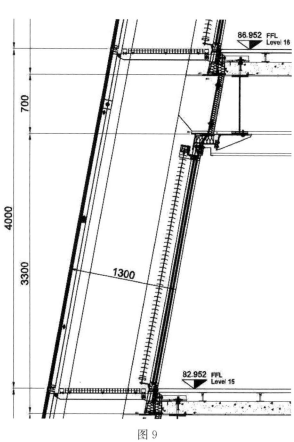

图 9

3 双层幕墙的分类

双层幕墙按是否通风可分为通风式和密封式；其中通风式可以分为外循环（自然通风）、内循环（机械通风）和双循环（混合通风）。外循环根据其循环特点可分为整面式、通道式、箱体式和外百叶式（图10）。

图10

4 双层幕墙的优势及劣势

双层幕墙对比单层幕墙具有显著的优点，主要表现在以下几点：

保温节能性能：外层幕墙的存在加强了外围护结构的保温性能。通过双层玻璃幕墙之间空气层的缓冲可以有效地降低建筑表面的热损失。冬季时，关闭进出风口，空气层相对静止，形成温室效应，增加内层幕墙玻璃表面的温度，可以节省采暖费用（图11）；夏季时，打开进出风口，在烟囱效应的作用下，空气从下端进入，在上端流出，空气的流动带走空气腔中的热量，可以节省空调费用。双层幕墙的综合传热系数可以达到 $1.0\sim1.5W/m^2K$，保温性能远远高于普通单层幕墙。图12为上海金虹桥项目双层幕墙通风器的工作状态示意图。

隔声性能：双层玻璃幕墙由于外皮对于噪声的屏蔽作用，其隔音性能可达到55dB，大大降低了室外噪声对于室内的影响。对城市中心区的，处于很强的交通噪音环境中的建筑尤其适宜。

舒适性：双层幕墙通过调节空腔内的铝合金百页的高度和角度，改善室内光环境和热环境，可依据房间内人员的喜好进行设置，因而具有较高的热舒适性，可见光控制性，兼其具有优秀的隔声性能，让室内生活与工作的人们有一个清凉安静的工作环境（图 13）；另一方面，可通过内层幕墙的开启设计直接解决人们在雨天而无法开窗唤气的问题。

图 11

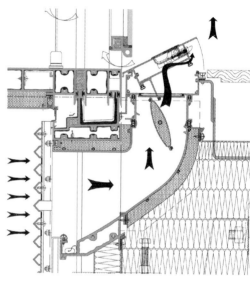

图 12

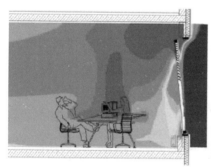

图 13

长期经济性：双层幕墙的制造成本是普通幕墙的 1.5～2 倍，如果采用双层幕墙，前期一次性投入比普通单层幕墙要高，但是由于双层幕墙的良好的保温节能性能，所以会大大降低空调运行成本，以沈阳地区的某建筑 20000m² 幕墙为例，如果采用双层幕墙，虽然造价比普通单层幕墙高，但经过测算，运行 9 年后，节省的电价就可以弥补幕墙造价的差价，一般幕墙使用寿命在 25～30 年，那么，从整个生命周期来看，采用双层幕墙比采用普通单层幕墙更具有经济性。图 14 为运行 9 年后普通单层幕墙和双层幕墙总费用对比，图 15 为运行 30 年后普通单层幕墙和双层幕墙总费用对比。经过对比，可以清楚地反映出采用双层幕墙的总费用在长期来看是有优势的。

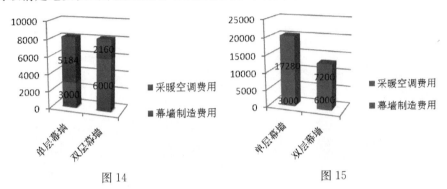

图 14　　　　　　　　　　　　　　图 15

双层幕墙对比单层幕墙存在的问题和劣势，主要表现在以下几点：

消防问题：由于双层幕墙的换气功能，在竖直方向的烟囱效应会造成消防上的隐患，目前双层幕墙属新型技术，还没有国家标准，上海市地方标准《建筑幕墙工程技术规范》（DGJ 08-56—2012）中有关于双层幕墙防火的相关规定。国内其他消防法规没有关于双层幕墙的专门规定，但要求起主要建筑围护作用的内层幕墙必须满足消防规范要求，同时可以在总体建筑设计时考虑安装报警器和喷淋系统。

空气流通通道的清洁问题：由于城市空气污染日趋严重以及风沙和蚊虫原因，双层幕墙系统如选用外循环的通风方式时，空气流通通道内的幕墙表面以及格栅区域会因空气流通而带入大量的灰尘和污染物，需要定期维护清理，而由于空气通道内的空间通常为狭长区域，机械清理非常不便，多数是由人工清理，随着国内人员成本的逐年升高，双层幕墙空气流通通道的清洁问题将给建筑物的日常围护带来不可忽视的经济负担。

有效建筑使用面积问题：由于建筑面积由外墙皮开始计算，而双层幕墙相对于单层幕墙在垂直于建筑立的进深方向要占有更多的平面空间，因此双层幕墙的应用会直接导致建筑的有效使用面积比普通单层幕墙损失 2.5%～3.5%。

5　新型双层幕墙——CCF 密闭双层幕墙的技术特点及设计要点

CCF（Closed Cavity Facade）密闭双层幕墙是由外层玻璃、内层玻璃、断热铝型材形成的内有遮阳百叶的密闭腔体以及集中供气系统组成的幕墙产品。其内外两层玻璃的密封性能要求较高，一般不设置开启扇。密闭腔体通过空气干燥净化系统供气，使密闭腔体内的气压值永久保持略高于室外气压值，使其具有洁净、不结露的特点。其结构示意如图 15 和图 16 所示。

图 15　　　　　　　　　　　　　　　　　图 16

CCF 密闭双层幕墙除具有传统双层幕墙优良保温性能、隔声性能和舒适性外还具有如下特点：

幕墙系统窄幅化：密闭双层的密闭空气腔是由外层玻璃和内层玻璃组成，幕墙系统的进深幅度相对于传统双层幕墙大幅度减少，可控制在 350mm 左右（图 17），密闭双层幕墙系统横剖示意图，可最大限度提升建筑的有效使用面积。

解决消防隐患：密闭双层幕墙无楼层间空气流通通道，无需考虑普通双层幕墙在层间安装报警器和喷淋系统的防火要求，在防火设计细节处理上与普通单元幕墙无异，降低幕墙防火成本。

永久免维护：通过供气系统对密闭空气腔体充入干燥净化的空气后，腔体内气压高于室内外气压，密闭空气腔内无结露风险，无灰尘沉积，使得密闭空气腔在幕墙全寿命周期内免维护，节约了传统双层幕墙的空气流通通道清洁费用，使得密闭双层幕墙在人力资源昂贵的欧洲及北美等经济发达国家更具推广价值。

室内面积使用率高：因密闭腔体洁净，室内不需要增设维护通道开启扇，不需要预留清洁及维护空间，完全将原建筑内对幕墙空气流通通道维护设施占用的室内空间规划为有效使用面积，提高了室内使用面积率。

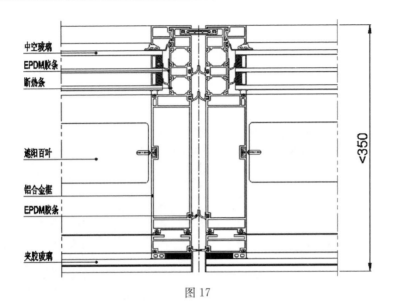

中空玻璃
EPDM胶条
断热条

遮阳百叶

铝合金框
EPDM胶条

夹胶玻璃

<350

图 17

　　成本经济性：密闭双层幕墙的造价约为普通单元幕墙的 1.25～1.4 倍，而传统双层幕墙的造价约为普通单元幕墙的 1.5～2.0 倍，且其具备永久免维护的产品特性，在建筑物的服役寿命周期内，其综合成本更具备节能、环保的优势。

　　密闭双层幕墙的核心设计观念既为幕墙构造窄幅化、密闭腔体长寿命设计，其核心设计要点既是保证二者对立统一性得以实现。其主要设计要点如下：

　　密闭腔体内的温度控制及数据积累：因密闭腔体内空气热量由于日光照射的积累，其工作温度比普通双层幕墙要高，各地区由于所处纬度的不同，日光照射强度不同，密闭腔内年最高温度也不同，持续的高温对幕墙的材料的耐久性有更高的要求，例如：玻璃的热应力问题，喷涂层在紫外线照射下的高温耐久性问题。因此密闭双层产品在推广前需要对各使用地区的温度数据进行采集和整理，以求得到最佳设计方案。图 18 为数据采集中的密闭双层幕墙。

　　百叶系统的长寿命设计：因百叶系统处于永久免维护的密闭腔体内，

图 18

且长时间处于高温工作状态，对百叶的电机等部件提出了更高的使用要求，幕墙设计过程中需要考虑百叶的维护及更换方案，但幕墙构造的窄幅化又同时带来了百叶维护的困难，目前，百叶电机的外置为最佳维护方案，但同时带来了腔体的密封性的问题，需要特殊考虑。

供气系统的设计：设计需要根据密闭双层幕墙的使用面积和工程所在地区空气温度、湿度、含尘浓度，海拔高度等因素，确定供气系统所需的供气量及供气压力、保证气体的除湿、除尘净化要求。同时可根据客户要求配置不同自动化程度的控制系统，以保证供气系统合理、有序、按要求低成本运行。图19为供气系统及智能控制示意图．

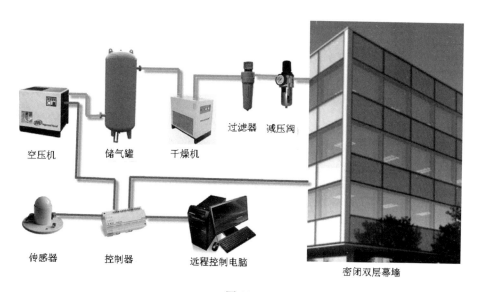

图 19

6　新型双层幕墙-ACF超中空幕墙双层幕墙的设计理念及设计要点

ACF（Advance Cavity Facade）超中空幕墙是将中空玻璃的构造理念应用于幕墙系统，将密闭双层幕墙的内外层玻璃视为中空玻璃的内外层玻璃，将断热铝型材框视为中空玻璃的间隔条和合片胶层，由位于断热铝型材腔体内的可更换的干燥剂对密闭腔气体提供长效的除湿保障，避免腔体内表面结露。图20为ACF超中空幕墙设计理念图。

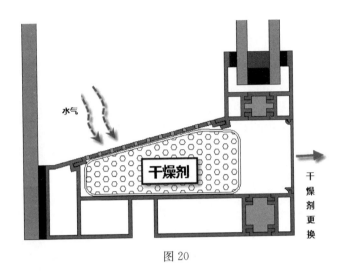

图 20

ACF 超中空幕墙相对于 CCF 密闭双层幕墙其节省了供气系统的设计和投入，但同时也增加了密闭墙体内干燥剂的更换维护工作。其更适合于气候环境相对干燥，全年气温温差较小的城市及地区。其主要设计要点如下：

干燥剂的长效性及其更换设计：干燥剂作为长效的除湿保障，其性能的直接决定了幕墙维护周期的长短，同时干燥剂的更换设计方案需简洁易于操作，并满足室内装饰效果。两者在设计阶段的优劣对建筑物后期的运营维护成本起到了决定性的作用。

干燥剂的布置及用量：干燥剂的布置对密闭腔体内的水气吸收效果影响显著，其布置及用量均需要进行大量的试验测试及计算模拟分析，以得到最经济的布置方案和材料用量。

7 新型双层幕墙与传统幕墙综合性能对比

表 1 幕墙综合性能对比表

幕墙综合性能	单层幕墙	通风式双层幕墙	CCF 密闭式双层幕墙	ACF 超中空幕墙
保温性能	★☆☆	★★★	★★★	★★★
隔声性能	★☆☆	★★☆	★★★	★★★
防火性能	★★☆	★☆☆	★★★	★★★
人体舒适度	★☆☆	★★★	★★★	★★★
幕墙维护	★★☆	★☆☆	★★★	★★☆

续表

幕墙综合性能	单层幕墙	通风式双层幕墙	CCF 密闭式双层幕墙	ACF 超中空幕墙
有效建筑面积	★★★	★☆☆	★★☆	★★☆
节能环保	★☆☆	★★☆	★★★	★★☆
制造成本	★★★	★☆☆	★★☆	★★☆
综合经济成本	★☆☆	★★☆	★★★	★★☆

8 结语

　　双层幕墙系统因其良好的保温、隔声性能和使用舒适性已经在全世界经济发达地区得到了广泛的应用，而密闭式双层幕墙系统（CCF 和 ACF）在兼具传统双层幕墙优点的同时使其在整体造价、日常维护、节能环保方面更具优势和推广价值。未来，随着各种新型建筑材料的出现和升级，如热致相变和电致变玻璃的应用普及将会带来传统遮阳方式和理念的转变，空气净化技术的发展和突破将会对供气系统的集成化控制带来人工智能升级，以及物联网技术的应用。新型的双层幕墙系统会随着材料技术和其他工业技术的发展而不断出现，双层幕墙窄幅化、低综合成本化、集成化及智能化将是未来发展的必由之路。双层幕墙市场将会成为物联网技术与建筑幕墙技术得到充分融合、多种形式幕墙产品并存的极具发展潜力的高端产品市场。

参考文献

［1］孟根宝力高．现代建筑外皮。沈阳：辽宁科学技术出版社，2015.1

［2］LAVERGE，J.，JANSSENS，A. SCHOUWENAARS，S. & STEEMAN，M.（2010）. Condensation in a closed cavity double skin façade：a model for risk assessment. Proceedings of ICBEST 2010，Vancouver，British Columbia，June.

［3］HENK DE BLEECKER，MAAIKE BERCKMOES，PIET STANDAERT，LU AYE，MFREE-S Closed Cavity Façade：Cost-Effective，Clean，Environmental.

BIM 技术在幕墙工业化中的应用

◎ 刘晓烽　闭思廉

深圳中航幕墙工程有限公司

摘　要　随着建筑工业化进程的推进，幕墙行业的工业化进程也开始加速。本文通过对未来幕墙生产需求方面的分析入手，探讨 BIM 技术在幕墙生产环节的作用和其对幕墙工业化推进的重要意义。

关键词　BIM；幕墙工业化；共线生产；数字仿真

1　引言

长久以来，幕墙行业与工业化之间一直存在不小的距离。即便是在"建筑工工业化"口号响起的今天，仍然有人质疑幕墙工业化的道路到底能不能走通。很多人在心底有一个疑问，幕墙产品的生产附加价值很低，工业化生产的价值在哪里？

这个问题还真不好回答。以我们现在的幕墙建造模式来看，工厂化的生产与现场加工相比，无论从生产效率、生产成本上讲都没有明显的优势。这就是残酷的现实。不过，传统的幕墙建造模式就要走到头了。建筑工业化已是大势所趋，上有政府大力引导，下有地产商积极尝试，建筑工业化进程已经进入了快车道。所以幕墙企业首先要面对会不会掉队、能不能生存的问题。至于工业化生产的价值，看看汽车工业就知道了。

2　BIM 技术与幕墙工业化的关系

曾几何时，我们对欧洲的门窗标准化工作赞不绝口，觉得这是工业化的基础和前提条件。也曾为建筑幕墙的个性化太过突出而伤过脑筋，总觉得幕墙的工业化难度太大，遥不可及。但现在，工业 4.0 的概念倒是提供了一个新思路：利用信息技术和智能化生产，就正好能够契合幕墙产品个性化生产的需求。

传统的幕墙生产在面对个性化市场需求的情况下一直是比较被动的。由于建筑设计的个性化需求，几乎每个项目的幕墙都不一样。这就造成一方面企业要以大量的人力资源去应付设计、生产、施工技术问题，另一方面却不能像工业产品那样通过反复试制样机来改进和消除技术缺陷，很难再进一步地提高效率和质量。很早就有人期望通过标准化产品来解决问题，但在个性化市场需求的面前，这些尝试也都没有达到理想的效果。但 BIM 技术出现后，这扇大门就打开了。

"BIM" 技术的前身叫 "虚拟建筑"，实际上是一个用于建筑三维建模的设计工具。后来以这个数字模型为载体，使其携带更多信息后就成为了 "建筑信息模型"。此时的三维模型成为了贯穿项目的设计、建造及运营管理全过程信息流的载体，使得不同专业之间的数据共享变得更加容易和简单。

就幕墙生产环节而言，"BIM" 技术搭建起了 "个性化" 与 "标准化" 之间沟通的桥梁。利用 "参数化设计" 的方法，从原理上已经解决了 "个性化的建筑外观" 与 "标准化幕墙构件" 之间的矛盾。事实上诸如 "上海中心"、"凤凰传媒"、"凌空 SOHO" 等一系列立面造型异常复杂的项目，无一不是利用 BIM 技术来解决大量异型零件的生产问题。利用 BIM 模型和二次开发的专用软件自动生成幕墙生产所需的加工图及相关工艺文件，甚至还可以链接到 CAM 软件形成自动化设备的加工数据，直接用于生产加工。

当然，这只是生产方面一个最基础的应用。事实上以三维模型为载体的信息流也很适合与工厂生产管理无缝链接在一起，有效地解决了因幕墙施工不确定性因素太多造成生产环节持续性差、生产节奏不稳定的问题；而利用三维模型与相关仿真软件结合，可以很容易地实现 "数字化样机" 的制作，有效地规避产品设计和制造环节的缺陷。使用于建筑的幕墙产品可以和工业产品一样具备可靠的性能和稳定的质量。

另外，BIM 技术也在开始促进幕墙标准化工作的发展和推进。以前，铝合金型材开模的成本很低，所以很多企业开模比较随意，并没有有意识地去做标准化工作，所以就造成了标准化程度低下的行业现状。但在 BIM 建模过程中，建立标准化的 "族库" 是其一项必要的基础工作，所以就会促使企业逐步重视标准化"族库"的积累。由于包含"族库"的 BIM 模型为项目建设的相关方共享，所以"族库"的意义就不只是为了 BIM 建模方便，同时也对企业建立形成自身技术风格和特点的品牌创造了条件。因此，也促进了企业在产品开发过程中更注重标准化工作的推进和企业级技术平台的建设。而随着 BIM 技术的广泛应用、数据共享程度越来越高，幕墙专业相关的"模型"及"族库"等具体内容也迫切需要建立统一的标准和规则，这对幕墙行业而言，无疑是使标准化推进工作再上一个台阶的绝好机会。

3 BIM 技术在幕墙工业化生产中的应用

工业化生产追求的核心就是效率和质量两大要点。在这个中心思想的指导下，标志化的动作就是自动化和流水线。幕墙产品的生产环节比较特殊，因为其一直不是幕墙施工过程中的短板，所以从来也没有像其他工业生产那样把效率和质量放到至高无上的位置上。因此，我们看到自动化生产在幕墙行业中的应用程度是很低的。流水线倒是在用，但运行效率低下，也没比作坊式的加工强到哪儿去。究其原因，无外乎两点：一是幕墙产品的种类繁多，而每种规格的批量又很小，通常的自动化设备并不适用。另外品种一多，流水线的针对性就差，效率自然就低了；二是幕墙的施工过程影响因素很多，常常是计划没有变化快，生产流水线的生产节奏经常被打断。在这些问题面前，生产效率的问题根本就不算什么。

BIM 技术在建筑项目的建设过程中最大的优势是强化了建设相关方的协作，并通过虚拟建造验证的手段消除了很多建造过程的未知风险，使计划贴近实际、实际符合计划。在这种情况下，幕墙行业受益颇多。最起码可以解决工厂生产的均衡性问题，使我们有机会去关注"效率"和"质量"这两个本应该非常重要的问题。

当然，BIM 技术如果只有这点作用就不用写这篇文章了。那么，BIM 技术在幕墙产品的工业化生产中又能干点什么呢？

3.1 BIM 技术对幕墙生产效率的提升

开始接触到幕墙生产线的时候就觉得非常奇怪，明显感觉是形似而实不至。无论是工序设计、工位布置还是工装设备的使用都很随意，与正规机械行业的工厂化生产相差很远！但时间长了就发现幕墙生产有特殊情况。以单元式幕墙板块的生产需求为例，一般一条线的日生产量设定在 50 块左右。这是因为现场的施工安装速度也大致是这个范围，工厂做的太多了也没用，占用资金还占用地方。

如果仔细计算一下这种生产配置条件下的效益，就会发现其单位生产面积创造的产值实际上是特别的低。想想看，随便一条单元式幕墙板块的生产线至少 110m 长，20m 宽，加上辅助面积总共需要 3000m² 以上，但一天的产值只有 2 万～3 万。如果不考虑土地的升值因素，幕墙加工厂根本就没有投资价值。所以要想可持续发展，那就必须大幅度提高幕墙生产效率。

幕墙产品的加工生产的自动化程度还很低，因此存在很大的改进空间。但其生产却受到项目施工速度的限制，也必须要保证合拍。考虑到这种行业特点，幕墙的加工生产就必须走柔性生产的路子，简单地说就是不同项目的共线生产。在一条生产线中，按照一定的时间间隔，生产不同项目的单元板块。在满足项目供应的情况下，最大幅度地降低生产资源的投入。

对于幕墙产品来说，不同项目的共线生产难度在于两个方面，一是不同项目材料多不通用，材料组织困难；另外一个是不同项目的板块尺寸、工艺方法可能差异较大，造成工位间距离差异较大，甚至工位的数量都不相同。这对生产线的快速调整带来困难。

BIM 技术中对幕墙加工生产最直接的帮助是"信息流"对生产组织的引领。项目部的生产指令相当于订单，在对应的 BIM 模型中，可以统计出需要生产的板块型号、规格、数量以及供货时间。这些数据导入工艺设计系统中，生成相关的工艺文件。与传统做法不同的是，在工艺设计文件中，核心的内容仍然是载有信息的三维数字模型。这样在接下来的生产过程中，载有信息的数字模型便发挥了"信息流"的作用：

在生产计划和调度方面，可以利用三维数字模型精确统计所需的材料以及材料的供应时间需求，有效减少材料的周转时间，降低单个项目的材料仓储需求；可以通过三维数字模型所携带的加工信息来统计所需的生产设备种类及数量，以便组织和布置均衡的流水生产；此外，还可以通过三维数字模型所携带的位置信息规划高效率的制成品的智能仓储及物流方案，以提高场地利用效率，解决产量提高后辅助区域不足的问题；

在零件方面方面，可以利用三维数字模型所携带的信息解决不同板块分解零件的柔性生产的问题。结合二维码标签，还可以将一个单元板块组装所需的零件分拣到一起，以提高后续组装工作的效率；

在板块组装方面，三维数字模型所携带的信息解决每个工位的工艺文件管理问题。可以由模型信息触发，提示每个工位应选择的工装设备、工作内容、工作标准等，使得产品更换时操作人员可以快速适应，从而实现组装线柔性生产的可能；

除此之外，BIM 技术对幕墙加工生产还有一个间接帮助。前面提到，BIM 技术有利于幕墙标准化工作的推进。而标准化则是自动化生产的前提。虽然幕墙产品个性化的特点很强，但一些关键的要素是可以标准化的。比如对于加工生产而言，标准化的要素就包括标准的加工方法、工艺及工装要求、检验的标准及检验方法等内容。所以当生产遵循这些要素的幕墙产品时，就可以使用针对性的自动化设备和工艺装备，从而有机会使生产效率大幅提升。

在常规的单元板块生产中，相较于加工，组装工作所花费的时间更多，自动化生产的价值也更大。比较麻烦的是不同产品共线生产时，生产线中的工位及其负责的内容有可能不同。但对整个单元板块组装过程分解后发现，组框和打胶这两个工位相对固定，耗时也较多。所以这两处的自动化改造价值就比较高，可以以传送带和机器人构成无人化的作业站。中间的工位仍可采用以人工为主辅以机器人的方式，设计成带有缓冲作业点的弹性连接段，可以按照具体生产内容的不同进行增减配置。根据这种思路，幕墙单元板块的柔性生产在硬件布置上是完全可能的。当然，要维系这条柔性生产线的持续运行，还要解决众多零件的管理、分拣、配送等问题，又要涉及大量的信息传输和处理。不过 BIM 技术的核心就是以数字模型为载体携带大量信息，因而最基础的幕墙零件三维模型也具备这一特点，也就极大地方便了后续的信息使用和管理工作。

3.2 BIM 技术对幕墙生产质量的提升

有人说建筑是遗憾的艺术，因为不是定型产品，又没办法做样件，会有很多遗憾和不足，发现的时候木已成舟、楼已盖好、为时晚矣。其实，幕墙也差不多，幕墙也很难拿一套定型产品到处使用。虽然有机会做样件，但仍然不能像别的工业产品，可以来回试验、反复推敲，直至最终拿出一个完美的产品。

"数字仿真"是一个解决这类问题的有效手段。BIM 技术的基础是三维数字模型，"数字仿真"是其天然优势。事实上，在建筑设计层面和施工层面，利用 BIM 的"数字仿真"技术已经非常成熟了。而在幕墙领域，这项技术甚至都可以扩展到生产加工层面，为提高幕墙产品的生产质量提供帮助。

在广泛使用数控加工设备后，幕墙产品的加工质量缺陷越来越多地集中在工艺设计缺陷和人为错误上。我们经常会听到发到现场的零件因为连接点没有操作空间而无法安装，只能在临时在现场配钻；又或是某个零件的尺寸与工地实际需求不符，造成大面积的幕墙不能安装。所以很多要求高的项目往往需要在工厂进行预拼装，来提前发现问题。但这样又会严重拖延生产进度，所以也很难推广。

其实通过 BIM 模型和"数字仿真"技术可以很好地解决这一问题。如果整个建筑全建设周期都是应用 BIM 技术的话，BIM 模型就是一个可以反应建筑真实情况的动态模型。在幕墙的深化设计过程、现场施工过程，模型都会随需要进行调整。到了生产加工阶段，BIM 模型已经是按照现场建筑的实际情况进行修正过的模型，所以也不存在现场测量定尺或是配做的问题，完全是通过修正过的模型传递尺寸。只要是模型没问题，后面的零件加工也都不会有问题。而且三维模型本身就有非常好的直观性，况且还可以利用"碰撞检查"的功能来实现自动检查，所以很容易发现和找出设计上的错误，这就从源头上消除了幕墙加工生产的人为差错。

工艺设计缺陷的问题也可以通过"数字仿真"技术来解决。零件在断面设计的过程中就可以同步进行零件设计，利用"数字仿真"来模拟加工和组装的过程，从而进行加工工艺的优化以及发现工艺设计的缺陷。在必要的时候，还可以利用 3d 打印来制造拼接样件进行工艺验证，从而修改断面或更改拼接工艺，以达到消除工艺缺陷的目的。

实际上 BIM 技术还有一个好处是有利于工人的培训和对生产任务的认知。我们曾经有个项目在施工过程中发现个别板块轻微渗漏。经过现场拆解和认真分析后发现是在不该打胶的地方打了胶。由于技术交底没有着重强调，加工图纸上也比较含糊，所以即便是有经验的检验人员也忽视了这个不起眼的细节，结果给后续工作带来被动。三维模型的好处是建模的过程中是不存在模棱两可的东西的，有就是有，没有就没有，所以也就不会出错。而对于操作工人而言，看三维模型更加直观，能够帮助更好的理解生产的内容。

4　结语

这些年，BIM 技术在建筑行业中的推广应用速度很快。从趋势上看，上有政府支持，下有开发商积极尝试，相信用不了多长时间绝大多数建设项目都会采用这项技术。但在最基础的生产和施工层面，却还没有找到与这项技术的契合点，BIM 技术也只是看上去很美。所以这一段时间，BIM 如何"落地"便成了大家关注的重点。

随着建筑工业化的进程快速推进，幕墙行业也迎来的工业化转型的大好时机。而 BIM 技术的特点与幕墙产品柔性生产的需求契合度很高，完全可以在这一领域率先取得突破，从而改变幕墙行业的生产方式，完成工业化的升级改造。相信这一天很快就会到来。

参考文献

［1］清华大学 BIM 课题组，《中国建筑信息模型标准框架研究》.
［2］刘延林 .《柔性制造自动化概论》.

异型外围护结构的特点分析

◎ 王德勤

北京德宏幕墙工程技术科研中心

摘　要　为了便于对异形外围护结构的研究，在设计过程中能更有针对性地保证对每一项异形建筑的物理性能和建筑基本功能的实现。本文从异形建筑外围护结构的基本概念入手，从广义和狭义两个方面对异形幕墙进行了解释，并根据异形外围护结构的概念和组合形式对其进行了分类和特点分析，结合实际工程案例作了一些相应的探讨和解析。

关键词　异形外围护结构；异形三维曲面板；双曲面组合板块；单曲板拼装

1　前言

　　作为建筑外围护的表现形式，主要就是建筑幕墙和异型屋面了。在外观装饰效果中，是面板通过其丰富的色彩和多变的造型来实现建筑师们对其建筑表观艺术的完美追求。通常幕墙和屋面所用的面板包括玻璃、金属板、石材人造板等材料，它们各自根据其自身材质的性能特点来实现其对建筑表观功能要求。

　　建筑艺术在通过建筑外围护结构这种形式表现个性的同时也给了人们精神上享受。现在的建筑外围护已不再是单一呆板的世界，而是由多种材料搭配，有凹有凸，有曲有折各种外形的组合幕墙、屋面。由它构成的建筑造型新颖多变、标新立异，构图虚实对比强烈，环境色彩鲜艳明快，人们喜闻乐见的建筑艺术效果，给现代化城市面貌增加了魅力。

　　在建筑师追求建筑外观新、奇、特等充斥着后现代唯美主义的建筑设计中，会出现不少另类、多变的三维自由面造型，这给幕墙公司的技术改进和研发提出不小的挑战和巨大的契机。

可以说，异形幕墙的出现和发展给了幕墙设计师们发挥其聪明才智的机会和空间，促使建筑幕墙的深化设计与施工技术向着一个更高的层面发展。

为了我们在工作中便于对异形外围护结构的研究，在设计过程中更好地对每一个异形幕墙与金属屋面的物理性能和基本功能的实现，本文根据异形外围护结构的概念和组合形式对其进行了分类和特点分析，并结合实际工程案例作一些粗浅的解析。

2 异形外围护结构的概念和组合形式

（1）外围护结构的概念

异形建筑幕墙的概念是相对于普通的平面建筑幕墙而言的。建筑幕墙是"由面板与支承结构体系组成，具有规定的承载能力、变形能力和适应主体结构位移能力，不分担主体结构所受作用的建筑外围护结构或装饰性结构。"

所以异形建筑幕墙首先应该是建筑幕墙，有着幕墙的全部功能；其次是面板与结构根据建筑造型的要求产生了各种异形的变化，达到某种建筑艺术效果的幕墙。（异形建筑幕墙并不是一种单独的幕墙系统）

在广义上讲，异形幕墙不但包括各种形式和各类面板材料的异形建筑幕墙，同时还包括了一部分异形采光顶和异形屋面。因为幕墙和屋面在定义上的区分主要是以垂直地面的 $75°$ 为界的。大于 $75°$ 为幕墙，小于 $75°$ 为屋面。金属屋面："由金属面板与支承体系（支承装置与支承结构）组成的，不分担主体结构所受作用且与水平方向夹角小于 $75°$ 的建筑围护结构。"幕墙和屋面两者之间在构造和性能上有很大区别的。但在异形建筑中往往用连续的曲面使之连为一个整体，没有明确的分界线。（图1）

图1(a)鄂尔多斯博物馆异型金属屋面照片　图1(b)深圳保利剧院异型金属屋面照片

（2）异形幕墙的组合形式及特点

① 单块平板为面板的异形幕墙

平面板面板，可以通过不同角度和不同方式的组合而形成大的曲面或双曲面来实现异形建筑幕墙的效果。

平面板面板其特点是：适用于各种形式的幕墙支承结构和各类面材。适用范围广，面板反光效果好，适用于强调有钻石帆面光斑效果的异形建筑；适用于大半径和曲面度变化不大的曲面异形幕墙；工程造价相对较低，性价比较高。

② 单块面板为单曲面弧形面板的异形幕墙

单曲面弧形面板，可以通过各种组合方式而形成曲面异形建筑幕墙。

单曲面弧形面板的特点：适用范围广，面板曲面弧形成型较容易；对幕墙的支承结构体系一般没有特殊的要求。常用的面板材料有玻璃、金属板、GRC板、石材和各种人造板材。适用于各种弧形幕墙及单曲面的艺术造型；同时也适用于曲面度变化不大的双曲面异形幕墙；对于选用玻璃材料的单曲弧形面板可以实现钢化加工来提高面板的强度提高安全性。

在单曲弧形面板的形状设计上，可根据建筑的要求设计成等半径的弧形板和不等半径的扇形板，以及多边形、圆弧边形的板块，进行整体组合。

在常见的单曲面板的幕墙的面板组合方式是：曲面对接的方法，也就是将相邻的两块弧形板块按走向对接成一个整体的弧形曲面幕墙。

在异形幕墙的设计中由于单曲面弧形面板的适用范围广，面板曲面成型较容易；对幕墙的支承结构体系没有特殊的要求，特别是在异形玻璃幕墙的应用中，由于单曲面玻璃可以进行钢化处理，大大提高了玻璃幕墙的安全度，所以单曲面弧形玻璃面板常常使用在两个平面幕墙的转角过度造型、实现褶皱的造型效果、拼接成充满韵律的异形墙面。在实际应用中除玻璃材料外，各种金属板材、GRC板、pc板、石材和各种人造板材也都大量采用单曲面弧形面板的形式作异形幕墙的面板材料。

③ 单块面板为双曲面板和自由曲面板的异形幕墙

双曲面板和自由曲面面板通过拼接、组合成的双曲面异形建筑幕墙。

双曲面异形幕墙特点：在异形幕墙中，双曲面板的成型及加工难度较大，工艺要求较高。板块的精度要求也高。对幕墙的支承结构和节点设计上也有一定的特殊要求；适用于双曲面及自由曲面的曲率变化大，曲面半径小、形状复杂，极具视觉冲击力的异形幕墙建筑；对幕墙的设计与施工技术要求较

高。常见使用的面板材料有玻璃、金属板、GRC 板等。（图 2）

图2(a)湖南长沙国际文化与艺术中心效果图　　图2(b)深圳华侨城创新展示中心照片

双曲面板的组合方式与单曲面板的拼接方法基本相同，但由于双曲面板的大部分成型是由模具制造成型的，往往在板块的边部有着尺寸和形位的误差，双曲板块大部分都是采用了对接拼装的方式。并在板块之间设置了连接定位装置，使板块之间顺滑过度。双曲面板包括等半径的球冠型板、不等半径的椭球扣板，以及大量的自由曲面空间造型板。

④ 单块面板为平板或单曲面板经现场冷弯成形的异形幕墙

在对各类幕墙面板材料进行曲面成型加工技术上，主要采用的方法有：热弯加工、冷弯加工、铸造成形、模具成形、爆炸成形等。

现场冷弯成形曲面板主要是指在曲面幕墙的制作安装过程中用平板或单曲面板通过施加一定的外力使面板产生弹性变形，并永久固定在支承系统上，使之达到双曲面的效果。这样成型方法往往是用在板块曲面变化小，回弹力不大的情况下使用。但即使这样，在使用前也要对其作由于冷弯变形所引起的负面影响进行全面可行性分析后才能使用。

各种不同的建筑外形对面板的设计要求也不同，由于各种异形幕墙建筑的艺术造型是用面板的自身形状和组合方式的变化来实现的。所以我们在分类上利用面板的形状作为分类的依据方法。

3　异形外围护结构的工程案例

异形建筑的发展使得城市景观充满生机，由于现代异形建筑的鼻祖——埃菲尔铁塔的成功，越来越多的异形建筑和与之匹配的异形幕墙、异形屋面等异形外围护结构工程项目在近些年来像雨后春笋班的出现。艺术家和设计者倾尽全力去打造"全新""从未有过的""特征显著的"建筑，给异形外围护结构的建筑幕墙和金属屋面从材料到工艺以及加工技术提出了一个又一个全新的课题，让幕墙设计师们迎接了一个又一个全新的建筑幕墙技术的考验。

（1）在2011年巴黎机场工程公司与扎哈·哈迪德建筑事务所联合推出的新方案，击败了诸多的设计机构提供的方案，获得了这个70万平方米的机场项目，并声称"这将是全球最大的机场航站楼"。2015年3月，扎哈·哈迪德宣布了北京的大兴机场的设计方案［图3（a）、（b）］。这个机场位于北京南面的大兴区，将用3年的时间建成。新机场建成后预计每年将接待4500万名乘客。扎哈·哈迪德，这个首位获得普立兹克建筑奖的女建筑师，北京新机场的设计项目将是她首次挑战机场设计方案，填补了她建筑设计生涯的一项空白。

图3(a)北京新机场的造型像"凤凰展翅"效果图　　　　图3(b)北京新机场的正立面效果图

新机场造型上像"凤凰展翅"，建筑立面主要为玻璃幕墙，以通透的墙面来表现内外大空间交流，大型的屋面一定会采用异形金属屋面这种最有表现力的外围护结构形式来实现建筑效果。

北京复兴路乙59号幕墙工程项目是一项旧楼改造项目，建筑师利用了玻璃的彩釉印刷技术使多种不等边的菱形玻璃的透光率产生变化，又利用玻璃在平面上的凹凸变化实现其建筑语言，使得整个建筑充满灵动感；广州大剧院宛如两块被珠江水冲刷过的灵石，外形奇特，复杂多变，充满奇思妙想。［图3.1（c）、（b）］

（2）在各种异形曲面的外围护结构的表面利用玻璃、铝板或其他材料构成各种新、奇、特的异形建筑幕墙。

寿光文化中心玻璃椭球形剧场的长轴是60m，短轴为40m由多根相互平行的立柱支撑在8m高的空中。球形剧场的一端是通过通道与大堂连接，球形

图3(a)北京复兴路乙59号幕墙工程照片　　图3(b)广州歌剧院的灯光效果照片

剧场的结构是由钢管通过经纬线的布置形成的球壳。外层的玻璃是中空彩釉夹胶热弯玻璃。通过彩釉点密度的变化实现透光率的变化。玻璃与钢结构的连接节点是通过玻璃之间的空隙将内片玻璃固定在结构上，实现了机械连接的隐框效果。[图4（a）]

　　大阪海洋博物馆的外维护结构是由钢管和连接构件镶拼成的球壳，表面采用了透明夹胶玻璃。和特种夹胶玻璃，这种玻璃是用SGP胶片将不锈钢穿孔板夹在两片玻璃之间，通过不锈钢穿孔板的孔洞目数变化实现透光率的变化。建筑师把九种不同透光率的玻璃按设计排布在球体表面上，在天空光线产生变化时不锈钢夹层玻璃的反光也随着变化。这层玻璃在达到了建筑效果的同时也起到了遮阳和节能的作用。[图4（b）]

图4(a)寿光文化中心玻璃球形剧场照片　　图4(b)日本大阪海洋博物馆照

　　巴黎"融化式建筑"的出现，打破了我们对建筑的一般理解。是异形建筑的一个大胆的探索，它使用了视错觉技术造成的效果，给了异形建筑和异形门窗幕墙以全新的认识．这类建筑的"特征显著"个性极强。

　　美国拉斯维加斯的可乐总部大楼是利用点支式玻璃幕墙的可塑强、表现性强的特点，在墙面上制作了一个巨大的仿真可乐瓶。这是在异形建筑中的仿真建筑，近期在国内出现的如：河北的"福禄寿三星酒店"（天子大酒店），外观完全就是福、禄、寿三位神仙的雕塑，色彩浓烈鲜艳；安徽合肥滨湖新区的直径为 61m，高 18m，以凤阳花鼓为造型的鼓形建筑等。形象真实具体是类似于雕塑的一种异形幕墙形式。

白家庄酒店项目在建筑设计时，建筑师利用金属板的可塑性性能，在外幕墙的层间上制造了一个奇特的有着梦幻效果的金属板与玻璃的复合幕墙。让有着奇异三维造型的金属板与通透的大透明玻璃有机的形成了一个整体 ［图 4（c）、（d）］

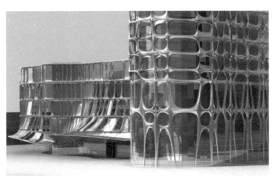

图4(a)白家庄酒店的立面照片图　　　　图4(b)白家庄酒店的原始设计立面效果图

当选为"2016 年全球十佳公共建筑"的中国唯一入选作品，是位于湖北省十堰市郧阳区汉江南岸的柳陂镇青龙山村，青龙山恐龙蛋遗址博物馆。

该建筑的异型金属屋面、幕墙的外装饰采用了 3mm 厚铝合金板块板，仿制成恐龙模型鳞片状，覆盖整个建筑面积 5000 平方米的恐龙蛋遗址，保护着距今约 6500 万～13500 万年保存完好的恐龙蛋 ［图 4（e）］。

图 4（e）　湖北十堰青龙山恐龙蛋遗址博物馆恐龙鳞片状金属屋面照片

"山水城市"［图 4 (f)］是 MAD 建筑事务所一个最新的项目，位于贵阳。设计概念来源于中国传统的山水理论。古代定都时，人们会观察土地和水源，选择险要的自然地形作为城市的天然防卫。自 20 世纪 80 年代改革开放以来，中国在城市建设上取得了巨大成就，然而伴随着城市数量和面积的急速扩大，这种发展也带来了一系列问题，例如古迹和自然环境的破坏。由吴良镛在 1987 年发起的当代中国城市规划研究重新引入了"人居科学"的理论——中国航天之父，著名科学家钱学森就提出了"山水城市"的概念并给吴良镛写了一封信，提议构建山水城市的概念并将它与山水诗歌、中国传统园林和山水画相融合。

图 4 (f)　位于贵阳市由 MAD 建筑事务所设计的"山水城市"效果图

山水城市是中国历史上独特的空间规划概念之一，在城市可持续发展方面有重大意义。它将城市建设与自然环境相结合，而所谓的自然环境就包括"山"和"水"。建筑-景观-城市的紧密结合是中国传统城市设计理论的核心和主要方法论．

4　结语

近年来，由于社会经济有了进一步的提高，建筑业快速蓬勃发展。建筑外围护结构形式在不断地改进，也使得异形建筑外围护结构的样式和数量有了很大的增加，促进了幕墙行业设计和施工水平的普遍提高，促使墙面材料的多样化和加工技术的提升。由于幕墙工程师们在提升建筑幕墙设计、加工、施工技术的同时，合理的利用和引进了汽车制造业、航空制造业，以及军工制造等高科技技术，特别是 BIM 技术大规模的在幕墙设计和施工中的运用。一次又一次地完成了高难度异形外围护结构项目的挑战。我们在总结多个异形幕墙项目的基础上，对外围护结构的特点进行分析，提供给同行们共同探讨以促使幕墙设计和施工技术进一步的提高。

参考文献

［1］（中华人民共和行业规范.）《玻璃幕墙工程技术规范》（JGJ 102—2003）.

［2］王德勤.异型金属板幕墙和屋面在设计中的难点解析［J］.中国建筑防水-屋面工程，2013，（23）.

［3］王德勤.双曲面玻璃幕墙节点设计方案解析［J］.幕墙设计，2014，（2）.

［4］王德勤.异形金属屋面在设计中应该考虑到的问题［J］.幕墙设计，2016，（1）.

日本建筑密封胶施工流程与工法分享

◎ 朱德明

中国建筑防水协会建筑密封材料分会

自 2015 年 12 月党中央、国务院印发了《中共中央国务院关于进一步加强城市规划建设工作的若干意见（中发［2016］6 号）》后，2016 年 9 月 26 日国务院办公厅又颁发了（国办发［2016］71 号）文《关于大力发展装配式建筑的指导意见》，用 10 年左右时间，使装配式建筑占新建建筑的比例达到 30％。我国将进入被动式建筑、装配式建筑的发展期。而建筑密封胶作为被动式建筑、装配式建筑以及幕墙、门窗、建筑接缝及装饰装修必不可少的重要粘结密封材料，其施工好坏将直接影响到建筑及工程的美观、节能、节水及防水抗渗。"三分材料七分工"更能直白说明了施工的重要性。为了了解先进国家的打胶技术，引进先进国家的理念和技术，提高中国密封胶施工人员的素质和技术，中国建筑防水协会建筑密封材料分会多次与日本相关企业进行交流，邀请日本打胶专家在密封分会年会上进行打胶实操演示，并赴日观摩日本打胶工培训和现场施工操作，在今年 10 月份首次中国密封胶职业技能培训与鉴定班又邀请了日本密封胶打专家团队赴中国进行理论与施工实操培训。日本非常重视密封胶施工技术和密封材料发展进步，将密封胶施工看成为现在防水密封工程中一种不可缺少的重要环节。密封胶施工对于中国施工单位来说可能简而易行，也许谈不上将打胶说成是一个工种。然而通过这几年与日本防水密封施工单位接触和走访，让我们真正感受到了什么才是真正的"工匠"精神。

下面我将技术交流及今年十月份在中国的密封胶职业技能培训内容作一个分享。

1 基本知识掌握

（1）懂得密封防水构造选择

① 单层密封构造：这是在作为雨水渗漏入口的接合部使用一层密封材料

进行填充的施工方法。这是一种如果没有排水设施，一旦密封材料发生剥离、断裂等故障，水马上就会渗漏进来的系统。

②双层密封接缝构造：这是一种在一级密封侧装上密封接头，在二级密封侧的接合部填充上密封材料、装上密封垫的系统。为了降低一级密封和二级密封间的压强，须在一级密封和二级密封之间留出水位差或空间，当一级密封出现缺陷时，雨水也无法达到二级密封的有效地排水方法。

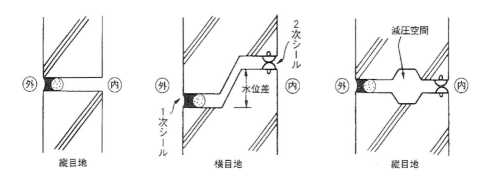

利用排水管进行排水的例子：

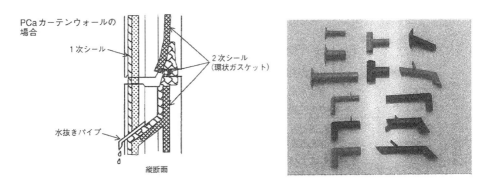

（2）密封胶的选择

①适才适用：各种密封材料各有优缺点，单用一种密封材料来实现所有接缝是不现实的。因此重要的是在考虑到建筑物的结构形态、外装材料的种类、接缝的结构等的同时，还需掌握下述各种密封材料的特征和注意事项，挑选所要使用的密封材料。这就是密封材料的"适才适用"。

如下表所示。

接缝区分	部位·构成材料			硅酮（SR）系列		改性硅胶（MS）系列		urethan（PU）系列	
				双组分	单组分	双组分	单组分	双组分	单组分
位移接缝	幕墙	玻璃	玻璃周边	○	○				
		金属壁	壁板接缝	○		○			
			玻璃周边	○	○				
		Pca壁	壁板，窗柜			○			
			玻璃周边	○	○				
	外装壁板	涂装钢板	壁板，窗柜			○			
		挤出成型水泥板	无涂层			○	○		
			有涂层			○	○	○	○
非位移接缝	水泥壁	RC壁，Pca壁	无涂层				○		○
			有涂层			○	○	○	○
		石材	石材接缝				○		
			窗柜周边				○		
其他	设备	排气口管道	无涂层			○	○		
			有涂层			○	○	○	○

② 密封材料必备的性能：（a）不会剥离、不会断裂、有优异的粘结能力及位移变形能力；（b）能够忍受紫外线、热、雨水等的影响，长期保持水密性、气密性；（c）密封材料本身不会发生变色、变形、尘土附着、发霉、龟裂等外观上的极端变化；（d）密封材料不会对接触到的外墙板材造成尘土附着、渗出、溶解、变色等不好的影响。

剥离　　　　　　　　　断裂

污染　　　　　　　　　龟裂、老化

2 施工流程

（1）施工前确认

① 对设计者要求进行确认：是否有密封胶施工方案或设计要求；施工工期的确认：是否有与其他工种配合的要求及流程。

② 施工场所的确认：是否要搭架施工或者吊兰施工、是否有材料放置场所、是否有双组分密封胶的搅拌场所。

③ 凹槽（打胶区域）状态确认：凹槽是否符合打胶、凹槽的干燥情况如何、筑物的构造如何。

（2）讨论

就接缝形状及尺寸、2 次排水处理、施工条件等接缝情况进行充分讨论。

（3）准备

① 工具的选定：根据凹槽的大小、形状而选定适合的打胶、压胶。

② 材料的选定及采购：根据建筑物，尤其是与密封胶粘结的基材类型以及设计书要求选择密封胶（类型、颜色、位移能力等）、底漆、辅材。

③ 制订相关施工文件：根据工程状况制订或修订已有的施工要领书。

（4）检查与确认

① 确认施工点、接缝的形状、尺寸及落差。

② 确认涂装、混凝土的保养期限、有无脱落（龟裂、缺损、裂纹等）并进行妥善处理。

③ 施工时的天气（雨水、气温、湿度）确认。

④ 确认使用的密封材料及辅材的生产时间以及种类和形状等。

（5）施工

施工流程：

下面以釉面砖墙体接缝为例介绍打胶过程

① 凹槽处理和清扫：密封胶接触面用干燥的布或者刷子进行清扫，必要时使用正己烷进行清洗（请勿使用酒精类产品），以溶解表面油污之类脏物。确定油分、水分、灰尘、是否清理干净。

氟碳树脂涂层、镶嵌板、不锈钢制品等打胶面需打磨的、用打磨纸等将面打磨后进行清扫。

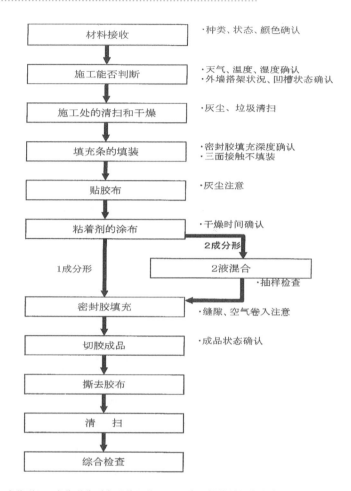

注：1成分形、2成分形分别表示单组分、双组分，粘着剂是指底涂

处理和清洁   填充支撑材料

② 支撑材料（填充棒）的填充：提前准备好跟凹槽合适尺寸填充棒的，并确定能否填充。填充棒的尺寸（厚度或直径）决定了密封胶的打胶深度，打胶深度由设计图纸指定。填充时要注意平整性。填充铺垫材料时，要注意

防止损伤和表面不平，以免打胶后密封胶出现鼓泡膨胀。底部填充铺垫材料也是为了防止接缝出现三面粘结。另外还要注意在选择防粘铺垫材料时，要确认其与密封胶的相容性。

③ 粘贴遮蔽胶带：遮蔽胶带（美纹纸）是为了不弄脏凹槽的周围（打胶、压胶时）和使密封胶的成品更漂亮而使用的。

为了防止遮蔽胶带本身的胶水残留在建筑体上，遮蔽胶带贴完后不能长时间的留着。还要注意的灰尘，湿度等影响遮蔽胶带的粘着性。

根据打胶方案选择遮蔽胶带，使用不会残留胶水、且不会对使用底漆溶剂接合产生不良影响的防护胶带。粘贴时注意不要让防护胶带卡入粘附面内，不要弄脏粘结面以外的部分。并检查是否贴歪、形成拐角。

粘贴遮蔽胶带　　　　　　　　　　　　　涂刷底剂

④ 涂刷底剂：为了保证被填充体的粘着性，在涂抹粘着剂时必须均匀的来回涂抹，必须均匀涂刷。涂抹完后要充足的干燥时间，密封胶的填充要在干燥后的当天内进行。

涂抹完后，如果出现下雨或者沾到灰尘的情况下，要等干燥后或者清扫完异物后再涂抹一遍粘着剂。涂刷底漆 8 小时后没打胶必须再次进行涂刷。

密封胶在当天无法填充的情况下，在下次填充前还要再涂抹一遍。

【注意事项】

（a）密封材料及底漆请在阴凉处保管；

（b）底漆为可燃性溶剂，务必注意不要靠近火源。必须存放在适当的容器里；

（c）当密封材料及底漆附着至皮肤上时，请立即用肥皂清洗干净。

（d）涂刷时注意勿让底漆飞溅及渗出。（附着在粘结面以外部分时，请立即将浸有溶剂的抹布擦净。）

⑤ 多组分密封胶混合：双组分密封胶主剂（A 组分）、固化剂（B 组分）配套确认后、将固化剂和着色料都倒入主剂的桶里，然后放入混合机混合搅拌 15 分钟以上。

搅拌开始后、要确认混合均匀，若有没搅到的情况，应用刮刀刮入能搅拌到的地方。

【混合注意事项】

（a）为防止硬化不良及出现斑点现象，请务必使用混入气泡较少且可以稳定混合的旋转罐式混合机。

（b）必须按密封胶生产企业提供的比例及时间进行混合，一般通过旋转罐式混合机进行充分混合均匀的时间，可控制在 15 分钟。

混合过程中请使用搅拌叶进行刮料。

（c）使用套装的主剂、固化剂以及专用的调色剂。

（d）开封的主剂、固化剂及调色剂在开封后请一次性用完。

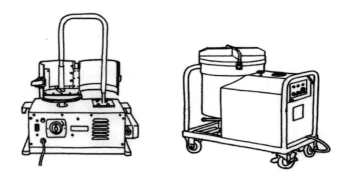

⑥ 填充密封剂

（a）打胶枪的填充：搅拌好的材料吸入打胶枪里，吸入时要注意不能混入空气。

（b）凹槽的填充：根据凹槽的尺寸选用合适的枪嘴，施加适当的压力，调整喷嘴角度及充填速度，充填至接缝底部，密封胶的填充从凹槽的底部开始，填充时注意填充的量和填充时不要卷入空气，填充到没有缝隙。要注意打胶面是否干净。

凹槽交叉的地方时要从凹槽交叉点开始填充。

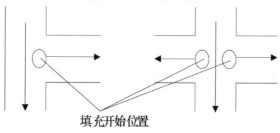

填充开始位置

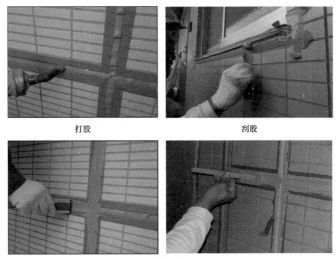

打胶　　　　　　　　　　　　刮胶

压胶修正

⑦ 压胶及表面处理：密封材料充填完毕后，迅速使用合适凹槽的压胶工具（刮刀）刮压，充分压实并修平。注意不要出现波浪状。第一次刮压时要与打胶枪填充的方向相反，然后第二次在从反方向刮压回来。一直压到遮蔽带（美纹纸）的边缘，最后根据方案要求，选择定形压胶工具刮压成形，并刮下多余的胶在可使用的时间内的可继续使用，但是胶上若附着灰尘或者异物之类的不能再使用。

⑧ 清洁：压胶定形之后，短时间内将遮蔽带撕去，及时清除胶缝外沿局部可能会出现的残留密封胶。

凹槽（胶缝）周围有粘到密封胶的地方可用干净的布擦拭。只有在远离凹槽的地方可用香蕉水清洗，以免对密封胶的粘接产生影响。修整后不能触碰凹槽中的密封胶。

清除遮蔽带

清洁

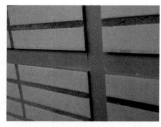
养护

⑨ 养护及检查：密封材料固化需要几天时间。在此期间进行保养时请注意防止人为损伤、灰尘及沙砾，避免弄脏。通过目测、指触的方法确认密封材料有无异常

3 记录与试验

（1）施工记录

密封胶施工记录表（日表）①

密封胶施工日		年 月 日	天气			温度·湿度		℃	％
密封胶施工队名；									
密封胶施工者姓名；					记入日；		年	月	日
施工场所		施工处		使用密封胶			施工数量（m）		
使用密封胶		批号	数量（罐）	使用底涂		批号		数量（罐）	

工程	No.	检查项目	合否		记入否的对策·补修方法
施工前的确认	1	缝隙的形状和尺寸是否合适	合	否	
	2	混凝土缝隙是否裂缝等	合	否	
缝隙的清扫和干燥	3	有无油污，灰尘，腐蚀等	合	否	
	4	缝隙是否干燥	合	否	
填充才（泡沫条）	5	泡沫条是否与缝隙尺寸相符	合	否	
	6	泡沫条是否是规定的材质	合	否	
	7	是否能确保密封胶的厚度	合	否	

贴美纹纸	8	美纹纸是否正确贴合	合	否	
涂底涂	9	是否均匀涂布，有无未上底涂部分	合	否	
搅拌密封胶	10	是否是专用密封胶搅拌机	合	否	
	11	是否有符合胶桶尺寸的搅拌叶	合	否	
	12	是否充分搅拌	合	否	
往胶枪内充填密封胶	13	是否混入气泡	合	否	
胶嘴的设置	14	是否与缝隙的宽度、深度相符	合	否	
打密封胶	15	涂完底涂后、30 分～8 小时以内打胶（冬季 60 分～8 小时）	合	否	
刮刀修整	16	是否用刮刀修整过	合	否	
	17	刮刀修整仍应确保密封胶层的厚度	合	否	
撕掉美纹纸	18	修整完毕后立即撕去美纹纸	合	否	
清扫缝隙周边	19	是否被密封胶污染	合	否	
	20	是否被底涂污染	合	否	
	21	是否有气泡或者凹陷	合	否	
	22	剩余材料以及最后的清理是否良好	合	否	

记录人	责任人
/	/

密封胶施工记录表（周表）②

（施工者记入）　　　　　　　　记入日　　年　　月　　日

密封胶施工日							
密封胶施工负责人姓名							
施工年月日	年	月	日	天候		温度·湿度	℃　％
	年	月	日	天候		温度·湿度	℃　％
	年	月	日	天候		温度·湿度	℃　％
	年	月	日	天候		温度·湿度	℃　％
	年	月	日	天候		温度·湿度	℃　％
	年	月	日	天候		温度·湿度	℃　％
	年	月	日	天候		温度·湿度	℃　％
使用密封胶	批号		数量（罐）	使用底涂		批号	数量（罐）

工程	/	/	/	/	/	/	问题处理建议	
使用材料的确认								
事前检查（1～4）								
施工检查（5～18）								
目视检查								

记录人	责任人
/	/

（2）现场粘结性确认试验表

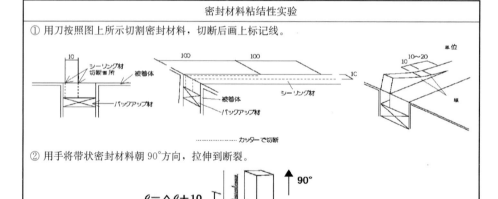

密封材料粘结性实验

① 用刀按照图上所示切割密封材料，切断后画上标记线。

② 用手将带状密封材料朝 90°方向，拉伸到断裂。

$$\ell = \triangle\ell + 10$$

③ 坏开始时标的刻线距离进行测量，并观察破坏状态

伸长率计算

$$\varepsilon = \frac{\ell - 10}{10} \times 100$$

内聚破坏（CF）：密封材本身断裂破坏

表面内聚破坏?（TCF）：被粘结料表面有密封材料残留的破坏

粘结破坏（AF）：在粘结面的破坏、在界面上剥离

$$= \frac{\triangle\ell}{10} \times 100$$

$\triangle\ell$＝密封材料的最大拉伸长度

※例：拉伸时，被拉伸 60mm 的时候断裂

$$\varepsilon = \frac{60 - 10}{10} \times 100 = 500 \qquad 伸长率＝500\%$$

④ 合格的判定

内聚破坏或者表面内聚破坏的数值，以及，被破坏时的被拉伸长度，超过密封材料的制造厂商的设计值以上的话，可以认为粘结性良好。

邦德密封胶破坏时的拉伸的指定值

密封胶类型	指定值
邦德 MS 胶（双组分改性硅酮系列）	400％以上
邦德 PS 胶（双组分聚硫系列）	300％以上
邦德 AU 胶（双组分丙烯酸系列）	300％以上
邦德聚氨酯 6909 型（双组分聚氨酯系列）	200％以上

4　密封胶施工技能要求

　　密封材料的施工职业技能，在日本分为 1 级和 2 级工（2 级实操要求：例如玻璃、板间接缝的施工，在 3 米距离目测情况下，密封胶的平滑性、颜色均匀性、对接缝周边污染、能计算出所需密封胶的使用量等，1 级要求：包括 2 级技能的要求、对胶缝接缝设计的理解、接缝设计的方案以及排水机构等类型接缝的施工、双层密封的施工等。）。技能培训通常由员工工作单位自行进行，员工入职 2 年可报名参加 2 级工的技能鉴定考试。取得 2 级工 3 年后方可申请报名参加 1 级工的技能鉴定，员工也可以入职业技能学校 7 年不通过 2 级工鉴定考试，直接申报 1 级工鉴定考试。鉴定考试方式同中国，需进行实操技能、专业理论知识考试。100 分为满分，合格线实操技能为 60 分，理论考试为 65 分。考试内容来自题库，有国家相关部门出的标准考题，实操技能考题原则上在考试前日会公布考题，考试时间约 4～5 小时，具体由鉴定的科目决定，在模型上进行操作。

5 小结

日本国的打胶过程用精雕细刻毫不跨张，精细化管理、一丝不苟操作，施工的每一道工序、细节处理等非常认真、用心：

1）安全装置配置：安全帽、安全带、安全钩一应俱全，施工时以人为本，安全第一。

2）施工工具配置：工欲其事必先利其器，施工时根据用胶情况配置施工工具，通常配有：

① 可直接将搅拌浆叶放入密封胶包装桶搅料的正反转搅拌机（设有定时器）。

② 吸入式打胶枪（能够吸入双组分密封胶）、单组分打胶枪。

③ 配有各种类型、形状工具的工具包：

（a）大小不同、刀口形状不同的抹刀：用于对密封材料进行填充、按压、收尾，根据接缝尺寸、胶缝密封材料表面收口形状不同选择不同的抹刀。

（b）收尾用胶皮刷：用于密封胶表面收尾时使用，胶皮刷通常根据胶表面形状自制，刷杆通常用竹片组成，刷头用（带有自粘层的）高密条低泡胶条（有各种规格尺寸，可自行裁剪）。

（c）底涂用毛刷：用于在基材施胶面涂刷底漆的刷子，刷丝通常用较软不易掉丝的材料制成的，大小可根据胶缝大小。

（d）清洁用毛刷：用于清扫胶缝的专用毛刷，刷丝通常较硬、耐磨损。

做到术有专攻，各司其职。

3）现场清洁

① 施工前清洁：清洁是保证基材与密封胶有良好的关键工序，根据被粘对象，确定清洁方式，清除锈迹、油脂、涂料、灰尘、砂浆碎屑等，并保持粘接面干燥。

② 施工时清洁：接缝处贴有防污胶带（美纹纸胶带），以防止打胶或修正时多余的胶残留在基材表面。

③ 施工后清洁：清洗接缝周边基材表面残留胶；工具（搅拌机、打胶枪、抹刀等）清洁、施工场所清洁。

6 结语

近年来，作为现代建筑工艺最先进的装配式"PC板工业化"技术取得了显著的发展。PC 板建筑工艺在全国范围内不断被采用，尤其在住宅化产业中，各个地方也纷纷建立起了 PC 板工厂、PC 住宅工地也在不断增加。但是在装配式建筑推进的同时，建筑物的板间接缝也在急速增加，而建筑工地现场的设计施工人员对密封胶的材料技术、施工方法及接缝设计方面的认知还是远远不够，导致漏水事故和硅酮类密封胶致外墙污染等问题频发。因此我们需要有大量的密封胶材料设计、施工技术的专业人才和施工队伍。

单元体幕墙开口立柱稳定性能试验和计算方法研究

◎ 王　斌[1]　惠　存[1,2]　王元清[2]　陶　伟[1]

1. 江河创建集团股份有限公司　　2. 清华大学土木系

摘　要　为研究单元体幕墙中开口截面立柱在风压作用下的稳定性能，分别进行了单根立柱、单元体加压腔加压、沙袋加压三种不同形式试验，分别测试了开口截面公、母立柱在平面外和平面内的变形和应变值，所得试验结果相近。分别采用有关铝合金结构计算的中国规范、英国规范、美国规范对开口截面立柱进行稳定和强度计算，并分析比对了计算结果和试验结果。研究表明：试验结果远大于规范计算结果，实际应用中可对现有计算方法进行修正，以达到提高型材截面利用率的目的。

关键词　稳定性；开口截面；铝合金立柱；单元体幕墙；计算方法

中图分类号： TU395　　　**文献标志码：** A

Experiment and Calculation Methods Study on Stability Performance of the Open Section Aluminum Alloy Columns in Unit Cell Curtain Wall

Wang Bin　Hui Cun　Wang Yuanqing　Tao Wei

Abstract　To study the stability performance of the aluminum alloy columns with open section in unit cell curtain wall under wind pressure，three experiments about one single column，one unit cell curtain wall loaded with pressurized chamber and one unit cell curtain wall loaded with sandbags were carried out. The out-of-plane and in-plane deformation and the strain of the male and female column were measured. The measured results of three experiments are approximately equal to one another. Stability performance and strength were calculated using the Chinese code, British standard and American code. By comparing the results of experiments and calculation, it is shown that experimental results are much greater than the calculation results. In order to improve the coefficient of utilization of the cross section, the calculation method should be modified in the practical application.

Keywords　stability performance; open section; aluminum alloy columns; unit cell curtain wall; calculation method

1　引言

　　单元体幕墙的开口型材因自身材料利用率较高，加工组装方便等优点逐渐在幕墙工程中得到大量的应用，国内外学者对其进行了大量的研究。石永久、王元清和施刚等不仅进行了铝合金受弯构件整体稳定性的试验研究[1]，分析了铝合金薄腹板梁的抗剪强度[2]，而且对铝合金网壳结构中的节点受力性能进行了试验研究和有限元分析[3]；沈祖炎和郭小农等对铝合金结构构件的设计公式和可靠度进行了研究分析[4]，并分析了对称截面受压杆件的稳定系数[5]和轴压杆件的受力理论[6]；朱继华等研究了受弯铝合金构件的直接强度法[7]，并对圆形空心铝合金柱进行了数值分析和设计[8]；Moen 和 Matteis 等对梯度受弯作用下的铝合金梁的扭转性能进行了数值模拟[9]，并对不同横截面分类的铝合金梁进行了参数研究[10]。但专门针对单元体幕墙开口型材的稳定性计算方法以及试验研究相对欠缺。国标《铝合金结构设计规范》[11]，英国标准《Structural use of aluminium》[12]，美国标准《Aluminum design manual》[13]等规范均是针对一般铝合金结构，给出了一般情况下铝合金结构的设计方法，并没有考虑到幕墙结构开口型材的特殊性。

　　工字形、槽形等主体结构用的开口截面相对于闭口截面，由于其截面的构造特点，能够很好地发挥截面特性以抵抗外荷载，在主体钢结构设计领域得到了大量的应用。作为围护结构的幕墙，理应可以采用开口截面型材。本文通过对单根开口截面铝合金立柱和单元体开口截面铝合金立柱进行试验研究，并采用中国、英国和美国有关铝合金结构计算的相关规范对其进行计算分析和比对，以期获得准确的计算方法，以使其在保证结构安全可靠的基础上可较好的提高开口型材的强度利用率，更好地发挥其结构性能。

2 幕墙开口型材自身的特点

幕墙用铝合金型材，从其性能、加工和安装等方面的考虑，具有独特的"槽形"截面形状。这样的开口截面型材在使用上具有以下缺点：（1）绕弱轴抗弯刚度弱；（2）截面整体抗扭刚度较低；（3）截面形心和截面剪切中心不重合：横向荷载不通过剪切中心，在横向荷载作用下存在弯曲和扭转变形，存在扭转失稳问题（见图1）。

幕墙单元体的公、母立柱在实际受力过程中也存在对其承载力有利的特点：（1）公、母立柱翼缘的相互扶持作用（见图2）；（2）横梁对立柱的约束作用：单元体中的横梁可有效约束开口型材立柱，防止其侧向扭转，提高其整体稳定性；（3）由于正风压的方向是朝向剪心，负风压的方向是背离剪心，因此在正风压作用下的屈曲特征值较负风压要小；但有利的是在正风压作用下，由于玻璃是通过结构胶与铝型材固结在一起，可对受压翼缘提供有利的支撑作用；（4）公、母立柱之间还有挂钩，此挂钩在立柱受正风，发生扭转时会有效地阻止其开口。而在负风作用下，公、母立柱因为其之间有相互作用，可以很好地"贴合"在一起。

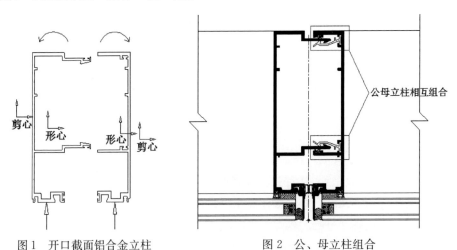

图1　开口截面铝合金立柱　　　　图2　公、母立柱组合

3 试验研究

为了对开口截面铝合金立柱的受力特性有深层次的了解，针对开口截面

型材在不同支撑条件、不同荷载工况下进行试验研究，并将试验结果和理论值进行对比分析。限于试验室尺寸限制，以及研究开口截面型材立柱"开口"变形主要发生在无支撑的跨中部位，所以选择跨度为 2730mm 的单根立柱和2730mm×1365mm 单元体板块进行了试验研究。

为了准确详实地反映开口型材的受力特点，设计了三种不同的试验装置进行开口截面型材的试验研究。

3.1　单根立柱受力性能试验

铝合金立柱在风压作用下的受力可以简化为梯形荷载，梯形荷载模拟示意图见图 3，加载装置见图 4。

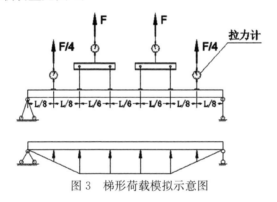

图 3　梯形荷载模拟示意图

图 4　试验现场照片

在跨中布置两个竖向位移计，分别测量公、母立柱在竖向荷载作用下的平面内挠度变形；在跨中布置两个水平位移计，分别测量公、母立柱在竖向荷载作用下的平面外开口（或闭口）变形。为监测加载过程铝合金型材的应力变化，在公、母立柱跨中受拉侧分别布置一个应变片。

用手动葫芦模拟等效风压2kPa、4kPa、6kPa、8kPa、10kPa。首先进行预加载1kPa，以观测加载系统和各测点工作的可靠性，之后进行单调加载，依次施加2kPa、4kPa、6kPa、8kPa、10kPa对应的荷载，并详细记录相应的位移和应变数据。

为了研究超临界荷载之后的立柱变化情况，特对在跨中带一组挂钩的立柱进行了试验，等效风压依次为2.0kPa、4.0kPa、6.0kPa、8.0kPa、10.0kPa。正风压作用下的变形和应变结果见表1，负风压作用下的变形和应变结果见表2。

表 1 正风作用下变形和应变实测值

等效风压（kPa）	平面外变形（mm）			平面内变形（mm）		受拉应变（$\mu\varepsilon$）		受压应变（$\mu\varepsilon$）	
	公立柱	母立柱	计算值	公立柱	母立柱	公立柱	母立柱	公立柱	母立柱
2.0	4.67	4.75	4.8	1.66	−0.96	475	480	−389	−383
4.0	9.36	10.13	9.5	2.87	−2.06	965	935	−842	−827
6.0	14.46	15.36	14.4	3.87	−3.02	1470	1381	−1319	−1266
8.0	19.76	20.76	19.1	4.84	−4.01	2044	1821	−1858	−1712
10.0	25.28	26.45	24.0	5.22	−5.13	2266	2832	−2010	−1895

表 2 负风作用下变形和应变实测值

等效风压（kPa）	平面外变形（mm）			平面内变形（mm）		受拉应变（$\mu\varepsilon$）		受压应变（$\mu\varepsilon$）	
	公立柱	母立柱	计算值	公立柱	母立柱	公立柱	母立柱	公立柱	母立柱
−2.0	5.34	5.41	4.8	−1.79	−1.01	561	556	−454	−536
−4.0	10.45	10.9	9.5	−3.78	−2.31	1103	1099	−900	−1062
−6.0	15.55	16.33	14.4	−5.98	−2.66	1320	1633	−1355	−1612
−8.0	20.34	21.45	19.1	−7.99	−1.37	2110	2122	−1810	−2189
−10.0	25.14	26.5	24.0	−10.72	1.06	2584	2594	−2232	−2776

从表1和表2可知：

（1）随着风压的增大，平面外变形和应变值基本呈线性增大；相同大小的正风和负风作用下，平面外变形和应变基本相同，而且平面外变形试验值与计算结果较为一致；

（2）正风作用下平面内变形逐步增大，但由于挂钩的拉接作用，使得平面内变形增长较为缓慢；负风作用时，在加载初期，公母立柱平面内变形均逐步加大，但当风压达到8kPa时，母立柱平面内的变形逐步减小，说明此时公立柱和母立柱已闭合在一起，公母立柱一起偏向母立柱一侧；

（3）风压达到10kPa时，远超过公母立柱的临界荷载，但变形形态仍为弹性，无明显的失稳现象发生。

3.2　利用试验室加压腔体进行试验

在江河创建集团股份有限公司内部三性试验室进行试验研究，试件由两个单元体板块组装而成，组装后的尺寸为2730mm×2730mm，加载装置见图5。仅对组装后单元体中部的立柱进行测量，位移计和应变片布置与单根立柱试验相同。

图5　加载装置

正风压作用下的变形和应变结果见表3，负风压作用下的变形和应变结果见表4。

表3　正风作用下变形和应变实测值

等效风压（kPa）	平面外变形（mm）			平面内变形（mm）		受拉应变（$\mu\varepsilon$）	
	公立柱	母立柱	计算值	公立柱	母立柱	公立柱	母立柱
1.0	2.81	3.42	2.4	1.32	0.67	183	296
2.0	4.94	5.94	4.8	1.98	0.17	319	542
3.0	6.83	8.28	7.1	2.53	−0.26	438	769
4.0	9.89	8.65	9.5	2.91	−0.53	580	1034
5.0	10.06	12.19	11.9	3.19	−0.68	739	1293

表4　负风作用下变形和应变实测值

等效风压 (kPa)	平面外变形（mm）			平面内变形（mm）		受拉应变（με）	
	公立柱	母立柱	计算值	公立柱	母立柱	公立柱	母立柱
−1.0	4.46	2.39	2.4	1.32	1.69	−137	−213
−2.0	6.89	5.9	4.8	2.24	1.99	−298	−482
−3.0	8.67	7.93	7.1	3.42	2.69	−467	−729
−4.0	10.39	9.01	9.5	3.79	2.61	−637	−1050
−5.0	13.79	11.73	11.9	4.24	2.42	−791	−1283

由于试验室加载条件限制，最多只能加载到5kPa，从试验结果可以看出：（1）开口铝合金立柱在5kPa的风压作用下，平面外变形和应变值与单根立柱所得结果较为接近，而且平面外变形与计算结果符合较好；（2）正向风压为1kPa时，公母立柱各自变形，当风压增大至2kPa时，开口变形继续增大，挂钩开始发挥作用，将公母立柱拉接在一起，而公立柱的抗弯刚度较大，使得母立柱向公立柱一侧靠拢；（3）负风作用时，挂钩基本不起作用，随着风压的增大公母立柱相互靠拢，风压为4kPa时，母立柱变形逐步减小，说明公母立柱一起朝着母立柱方向偏移。

3.3　沙袋破坏试验

为研究单元体的极限破坏状态，且保证实验过程中的人员设备安全，特对实验方案进行改进，将两个单元体板块拼装后水平放置，利用实验室现有的钢框架模拟其边界条件，并用800mm高的钢架将钢框架支撑起来，采用沙袋进行加载。单元体下部的空间用以安装位移计和设置应变片。加载装置如图6。

图6　加载装置

试验仅模拟正风作用下的受力情况，在单元体上逐层地放置沙袋，对每个托盘和沙袋进行称重，并换算为单元体上的等效均布荷载，在施加过程中记录每层沙袋加载后的立柱变形和应变。为研究其残余变形情况，卸载时逐层移去托盘，并记录各试验数据。变形和应变实测值见表5。

表5　正风作用下变形和应变实测值

加卸载	等效风压（kPa）	平面外变形（mm）			平面内变形（mm）		受拉应变（$\mu\varepsilon$）	
		公立柱	母立柱	计算值	公立柱	母立柱	公立柱	母立柱
加载	1.97	8.76	9.51	4.73	1.37	−0.46	172	352
	3.71	13.15	14.21	8.90	1.88	−1.01	295	602
	5.44	16.34	17.74	13.06	2.15	−1.3	417	836
	7.16	19.67	21.49	17.18	2.39	−1.6	561	1101
	8.95	23.22	25.48	21.48	2.64	−1.89	772	1481
	10.80	27.57	29.97	25.92	2.88	−2.25	1022	1900
	12.94	31.51	34.51	31.06	3.15	−2.56	1260	2549
卸载	10.80	29.02	32.02	25.92	3.01	−2.35	1051	2334
	8.95	25.6	28.11	21.48	2.68	−2.03	887	1976
	7.16	22.53	24.89	17.18	2.42	−1.74	693	1682
	5.44	19.77	21.5	13.06	2.04	−1.34	551	1400
	3.71	16.74	18.22	8.90	1.54	−0.93	403	1144
	1.97	13.2	14.21	4.73	0.92	−0.31	193	820
	0	6.9	7.62	0	0.41	−0.17	70	499

由表5可知：沙袋卸载后，公立柱有6.9mm的平面外变形，母立柱有7.62mm的平面外变形；平面内变形基本恢复原状；公立柱有$70\mu\varepsilon$的残余应变，母立柱有$499\mu\varepsilon$的残余应变；在超临界荷载的情况下，立柱依然无明显失稳现象。

在获取加载、卸载过程的试验数据后，对上述单元体进行加载直至破坏状态。沙袋达到11层，等效风压为19.46kPa时，单元体有明显变形，但尚未破坏；继续增加沙袋，等效风压为20.51kPa时，单元体破坏。破坏形态见图7。

(a)单元体尚未坍塌(19.46kPa)　　　　　(b)单元体坍塌(20.51kPa)

图 7　破坏形态

4　各国规范计算方法对比

针对试验采用的型材进行计算，公母立柱截面尺寸见图 8。单元体宽度 $d=1365\text{mm}$，长度 $l=2730\text{mm}$。立柱截面参数见表 6。分别按照中国、英国、美国相关规范中的计算方法进行分析。

表 6　公、母立柱截面参数

参数	公立柱	母立柱
面积（mm²）	$A_m=916$	$A_f=792$
绕强轴惯性矩（mm⁴）	$I_m=2756382$	$I_f=2415114$
绕弱轴惯性矩（mm⁴）	$I'_m=275860$	$I'_f=94781$
弹性抵抗矩（mm³）	$Z_{em}=35429$	$Z_{ef}=29203$
塑性抵抗矩（mm³）	$S_{em}=46906$	$S_{ef}=39466$
扭转常数（mm⁴）	$J_m=2558$	$J_f=2293$

4.1　中国规范

公、母立柱上施加线荷载为 $q=3.375\text{kN/m}$；铝合金型材设计强度为 $f=150\text{MPa}$；根据《铝合金结构设计规范》[11]，公立柱考虑折减的截面抵抗矩 $W_{em}=32844\text{mm}^3$，母立柱考虑折减的截面抵抗矩 $W_{ef}=25939\text{mm}^3$。依据《铝合金结构设计规范》附录 C 计算整体稳定系数，采用有限元软件 Workbench 分别计算公、母立柱的一阶屈曲因子，并求出各自临界稳定弯矩，其一阶屈曲模态见图9。

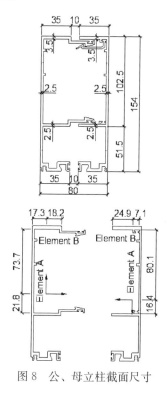

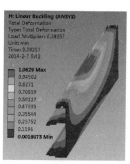

(a)公立柱

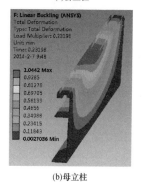

(b)母立柱

图8　公、母立柱截面尺寸　　　图9　一阶屈曲模态

由图9可知，公、母立柱的一阶屈曲因子分别为0.393和0.232。

同时考虑局部稳定和整体稳定的计算过程和计算结果见表7。

只考虑局部稳定，不考虑整体稳定，由弹性抵抗矩按照纯强度进行承载力计算，计算过程和计算结果见表8。

整体稳定和局部稳定均不考虑，由弹性抵抗矩按照纯强度进行承载力计算，计算过程和计算结果见表9。

表7　计算过程和结果

参数	公立柱	母立柱
一阶屈曲因子	$\beta_m=0.393$	$\beta_f=0.232$
临界屈曲弯矩	$M_{cr\_m}=\dfrac{ql^2}{8}\beta_m=1.21\mathrm{kN\cdot m}$	$M_{cr\_f}=\dfrac{ql^2}{8}\beta_f=0.72\mathrm{kN\cdot m}$
弯扭稳定相对长细比	$\lambda_m=\sqrt{\dfrac{W_{em}f}{M_{cr\_m}}}=2.02$	$\lambda_f=\sqrt{\dfrac{W_{ef}f}{M_{cr\_f}}}=2.33$
弯扭稳定相对长细比	$\lambda=1/\left(\dfrac{1}{\lambda_m}+\dfrac{1}{\lambda_f}\right)=1.08$	

续表

参数	公立柱	母立柱
整体稳定系数	$\varphi_b = 0.64$	
整体稳定抗弯承载力	$M_{rx\_m} = \varphi_b W_{em} f = 3.15 kN \cdot m$	$M_{rx\_f} = \varphi_b W_{ef} f = 2.49 kN \cdot m$
计算系数	$C_{bm} = \dfrac{I_m + I_f}{I_m} = 1.88$	$C_{bf} = \dfrac{I_m + I_f}{I_f} = 2.14$
极限弯矩	$M_a = \min(C_{bm} M_{rx\_m}, C_{bf} M_{rx\_f}) = 5.33 kN \cdot m$	
材料系数	$\gamma_m = 1.3$	
极限线荷载	$q_a \dfrac{8M_a}{l^2} = 5.72 kN/m$	
极限风压	$W_a \dfrac{\gamma_m q_a}{d} = 5.45 kPa$	

表8 计算过程和结果

参数	公立柱	母立柱
强度承载力	$M_{rx\_m} = W_{em} f = 4.92 kN \cdot m$	$M_{rx\_f} = W_{ef} f = 3.89 kN \cdot m$
极限弯矩	$M_a = \min(C_{bm} M_{rx\_m}, C_{bf} M_{rx\_f}) = 8.32 kN \cdot m$	
极限线荷载	$q_a = \dfrac{8M_a}{l^2} = 9.13 kN/m$	
极限风压	$W_a = \dfrac{\gamma_m q_a}{d} = 8.7 kPa$	

表9 计算过程和结果

参数	公立柱	母立柱
强度承载力	$M_{rx\_m} = Z_{em} f = 5.31 kN \cdot m$	$M_{rx\_f} = Z_{ef} f = 4.38 kN \cdot m$
极限弯矩	$M_a = \min(C_{bm} M_{rx\_m}, C_{bf} M_{rx\_f}) = 9.37 kN \cdot m$	
极限线荷载	$q_a = \dfrac{8M_a}{l^2} = 10.06 kN/m$	
极限风压	$W_a = \dfrac{\gamma_m q_a}{d} = 9.58 kPa$	

4.2 英国规范

参考英国标准《Structural use of aluminium》[12]，铝合金型材设计强度为 $p_0 = 160 MPa$。同时考虑局部稳定和整体稳定的计算过程和计算结果见表10。

只考虑局部稳定，不考虑整体稳定，由弹性抵抗矩按照纯强度进行承载力计算。计算过程和计算结果见表11。

整体稳定和局部稳定均不考虑，由弹性抵抗矩按照纯强度进行承载力计算，计算过程和计算结果见表12。

表 10 计算过程和结果

参数	公立柱	母立柱
截面类型	semi-compact(半紧凑型)	slender(细长型)
材料系数	$\gamma_m = 1.2$	
截面折减系数	——	$k_f = 0.97$
强度承载力	$M_{rsx\_m} = p_0 \dfrac{Z_{em}}{\gamma_m} = 4.72\text{kN} \cdot \text{m}$	$M_{rsx\_f} = p_0 \dfrac{k_f Z_{ef}}{\gamma_m} = 3.79\text{kN} \cdot \text{m}$
屈曲强度	$p_{1\_m} = \gamma_m \dfrac{M_{rsx\_m}}{S_{em}} = 120.75\text{MPa}$	$p_{1\_f} = \gamma_m \dfrac{M_{rsx\_f}}{S_{ef}} = 115.24\text{MPa}$
绕弱轴回转半径	$r_m = 17.34\text{mm}$	$r_f = 10.96\text{mm}$
长细比	$\lambda_m = \lambda_f = l/(r_m + r_f) = 95.41$	
弯扭稳定相对长细比	$\lambda_{m1} = \dfrac{\lambda_m}{\pi}\left(\dfrac{p_{1\_m}}{E}\right)^{\frac{1}{2}} = 1.26$	$\lambda_{f1} = \dfrac{\lambda_f}{\pi}\left(\dfrac{p_{1\_f}}{E}\right)^{\frac{1}{2}} = 1.23$
整体稳定系数	$\varphi_m = \dfrac{1}{2}\left(1 + \dfrac{0.1}{\lambda_{m1}} + \dfrac{0.1 \times 0.6}{\lambda_{m1}{}^2}\right)^{\frac{1}{2}} = 0.83$	$\varphi_f = \dfrac{1}{2}\left(1 + \dfrac{0.1}{\lambda_{f1}} + \dfrac{0.1 \times 0.6}{\lambda_{f1}{}^2}\right)^{\frac{1}{2}} = 0.85$
折减系数	$N_m = \varphi_m\left[1 - \left(1 - \dfrac{1}{\lambda_{m1}{}^2 \varphi_m{}^2}\right)^{\frac{1}{2}}\right] = 0.57$	$N_f = \varphi_f\left[1 - \left(1 - \dfrac{1}{\lambda_{f1}{}^2 \varphi_f{}^2}\right)^{\frac{1}{2}}\right] = 0.6$
整体稳定强度	$p_{s\_m} = N_m p_{1\_m} = 68.83\text{MPa}$	$p_{s\_f} = N_f p_{1\_f} = 69.14\text{MPa}$
整体稳定抗弯承载力	$M_{rx\_m} = p_{s\_m} \dfrac{S_{em}}{\gamma_m} 2.69\text{kN} \cdot \text{m}$	$M_{rx\_f} = p_{s\_f} \dfrac{S_{ef}}{\gamma_m} = 2.27\text{kN} \cdot \text{m}$
计算系数	$C_{bm} = \dfrac{I_m + I_f}{I_m} = 1.88$	$C_{bf} = \dfrac{I_m I_f}{I_f} = 2.14$
极限弯矩	$M_a = \min(C_{bm} M_{rx\_m}, C_{bf} M_{rx\_f}) = 4.86\text{kN} \cdot \text{m}$	
极限线荷载	$q_a = \dfrac{8M_a}{l^2} = 5.22\text{kN/m}$	
极限风压	$W_a = \dfrac{\gamma_m q_a}{d} = 4.59\text{kPa}$	

表 11 计算过程和结果

参数	公立柱	母立柱
强度承载力	$M_{rsx\_m} = p_0 \dfrac{Z_{em}}{\gamma_m} 4.72\text{kN} \cdot \text{m}$	$M_{rsx\_f} = p_0 \dfrac{k_f Z_{ef}}{\gamma_m} = 3.79\text{kN} \cdot \text{m}$
极限弯矩	$M_a = \min(C_{bm} M_{rsx\_m}, C_{bf} M_{rsx\_f}) = 8.11\text{kN} \cdot \text{m}$	
极限线荷载	$q_a = \dfrac{8M_a}{l^2} = 8.71\text{kN/m}$	
极限风压	$W_a = \dfrac{\gamma_m q_a}{d} = 7.66\text{kPa}$	

表 12　计算过程和结果

参数	公立柱	母立柱
强度承载力	$M_{rsx\_m}=p_0 Z_{em}=5.66\text{kN}\cdot\text{m}$	$M_{rsx\_f}=p_0 Z_{ef}=4.67\text{kN}\cdot\text{m}$
极限弯矩	$M_a=\min(C_{bm}M_{rsx\_m},C_{bf}M_{rsx\_f})=9.99\text{kN}\cdot\text{m}$	
极限线荷载	$q_a\dfrac{8M_a}{l^2}=10.72\text{kN/m}$	
极限风压	$W_a\dfrac{\gamma_m q_a}{d}=9.42\text{kPa}$	

4.3　美国规范

参考美国标准《Aluminum design manual》[13]，铝合金型材设计强度为 $F_{cy}=170\text{MPa}$。同时考虑局部稳定和整体稳定的计算过程和计算结果见表13。

只考虑局部稳定，不考虑整体稳定，由弹性抵抗矩按照纯强度进行承载力计算。计算过程和计算结果见表14。

整体稳定和局部稳定均不考虑，由弹性抵抗矩按照纯强度进行承载力计算，计算过程和计算结果见表15。

表 13　计算过程和结果

参数	公立柱	母立柱
材料系数	$\gamma_m=1.65$	
非均匀受弯修正因子	$C_b=1.13$	
单元 A 名义抗弯强度	$F_{c\_ma}=214.02\text{MPa}$	$F_{c\_fa}=209.92\text{MPa}$
单元 B 名义抗弯强度	$F_{b\_mb}=146.1\text{MPa}$	$F_{b\_fb}=153.31\text{MPa}$
临界屈曲弯矩	$M_{cr\_m}\dfrac{\pi}{l}\sqrt{EI'_m GJ_m}=1.32\text{kN}\cdot\text{m}$	$M_{cr\_f}\dfrac{\pi}{l}\sqrt{EI'_f GJ_f}=0.74\text{kN}\cdot\text{m}$
绕弱轴回转半径	$r_m=\dfrac{l}{1.2\pi}\sqrt{\dfrac{M_{cr\_m}}{EZ_{em}}}=16.71\text{mm}$	$r_f=\dfrac{l}{1.2\pi}\sqrt{\dfrac{M_{cr\_f}}{EZ_{ef}}}=13.78\text{mm}$
等效长细比	$\lambda_m=\lambda_f\dfrac{l}{(r_m+r_f)\sqrt{C_b}}=84.23$	
整体稳定抗弯强度	$F_{b\_m}=119.48\text{MPa}$	$F_{b\_f}=119.48\text{MPa}$
抗弯强度	$F_{cm}=\min(F_{c\_ma},F_{b\_mb},F_{b\_m})$ $=119.48\text{MPa}$	$F_{cf}=\min(F_{c\_fa},F_{b\_fb},F_{b\_f})$ $=119.48\text{MPa}$
整体稳定抗弯承载力	$M_{rx\_m}=\dfrac{F_{cm}Z_{em}}{\gamma_m}2.57\text{kN}\cdot\text{m}$	$M_{rx\_f}=\dfrac{F_{cf}Z_{ef}}{\gamma_m}=2.11\text{kN}\cdot\text{m}$
计算系数	$C_{bm}=\dfrac{I_m+I_f}{I_m}=1.88$	$C_{bf}=\dfrac{I_m+I_f}{I_f}=2.14$
极限弯矩	$M_a=\min(C_{bm}M_{rx\_m},C_{bf}M_{rx\_f})=4.51\text{kN}\cdot\text{m}$	

参数	公立柱	母立柱
极限线荷载	$q_a = \dfrac{8M_a}{l^2} = 4.84\text{kN/m}$	
极限风压	$W_a = \dfrac{\gamma_m q_a}{d} = 5.85\text{kPa}$	

表 14　计算过程和结果

参数	公立柱	母立柱
抗弯强度	$F_{cm} = \min(F_{c\_ma}, F_{b\_mb}) = 146.1\text{MPa}$	$F_{cf} = \min(F_{c\_fa}, F_{b\_fb}) = 153.31\text{MPa}$
强度承载力	$M_{rsx\_m} = \dfrac{F_{cm} Z_{em}}{\gamma_m} = 3.14\text{kN}\cdot\text{m}$	$M_{rsx\_f} = \dfrac{F_{cf} Z_{ef}}{\gamma_m} 2.71\text{kN}\cdot\text{m}$
极限弯矩	$M_a = \min(C_{bm} M_{rsx\_m}, C_{bf} M_{rsx\_f}) = 5.8\text{kN}\cdot\text{m}$	
极限线荷载	$q_a \dfrac{8M_a}{l^2} = 6.23\text{kN/m}$	
极限风压	$W_a \dfrac{\gamma_m q_a}{d} = 7.53\text{kPa}$	

表 15　计算过程和结果

参数	公立柱	母立柱
强度承载力	$M_{rsx\_m} = \dfrac{F_{cy} Z_{em}}{\gamma_m} 3.65\text{kN}\cdot\text{m}$	$M_{rsx\_f} = \dfrac{F_{cf} Z_{ef}}{\gamma_m} = 3.01\text{kN}\cdot\text{m}$
极限弯矩	$M_a = \min(C_{bm} M_{rsx\_m}, C_{bf} M_{rsx\_f}) = 6.44\text{kN}\cdot\text{m}$	
极限线荷载	$q_a = \dfrac{8M_a}{l^2} = 6.91\text{kN/m}$	
极限风压	$W_a = \dfrac{\gamma_m q_a}{d} = 8.35\text{kPa}$	

　　将以上计算结果进行汇总见表16。对比三种不同试验结果和中国、英国、美国三种规范的计算结果说明，以往采用各国规范计算的开口型材的弹性失稳弯矩承载力过于保守。虽然也通过把公、母立柱的回转半径相加来考虑相互作用的影响，但从试验结果的分析来看，仍远大于计算结果，试验结果远超过计算临界弹性弯矩值。如果不考虑公、母立柱组合作用，即完全按照单根的开口立柱依据规范进行计算，则承载力将和实验数值差距更远。这也表明单纯使用铝合金结构设计规范来计算单元体的开口型材存在很大的浪费，理论和实际相差较远。究其原因，公、母立柱在变形时，两者之间存在不可忽视的"扶持"效应，正是这个效应使其组合在一起时，承载能力远大于分开考虑然后叠加所得结果。

表 16　计算结果汇总

承载能力	纯强度（kPa）	局部稳定（kPa）	局部稳定和整体稳定（kPa）
中国规范	5.45	8.7	9.58
英国规范	4.59	7.66	9.42
美国规范	5.85	7.53	8.35

5　结语

通过试验和采用不同规范对开口截面立柱进行计算分析，得出结论如下：

（1）采用三种不同形式的试验，所得试验结果相差不大；采用中国、英国、美国标准所得计算结果亦相近；但试验结果远大于采用规范所得出的计算结果；

（2）在实际稳定计算分析中，考虑到结构安全性，忽略了一些有利因素，稳定计算所得结果偏于保守；

（3）本文通过从计算分析以及具体试验相结合的方法，对开口截面型材的稳定性分析进行了深入的研究，实际应用中可对现有的计算方法进行修正，以达到了较好地提高开口型材截面使用率的目的；

（4）更为精准的修正方法有待进一步的试验研究和理论分析。

参考文献

[1] 石永久，程明，王元清. 铝合金受弯构件整体稳定性的试验研究 [J]. 土木工程学报，2007，40（7）：37-43.

[2] 石永久，王元清，程明，等. 铝合金薄腹板梁的抗剪强度分析 [J]. 工程力学，2010，27（9）：69-73.

[3] 施刚，罗翠，王元清，等. 铝合金网壳结构中新型铸铝节点受力性能试验研究 [J]. 建筑结构学报，2012，33（3）：70-79.

[4] 沈祖炎，郭小农. 铝合金结构构件的设计公式及其可靠度研究 [J]. 建筑钢结构进展，2007，9（6）：1-11.

[5] 沈祖炎，郭小农. 对称截面铝合金挤压型材压杆的稳定系数 [J]. 建筑结构学报，2001，22（4）：31-36.

[6] 郭小农，沈祖炎，李元齐，等. 铝合金轴心受压构件理论和试验研究 [J]. 建筑结构学报，2007，28（6）：118-128.

［7］Zhu J H，Young B. Design of aluminum alloy flexural members using direct strength method ［J］. Journal of Structural Engineering，2009，135（5）：558-566.

［8］Zhu J H，Young B. Numerical investigation and design of aluminum alloy circular hollow section columns ［J］. Thin-Walled Structures，2008，46（12）：1437-1449.

［9］Moen L，Matteis G，Hopperstad O，et al. Rotational capacity of aluminum beams under moment gradient. II：Numerical simulations ［J］. Journal of Structural Engineering，1999，125（8）：921-929.

［10］Matteis G，Moen L，Langseth M，et al. Cross-sectional classification for aluminum beams-parametric study ［J］. Journal of Structural Engineering，2001，127（3）：271-279.

［11］GB 50429—2007 铝合金结构设计规范 ［S］. （GB 50429- 2007 Code for design of aluminium structures ［S］. （in Chinese））

［12］BS 8118：part 1：1991 Structural use of aluminium ［S］.

［13］Aluminum design manual 2010 ［S］.

建筑光伏系统的技术壁垒

◎ 罗 多

中国兴业太阳能技术控股有限公司

　　光伏系统是利用太阳能电池组件和其他辅助设备将太阳能转换成电能的系统，发展至今，应用已经非常广泛，从早期偏远无电地区的光伏独立系统，到现今西部地区如大海一般一望无垠的地面光伏电站，从农业到军事、从交通到建筑、从通信到渔业，无处不见光伏的身影。无论怎样划分形形色色的光伏系统，从载体上来区别最大的两个领域无非是在地面上安装光伏系统和在建筑上安装光伏系统，而在建筑上安装光伏系统又根据二者的结合程度不同分为：屋顶附加光伏系统（BAPV，building attached photovoltaic）以及光伏建筑一体化（BIPV，Building integrated photovoltaic），通常的理解为：对于光伏系统与建筑物实行一体化的规划、设计、制造、安装和使用的与建筑良好结合的系统为 BIPV。反之，简单地附着在建筑上，主要功能是发电，与建筑物功能不发生冲突，不破坏或削弱原有建筑物功能的则为 BAPV。但如果要对 BIPV 作更深层次的理解则应该是：可以与建筑围护结构浑然一体，不可分割且不影响围护结构的其他功能，如美观性、安全性、采光性、通风性、舒适性、水密气密性等的系统才能称为真正的BIPV 系统。二者之不同导致设计思路、施工安装的专业整合、投资回报等方方面面的不同。下图按照光伏能源系统的应用进行了分类，常常有投资者问：在建筑屋面上安装光伏系统和地面上安装有啥区别啊？不就是把光伏系统从地面搬到了屋面吗？都是在建筑上安装，BIPV 与 BAPV 又有什么不同呢？本文将详细分析这三者之不同，有助于让投资者、设计者、安装者了解更全面清楚地理解建筑光伏系统，同时清楚建筑光伏系统的技术壁垒。

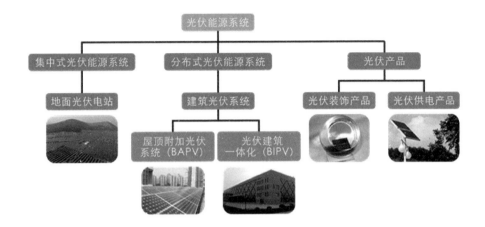

1　BIPV 与 BAPV 的不同

　　除了从概念上理解的不同以外，还应从投资、设计、施工、运行等全方面去理解：

　　（1）一体化设计：光伏建筑一体化系统的成本跟建筑物的设计阶段以及光伏电池与建筑装饰材料生产过程的结合程度有很大的依赖关系如果能让建筑师了解、熟悉并认可光伏，他们就能在概念设计时加入太阳能的元素，这在欧洲国家，尤其是以节能环保著称的德国是司空见惯的，每一栋新建建筑都会充分考虑并加入太阳能尤其是光伏的元素，这样的理念和对光伏的认可是贯穿业主、投资者、设计师、施工方等所有建筑从业者的。这样的高度一致性就自然产生了高度一体化的光伏建筑，光伏介入得越早，光伏就越能充分利用建筑这个载体，发挥作用，增量成本就会越低。所以，有人说 BIPV 是个非常昂贵的东西，这是错误的，BAPV 系统可以说投资的每一瓦对于原建筑来说是增量投资，而获得的收益就是其发出的电，是最简单的发电设备投资分析；而 BIPV 的一体化做越好其产生的效益就越大，可以不仅仅利用其发电性能，还可以是装饰性、围护性能以及对光伏发电产生的热能的利用。

　　（2）建筑设计：BAPV 系统除了需要考虑建筑及其构配件对光伏的遮挡以外，很少涉及建筑设计，但 BIPV 系统直接替代建筑构件，建筑设计是重中之重。要建造一座完美的光伏建筑，尤其将太阳电池作为建筑装饰材料去实现建筑的某些功能要求，除了一体化的规划设计以外，细节就表现在一体化的建筑设计上了。"什么样的建筑选用什么样的外饰材料"，这是以建筑为本的设计；"选用什么样的外饰材料使之成为建筑的主题"，这才是一体化的优秀设计。2010 年的上海世博会上处处可见这样的建筑：藤条做的西班牙馆"藤条篮子"、透明混凝土做的意大利馆"人之城"、木格栅做的加拿大馆"枫叶印象"、纸塑复合材料做的芬兰馆"冰壶"、氧化铁做的卢森堡馆"森林和堡垒"、膜结构的中国气象馆"云中水滴"、PVC 膜做的中国航空馆"云"等，英国馆"种子神殿"的设计师这样说"我要用一种光纤管的材料来实现我的建筑"。他们先选择了材料然后才有了以这种材料为主体的建筑创意。优秀的光伏建筑一定要走一体化设计的道路，建筑师先确定某种形式的光伏构件，然后根据太阳电池本身的特点，如朝向、背面温升、电池颜色和形状尺寸的特点等，去思考应该设计一座怎样的建筑才能与之相配，这才出现了建筑形态和立面。这是一门相对于传统建筑来说更有科技含量，更需要多专业配合的建筑艺术。很明显，即便是简单的屋顶电站，也不等于太阳能光伏系统加建筑，无论从美学、结构、功能还是接入，都不单单是简单相加而是应该满足建筑的节能、环保、安全、美观和经济实用的总体要求，将太阳能光伏发电作为建筑的一种体系进入建筑领域，纳入建设工程的基本建设程序，同步规划、同步设计、同步施工、同步验收，与建设工程同时投入使用，同步后期管理，同寿命周期、统一考虑拆除和回收，使其成为建筑有机组成部分的一种理念。其核心是需要一体化的设计、制造、安装，而辅助的技术则包括了能量审计、成本控制等。由于太阳能光伏发电与建筑的结合技术在世界范围内都是属于比较前沿的课题，和中国几百年的建筑经验比较，还缺乏很多经验数据和科研课题。因此，目前的光伏建筑系统设计还没有太多系统的规范和标准可以参考和执行。从事光伏建筑设计的设计师大多依赖国外的参考书籍和一些产品标准再根据以往的一些工程经验进行摸索和设计。但有一点是肯定的，这是一门需要多专业配合的学科，至少包括了四大专业：建筑、结构、机械、电气，缺一不可。光伏建筑应用方式可以分为光伏屋顶系统、光伏立面系统、其他光伏系统三大类型，其光伏立面主要包括各种光伏幕墙产品和光伏遮阳产品，比如做成立面光伏玻璃（采光光伏幕墙），层间隔板（非采光光伏幕墙）、光伏栏杆、光伏百叶、光伏遮阳板、光伏雨篷等。光伏屋顶除了最简单的屋顶电站以外主要包括光伏瓦、轻钢屋面板外附光伏系统、瓦屋面外附光伏系统、光伏采光顶、光伏屋面卷材等。其他系统还有光伏小品、光伏停车棚、光伏候车亭、光伏造型雕塑等。可以看出 BIPV 种类繁多，除了满足光伏系统发电功能所需满足的电气性能以外，各种类型所对应的建筑物理性能也必须满足。建筑光伏构件在建筑中的作用及分类，决定其需要满足的建筑性能，如下表：

建筑性能		分类					
		透明光伏屋顶	非透明光伏屋顶	光伏窗	透明光伏幕墙	非透明光伏幕墙	光伏遮阳
1	美观性能	◎ (6.6.2)	○	● (6.6.2)	● (6.6.2)	● (6.6.2)	● (6.6.2)
2	尺寸偏差	● (GB/T 15763.3-6.2)	○	● (GB/T 15763.3-6.2)	● (GB/T 15763.3-6.2)	● (GB/T 15763.3-6.2)	● (GB/T 15763.3-6.2)
3	耐久耐候性	○	○	○	○	○	○
4	抗风压性	○	○	● (GB/T 7106-4)	● (GB/T 21086-5)	● (GB/T 21086-5)	● JGJ 237-6
5	水密性	◎ (JG/T 231-7)	○	● (GB/T 7106-4)	● (GB/T 21086-5)	● (GB/T 21086-5)	
6	气密性	◎ (JG/T 2317-7)	○	● (GB/T 7106-4)	● (GB/T 21086-5)	● (GB/T 21086-5)	
7	热工性能	◎ (JG/T 231-7)	○	◎ (GB/T 8484-4)	◎ (GB/T 21086-5)	◎ (GB/T 21086-5)	
8	空气隔声性	◎ (JG/T 231-7)	○	◎ (GB/T 8485-4)	◎ (GB/T 21086-5)	◎ (GB/T 21086-5)	
9	平面内变形性				● (GB/T 21086-5)	● (GB/T 21086-5)	
10	抗震性				◎ (GB/T 21086-5)	◎ (GB/T 21086-5)	
11	耐(抗)撞击性	○	○	○	◎ (GB/T 21086-6)	◎ (GB/T 21086-6)	● JGJ 237-6
12	采光性	◎ (JG/T 231-7)		◎ (GB/T 11976-4)	◎ (GB/T 21086-7)		
13	承重性能	○	○		◎ (GB/T 21086-8)	◎ (GB/T 21086-8)	

续表

建筑性能		分类					
		透明光伏屋顶	非透明光伏屋顶	光伏窗	透明光伏幕墙	非透明光伏幕墙	光伏遮阳
14	结构性能	◎ (JG/T231-7)					
15	抗雪荷载性	○	○				◎ JGJ 237-6
16	遮阳篷耐积水荷载						◎ JGJ 237-6
17	操作力						◎ JGJ237-6
18	机械耐久性						◎ JGJ 237-6
19	霜冻						◎ JGJ 237-6

注：1 表中●——必检项；◎——可检测项；○——需考虑项；

2 可检测项及必检项下方的标准代号表示：该项性能应满足括号中标准中第几条的要求；

3 其他建筑光伏构件根据其在建筑中的作用，应满足刚度、强度、防护性能及相应建筑部位的性能要求。

无论采用哪一种形式，光伏建筑的应用首要前提是在不影响整个建筑外观和结构的情况下针对建筑内的负载或能耗能够最大程度上将能源有效利用。因此，我们把建筑设计中对建筑的理解作为设计重点——要保证建筑物不因光伏系统的附加而影响其安全性、艺术性和功能性。这也是 BIPV 为什么把"B"放在前面的原因。

（3）结构设计：对于 BIPV 的结构设计，一般会参照建筑幕墙、采光顶或遮阳标准，这些标准实施多年，有经验、科学，行业认可度高，没有太多的异议，而对于 BAPV 的结构研究却是一个全新的被行业忽略的领域，尤其是风荷载的取值。所以，作为技术壁垒在第三章会对整个建筑的结构问题进行一个剖析和阐述。

（4）建筑功能：如前面所述，BAPV 主要只是实现了发电功能，而 BIPV 除了需要达到发电要求以外还需要满足其所在建筑部位相应建筑功能的所有物理性能。

（5）光伏组件与构件：显然，BAPV 一般会采用厂家提供的标准光伏组件，而 BIPV 则必须采用通过专门的设计、定制加工的光伏构件，与建筑物的梁、板、柱一样，光伏组件在建筑中被称之为"构件"，标准中的定义为：工厂定型生产、满足安装部位建筑功能要求并具有光电转换功能的组合构件。对于不同的电池类型，室内外装饰效果截然不同，需在初步方案设计时甚至项目规划初期，根据建筑功能、风格全面考虑，和谐统一，使光伏系统融入建筑中，浑然一体，避免后期确定带来的设计败笔。同时采用电池板类型不同，相同面积下的电池板安装功率不同，即最终发电量也不同。如果按相同电池板安装功率，所需数量（面积）也各不相同。故需在建筑初步设计时首先确定电池板的类型、数量、尺寸、形状、颜色、透光率等。

在实际应用中，光伏构件与光伏组件存在着下表所述的区别，反映出光伏构件存在的实际问题：

	产品	区别和现状	现行标准
光伏构件		1. 专门设计 2. 加工订制 3. 生产检测 4. 生产成本 5. 综合功能	标准缺失、不健全，已实施标准如下： ＊《民用建筑光伏构件通用技术要求》 ＊《建筑用太阳能光伏夹层玻璃》 ＊《建筑用太阳能光伏中空玻璃》
光伏组件		1. 有标准可执行 2. 有实验室可检测 3. 有认证体系 4. 有大量案例	基本完善，实施良好

从上表可以看出无论是普通的晶体硅光伏组件还是薄膜光伏组件，从国际到国内都有成熟的被广泛认同的标准在执行运用，有配套的实验室作检测，有完善的认证评估体系，全世界有非常多的案例可参考借鉴。但是，"光伏构件"这个名词是近年来才被建筑师所提出来的，在国外叫做"BIPV module"。除了光伏夹层玻璃和光伏中空玻璃被发明出来的时间稍长以外很多创新的光伏构件是根据不同建筑的需求而提出的，不但需要满足电气和建筑物理性能的各项性能要求，还承载着建筑独特的单一性，如尺寸、颜色、电池排布等，对不同的建筑部位还可能有一些更特殊的要求，如防火、隔声等。

　　由于没有健全的产品标准和检测标准，很多新型的光伏构件都属于试制、示范阶段，有待时间的考证。尽管如此，也有很多对建筑和光伏两个领域都深感兴趣的人士发明了各种各样的光伏构件，各种面板、各种背板、各种颜色的胶片、各种形状等，如图1所示。

图1　多彩多姿的光伏构件

对于 BIPV 光伏构件在建筑上的应用应引起足够的重视，还需要进一步提高光伏建筑一体化应用技术，完善维护的及时性、应急处理、表面破裂、漏电保护等不确定因素的解决方法。在目前尚无相关技术标准规范的情况下，应正确地认识和理解光伏建筑一体化技术，合理地应用，以实现光伏系统与建筑的良好结合。

2　BAPV 与地面光伏系统的不同

（1）结构安全性：地面光伏系统与建筑屋顶光伏系统的安全要求显然不同，简单说，如果屋面光伏系统被风吹翻甚至吹落屋顶，那么轻则有可能损坏建筑上的其他设备，重则发生人身安全事故，所以结构设计的重要性不一样，这一点可以参考后面的具体描述。所以屋面光伏系统应根据不同地区、不同高度的建筑所承受的外荷载值，尤其是风荷载、雪荷载等进行强度验算，以确保从光伏组件到支撑系统到主体结构的强度均满足设计要求。

（2）电气设计：光伏屋顶电站通常为分布式光伏能源应用，一般为低压侧并网，即发即用，余电上网。而光伏地面电站却多数为集中电站，需要升压远程输送。因此电气设计有很大的不同，如逆变器的选择：BAPV 选择的逆变器多以小型组串式逆变器和中型逆变器为主，有些还采用微型逆变器，而光伏地面电站多数选择大型集中逆变器或中型组串式逆变器；并网点不同：屋顶电站可能会多点就近并网，而地面电站则通常为单点集中并网；设备房：建筑光伏系统的设备间通常由建筑主体提供，所以必须同时满足建筑本身的要求，而地面电站通常需要单独建造，满足电气设备房的要求即可；光伏线缆敷设：建筑光伏系统的设备房通常在地下室，因此，必须考虑光伏线缆垂直和水平两个方向的敷设路由，而地面电站一般不用考虑垂直方向的敷设；接入设计：地面电站通常需要二次系统继保设计、与上一级电站通讯并接受调度，而屋顶电站一般不需要。

（3）阴影分析：地面光伏系统多安置在空旷地面上，光伏方阵的阴影分析只需考虑光伏组件的前后排遮挡和集电线路、避雷针、逆变小室、中控机房等的局部遮挡。而建筑屋顶系统的阴影分析却复杂很多，树、广告牌、女儿墙、屋顶设备、烟囱、相邻建筑的日照遮挡等。不能只用计算光伏阵列的间距、倾角等标准公式计算，还可能需要使用专门的阴影分析软件，常用的有生态建筑分析软件（Autodesk Ecotect Analysis）或草图大师（Sketch Up）

等软件。

（4）施工安装：建筑屋顶光伏系统的施工安全显然要求比地面光伏系统多而严格，除需满足电气施工要求以外还必须满足建筑施工安装的各项要求。尤其是在高层建筑屋顶上进行施工，必须满足建筑安全施工的各项要求。例如：高层焊接、防火、防坠落等必须按要求做足各项施工安全措施；项目班子必须按照"建筑施工 8 大员"配备；要服从总包管理和监理监督等。但是地面光伏系统多数为电气设备安装，只需满足电气行业的安全施工要求即可，当然，也需要考虑安装支座或桩的沉降变形、空旷地区的风荷载对施工过程的影响。

（5）系统防雷：建筑屋顶光伏系统的防雷通常是将电站防雷与建筑主体防雷系统相连接，属于围护结构防雷的一般做法；而对于地面光伏系统，由于它没有所谓的主体，则须构造单独的防雷系统，其做法类似于建筑上的主体防雷。

（6）附着面：无论是金属屋面、瓦屋面还是混凝土屋面上的屋顶光伏系统，电站施工前的施工面往往是相对平整的，不需要额外的平整处理，而地面光伏系统在施工前地面都不可能做到完全平整，因此在施工前需进行土地平整，这相对于屋顶电站增加了成本和工作量，此估价是需要单独考虑的。

（7）施工配套：建筑屋顶光伏系统的施工多在主体结构建筑基本完工时进行，用水用电通常可以通过既有土建施工用水、电或建筑本身的水电来保证，但地面电站则不能享受到这些"优惠"，尤其在偏远地区施工时需要对工地的临时用水、用电进行专门的设计和考虑。

（8）基础沉降：与屋顶光伏系统直接修筑在主体结构上不同，地面光伏系统须直接建在稍加修整的天然地面上，因此，地面的不均匀沉降是一个不可回避的问题。如果设计时考虑不周，极有可能造成条形基础开裂和光伏组件支架变形、光伏子阵间遮挡或者光伏子阵朝向不一致等。

（9）商业模式：大型地面电站的商业模式单一，光伏所发全部电量出售给电网，享受光伏标杆电价；而建筑光伏一般安装在负荷中心和用电侧，属于分布式发电系统，商业化模式多样：全部卖给电网，享受标杆电价；自发自用，余电上网；全部自用；净电量计量等。

3 技术壁垒

毋庸置疑，结构安全是建筑存在的前提。但安全性过高又会带来经济性的降低，在保证系统安全的同时又能将结构造价降至最低，才能推动建筑光伏行业的健康发展。由于建筑是人类活动最为频繁和密集的地方，光伏屋顶电站所需要的安全性能远比光伏地面电站要严格和重要得多，这就需要专门的结构师对系统作整体的计算和设计，在光伏系统总承包领域，拥有注册结构师的公司应该屈指可数。而光伏屋顶电站的结构设计标准的缺失导致了光伏系统的结构设计混乱，参考现有标准的设计结果是：如果所有指标全部按照"低配"取值，无疑是非常不安全的；如果全部按照"高配"取值，又是非常不经济的。这就需要大量的工程实践经验再配合理论进行设计考虑，重点主要体现在以下几个方面：

（1）结构安全等级不明，可靠度指标不确定：众所周知，结构设计前必须确定结构的安全等级，进而根据其安全等级确定它们的目标可靠度指标（在设计中是确定安全等级对应的重要性系数）。

《建筑结构可靠度设计统一标准》（GB 50068—2001）根据基于概率的设计方法，规定采用结构可靠度指标 β 值，作为结构失效的基本判据，其定义为：

$$P_f = \Phi(-\beta)$$

式中：P_f——结构构件失效概率运算符；

$\Phi(*)$——标准正态分布函数；

β——结构构件的可靠度指标。

对于不同类型的结构，《建筑结构可靠度设计统一标准》（GB 50068—2001）表 3.6.1（表 1）有不同的规定：

表 1　结构构件承载能力极限状态的可靠度指标

破坏类型	安全等级		
	一级	二级	三级
延性破坏	3.7	3.2	2.7
脆性破坏	4.2	3.7	3.2

注：当承受偶然作用时，结构构件的可靠度指标应符合专门规范的规定。

因此，通过分析确定光伏电站的结构类型，进而确定其对应的可靠度指标在实际设计中是到头重要的，它关系的结构的失效概率，然而实际情况是，大多数设计都并不清楚，应该采用何种安全等级，目标可靠度应定为多少。

（2）风荷载计算：首先来看荷载计算，《建筑结构荷载规范》（GB 50009）的第 7 章风荷载给出了两种结构形式的计算公式，一种为：主要承重结构，另一种为：围护结构。同一个案例两个公式计算得出的结果相差甚远，以假设 B 类地区某钢结构构筑物长 5m，宽 5m，高 10m 为例来计算，结果见表 2。

表 2

地区		围护结构			主体承重结构		
		βgz	μs	ωk	βz	μs	ωk
河北邢台市风压	25 年	0.26	1.78	2	0.64	1.2301	1.4	0.45
	50 年	0.30	1.78	2	1.07	1.2335	1.4	0.52
福建福鼎县台山风压	25 年	0.89	1.78	2	2.24	1.2570	1.4	1.57
	50 年	1.00	1.78	2	3.56	1.2604	1.4	1.76

可以看出：

1. 基本风压如果取 25 年重现期，荷载降低 11％～13％，对主要承重结构的风振系数稍有影响。

2. 主要承重结构的风振系数与围护结构的阵风系数相比，降低约 30％。

3. 体型系数影响降低 30％。

综上：按"低配"设计比按"高配"设计风荷载降低 55％～58％，意味着支撑系统的设计会降低一半。

光伏屋面系统的结构形式显然不属于围护结构，当然也不是主体结构，那么究竟应该如何计算？如果屋面附加的光伏系统出现破损时对人员的伤害概率相对于主体结构和围护结构来说都不算太大，那么在做承载力校核时结构构件重要性系数，是否可取为 0.9？或者综合两个问题同时研究得出综合结论呢？当然在保证安全的前提下我们希望取低者。因为无论是新建建筑还是改建建筑，光伏系统在建筑中大量的应用还是在屋面上附加，经济性的评价是实现大面推广的前提。今年电池板的价格已经降到了谷底，光伏屋面电站的系统成本成为争取项目的重要指标，可以说系统集成每瓦以毛为单位在衡量。这个时候，安全前提下的经济性就显得尤为重要。正在修编的《民用建筑太阳能光伏系统应用技术规范》（JGJ 203）在编制组的努力下试图解决荷载取值问题，业内共同在期待着本标准的发布。

（3）光伏构件的热应力的考虑：由于太阳能电池在发电的同时还会存在背面温升的问题，也就是说光伏构件相对于普通玻璃来说自身的昼夜温差、冬夏温差更大，产生的温度应力和形变更加不可忽略。设计中玻璃面板的缝宽应满足面板温度变形和主体结构位移的要求，并在嵌缝材料的受力和变形的承受范围之内。入槽的光伏构件边缘至边框槽底的间隙如果设计不够就会造成光伏构件的热应力得不到释放而挤压破裂，而显然《玻璃幕墙工程技术规范》（JGJ 102）中的 4.3.12 条给出的公式是没有考虑温差形变的，只能作为参考。在国家标准给出这个间隙的新的计算公式以前，支撑系统的设计就需要工程经验了。

（4）既有屋面支撑系统的结构设计：我国现有大约 400 亿 m² 的建筑面积，屋顶面积 40 亿 m²，利用既有建筑闲置屋面加装光伏系统，成为光伏建筑的一个庞大分支。这种安装形式有效利用屋顶资源，简单易行，值得提倡。但是这种二次安装没有统一的标准和规定，对现有建筑物的屋顶的防水和承重破坏比较严重，其次系统本身的结构设计也是一个重点，一定不能与地面电站画等号。为了不影响原有屋面的防水保温功能，支架基座不一定与建筑物主体结构有连接，但规范应强制规定这种结构必须控制系统整体的抗滑移、抗倾覆能力，这个计算办法规范并没有给出，也不是简单的一个公式可以算出，这就需要专业的结构设计师进行专项设计计算了。同时在 9 度以上地震地区需要考虑竖向地震力的情况下不宜设置与主体结构无连接的屋面光伏系统。

特别补充：对于地面电站，安装环境通常为风压较大的荒漠地区，因此，抗倾覆验算更加是必不可少的。然而，由于混凝土基础与地基都不可能做到完全刚性，因此，其验算中对之取矩的点不能取在基础的边缘，而应稍微偏内侧一些，但内移的距离，现在尚无相关的实验参数，能否参照目前的普遍建筑的规范也需要进一步论证。

（5）金属屋面支撑系统的结构设计：由于直立锁边点支承屋面系统被广泛用于机场、铁路站房、会展中心、体育场等占地面积大的底平型公用建筑，而往往这种建筑的屋顶正好是光伏系统的最佳利用场地，因此，目前直立锁边金属屋面外附加光伏系统的情况也是普遍存在的。光伏系统与金属屋面的连接往往依靠一种与 T 支座相配套的铝合金夹支撑金属屋面以上的系统，无需穿透屋面，完全可以保证屋面系统原有的整体防水保温性能。但值得关注的是：很多项目从设计开始，一直到后期的招投标、采购、安装、维护等过程均未能实现完美的一体化，屋面以下的直立锁边金属屋面系统为屋面板厂家设计、施工、安装，屋面以上的光伏系统由电池板厂家设计、安装、维护。通常电池板厂家可以与建筑师配合好电池板的朝向、阵列、建筑造型等问题，而忽略了光伏电池板如何将自重、活荷载、雪荷载、风荷载等结构荷载合理科学安全的通过直立锁边金属屋面系统传至屋顶钢结构的问题。为了节省光伏系统的支撑龙骨，将铝合金夹随意放置于金属面板直立边的任意位置的情况普遍存在。而根据实验：标准为 400mm 板宽，0.9mm 板厚的直立锁边金属板安装在间距为 1200mm 的檩条上，可以承受不超过 0.9kN 的直立边跨中集中力。而 1m² 电池板自重 0.3kN，屋面活荷载为 0.5kN，就算不考虑风荷载仅考虑恒荷载和活荷载的组合，组合设计值为 1.06kN，一平方米设两个支点，则一个支点的集中力为 0.53kN，已经达到极限荷载的 60%，从结构安全度上来讲是非常危险的。更加危险的是，由于电池板多数为了考虑尽可能多地接受太阳辐射而设计为最佳倾角，已产生与原金属屋面完全不同的较大的正负风荷载，因此，绝不能忽略安装电池板带来的风荷载的改变对整个屋面系统结构的影响。正确的将屋面电池板的荷载传递至屋面钢结构的路径应该是：电池板荷载——电池板支撑龙骨——铝合金夹——T 支座——屋面檩条——屋顶钢结构，与直立锁边金属板无关。规范应明确规定：附加在金属屋面板上的组件所承受的荷载应通过结构连接件有效转递至屋面钢结构檩条上，不宜将金属屋面板作为传力构件。

4 结语

在建筑上安装光伏系统绝不是简单地将地面电站搬到屋顶上，或者将幕墙的面板用光伏构件进行替代那么简单。这是建筑和光伏两个完全不同的技术领域的交叉和叠合，既需要和专业的合作有需要相互的妥协。在这条路上，总会有光伏和建筑产生的美妙的火花，也难免出现失败的案例给大家失败的教训。也正是因为这个交叉领域有太多的未知，才激起人类的不断探索。只要从业人员认识到这些差别，了解这些技术壁垒，项目就会越建越好，成功率就会越来越大。

幕墙设计与建筑节能

◎ 金绍凯

华东都市建筑设计研究总院幕墙设计研究中心

摘　要　玻璃幕墙作为现代建筑的外围护结构，不同的环境条件下对建筑幕墙的节能要求也不尽相同。建筑幕墙的热工性能是与幕墙的分格及幕墙的构造密切相关，立面分格的调整会导致幕墙保温性能指标发生变化。必须综合考虑幕墙的整体性能，正确进行对玻璃参、铝合金型材及其构造的优化设计，使得幕墙整体传热系数符合热工规范的要求。

关键词　玻璃幕墙；保温节能；热工性能

1　引言

　　玻璃幕墙作为现代建筑的外围护结构，因其重量轻并具有独特的通透性和艺术感，融合装饰和使用功能于一体，受到建筑师和开发商的青睐。同传统的建筑外墙体相比较，玻璃幕墙的重量约为传统砖混结构的1/3，采用玻璃幕墙使得建筑的重力荷载大为减小。但是，因为选用玻璃和金属构件，玻璃幕墙成为热交换最为敏感的建筑部位，其热损失往往增加至传统墙体的5～6倍，耗能约占建筑总能耗的40％左右。国家节能减排政策已经实施，改善与提高玻璃幕墙节能性能成为幕墙行业亟待解决的问题。

2　项目概况

　　我国幅员辽阔，南北方气候与温度差异很大，不同的环境条件下对建筑幕墙的节能要求也不尽相同。本项目位于东北吉林省长春市，地处东北松辽平原腹地，年平均气温 4.8℃，最高温度 39.5℃，最低温度－39.8℃，属于严寒地区的 B 类区域。

项目总建筑面积约 28.5 万 m²，幕墙面积约 10 万 m²。由澳大利亚 COX 建筑设计事务所作为外方设计公司，并由澳大利亚最著名的建筑大师、学者、画家 Philip Cox 担当主设计师。《长春国际金融中心》以发散性的思维提出了建筑立面设计渗透中国传统文化的理念。旨在汲取中国书法精华的意念之中，追求建筑立面彰显中国悠远文化渊源，把水的概念体现在整体平面布局建筑形态的设计上。

"长春国际金融中心 A 座"大厦形体设计简洁、优雅、时尚。从下到上依次设置为五星级酒店及高档公寓。（图 1）

图 1　长春国际金融中心

建筑高度：234m；

幕墙高度：234.1m。

幕墙结构：单元式玻璃幕墙

幕墙单元：1357×4100mm

建筑技术指标：

体型系数：0.11；窗墙比：南、北 0.45；东、西 0.39

传热系数≤2.1W/m²·K。透光率≥68%

根据吉林省地方标准《公共建筑节能设计标准》（DB22/T 436—2006）可知，本建筑为甲类建筑且建筑的体形系数 S＝0.11＜0.3，则维护结构的传热系数需满足表 1：

表 1

围护结构部位		S≤0.3 传热系数 K（W/m² · K）	0.3<S≤0.4 传热系数 K（W/m² · K）
外墙（包括非透明幕墙）		≤0.50	≤0.45
底面接触室外空气的架空或外挑楼板		≤0.50	≤0.45
非采暖房间与采暖房间的隔墙或楼板		≤0.6	≤0.8
单一朝向外窗（包括透明幕墙）	窗墙面积比≤0.2	≤3.2	≤2.8
	0.2<窗墙面积比≤0.3	≤2.9	≤2.5
	0.3<窗墙面积比≤0.4	≤2.6	≤2.2
	0.4<窗墙面积比≤0.5	≤2.1	≤1.8
	0.5<窗墙面积比≤0.7	≤1.8	≤1.6
	0.7<窗墙面积比≤0.85	≤1.6	≤1.4
	0.85<窗墙面积比≤1.0	≤1.4	≤1.2

3 立面分析

建筑设计层高 4100mm，从上到下横向分格为 600mm－730mm－1200mm－1570mm（图 2）。其中 1570mm 为采光部分，600mm 为窗槛墙高度。竖隐横明的单元式玻璃幕墙结构，横向装饰框镶嵌 LED 光源。建筑师的设计理念即适应立面表达的艺术需求，在构造设计上又充分考虑了严寒地区冬季的保温要求，以满足建筑热工性能要求。

玻璃幕墙的热交换途径有三种方式：传导、对流和热辐射。对于东北严寒地区，冬季的保温节能理应成为幕墙设计技术控制的主要内容。由于玻璃面积占了幕墙立面的绝大部分，参与热交换的面积大，是幕墙建筑是否节能的关键。

根据《民用建筑热工设计规范》（GB 50176）中表 3.1.1 对严寒地区的规定："必须充分满足冬季保温要求，一般可不考虑夏季隔热"，本项目只考虑幕墙系统的冬季保温性能。

除了大厦底层全玻璃幕墙以外，建筑外立面均为有框幕墙结构体系。一般来说，如果是全隐框的玻璃幕墙，由于铝合金框在室内，参与热交换的总量有限，热损失较小，幕墙的整体传热系数近似取玻璃的传热系数也是能够相当于热工要求的规定值。但是作为明框玻璃幕墙，铝合金龙骨的导热系数大，冷桥现象对幕墙的传热系数影响较大，尤其是在北方，将会造成很大的热损失。

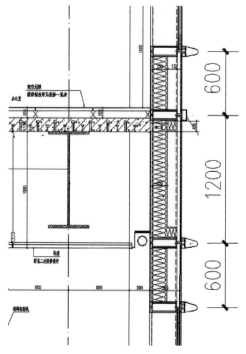

图 2　建筑竖剖面

　　幕墙的整体传热系数必须是玻璃和铝合金框的加权传热系数，而有效提高幕墙铝合金型材的保温性能是节能设计的重要措施。本项目玻璃幕墙为横明竖隐形式，铝合金龙骨设计为隔热型材，隔热材料采用 PA66GF25 隔热条。

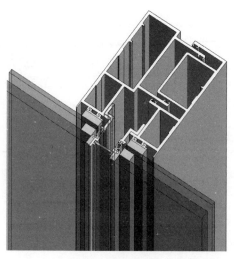

图 3　幕墙竖框

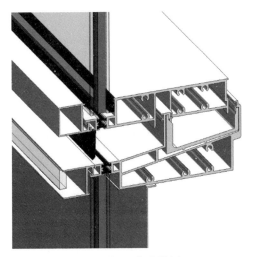

图4 幕墙横框

4 热工计算

（1）层间部分热工计算：

（6＋1.52PVB＋6＋12Ar＋8mm）＋70mm 空气间层＋2mm 铝板＋100mm 保温岩棉热阻的加权计算：

冬季：$R_{冬季}=R_{中空钢化玻璃}+R_{空气}+R_{铝板}+R_{保温}$

$\qquad=0.033/1.472+0.18+0.002/203+0.100/0.05$

$\qquad=2.21（m^2 K/W）$

夏季：$R_{夏季}=R_{中空钢化玻璃}+R_{空气}+R_{铝板}+R_{保温}$

$\qquad=33/1.472+0.15+2/203+100/0.05$

$\qquad=2.18（m^2 K/W）$

则冬季 $R_0=R_1+R+R_e$

$\qquad=0.11+2.21+0.04$

$\qquad=2.36（m^2 K/W）$

$K=1/R_0=1/2.36=0.42\leqslant0.5$

则夏季 $R_0=R_1+R+R_e$

$\qquad=0.11+2.18+0.05$

$\qquad=2.34（m^2 K/W）$

$K=1/R_0=1/2.33=0.43\leqslant 0.5$

非透明幕墙部分满足热工要求。

（2）透明幕墙部分热工计算

A座主塔楼采用单元式幕墙构造形式，玻璃选用6＋1.52PVB＋6＋12Ar＋8mm夹胶双银Low-E中空玻璃，暖边中空玻璃间隔条。应用美国劳伦斯·伯克力实验室的 Window 7.2 软件计算玻璃参数见表2

表2

产品配置	可见光			太阳光		太阳热获得系数 SHGC	遮阳系数 S_C	NFRC 美国 U 值 W/（m²·k）	
	T（%）	R_out（%）	R_in（%）	T（%）	R_out（%）			夏季	冬季
6＋1.52PVB＋6Low-E＋12Ar＋8	64	10	12	31	19	0.37	0.42	1.12	1.44

取 Low-E 玻璃冬季的传热系数 1.44W/（m²·K），用 Therm7.3 软件对幕墙系统进行热工计算。

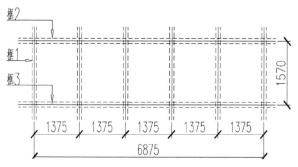

图5　幕墙分格1

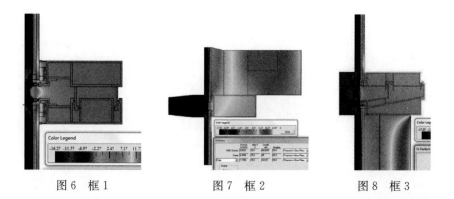

图6　框1　　　　　　图7　框2　　　　　　图8　框3

表3

名称	传热系数 K	面积 A	传热系数×面积
框1	4.2817	1.9440	8.3236
框2	4.4096	0.3348	1.4763
框3	5.8927	0.5022	2.9593
玻璃	1.44	17.0190	24.5074
合计		19.800	37.2666
K（加权值）	1.88	≤2.1W/（m² · K）	

幕墙系统满足热工要求，此时幕墙系统的加权传热系数很接近限值。

5　幕墙构造调整对热工性能的影响

玻璃幕墙的特性之一就是通透性。充分利用自然光，使得室内光线充足，减少了白天室内的人工照明，从而减少电耗，达到建筑节能的目的。基于对这个理由，本案的开发商对立面分格进行了改造，将原设计4100mm层高内从上到下的分格更改为850mm—850mm—2400mm，取消了室内600mm的窗槛墙，将采光部分增至2400mm（图9）。

建筑幕墙作为外围护体系，立面分格的调整势必影响到保温性能。改变之后立面的窗墙比为0.58，查表3.2.1-2得知，透明幕墙部分的传热系数限值提高了一个等级为1.8W/（m² · K）。若要在原幕墙结构不变的前提下经过计算，玻璃的传热系数须要1.32W/（m² · K）方能满足热工要求（表4）。

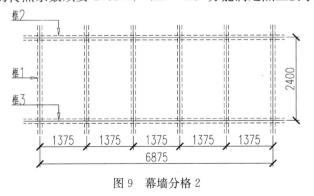

图9　幕墙分格2

表4

名称	传热系数 K	面积 A	传热系数×面积
框1	4.2817	1.9440	8.3236
框2	4.4096	0.3348	1.4763
框3	5.8927	0.5022	2.9593
框4	0	0.0000	0.0000
玻璃	1.32	17.0190	22.4651
合计		19.800	35.2244
K（加权值）	1.78	$\leqslant 1.8\mathrm{W}/(\mathrm{m}^2 \cdot \mathrm{K})$	

建筑设计是建筑师构思缜密的艺术作品，每个作品都蕴含着不同的创作理念，建筑立面则是设计理念的外部表现，直接被众人欣赏和评价。立面分格的改变无疑会影响到原创作品的艺术表现。本建筑立面所表现的书法艺术是书法家舒同的作品，他曾被毛泽东誉为"马背上的诗人"。幕墙分格的调整使得动态 LED 所表现的字体间断，有损连续流畅的书法韵律。我们通过动态效果的对比，与开发商沟通后，在采光分格中间增加了一个横框，将分格划分为 850mm—850mm—1650mm—750mm，缩小了 LED 点阵间距，避免了字体中断（图 10）。

图 10　夜景 LED 效果

要提高建筑的保温性能必须控制围护结构的传热系数。在热工性能复核时发现，由于增加了一道横框，幕墙的传热系数超出了限值 1.8W/（m² · K）。如果单纯调整玻璃参数，需要将玻璃的传热系数降到 1.18W/（m² · K）才能满足要求（表 5）。

表 5

名称	传热系数 K	面积 A	传热系数×面积
框 1	4.2817	1.944	8.3236
框 2	4.4096	0.3348	1.4763
框 3	5.2090	0.6696	3.4879
框 4	5.8927	0.5022	2.9593
玻璃	1.18	16.349	19.292
合计		19.800	35.540
K（加权值）	1.79	≤1.8W/（m² · K）	

按照当前的玻璃配置，传热系数很难达到 1.18W/（m² · K）。我们对铝合金型材进行了优化设计，以均衡地调整各种材料的参数，把原来 14.8mm 的隔热条改为 22mm 高（图 11、12）。

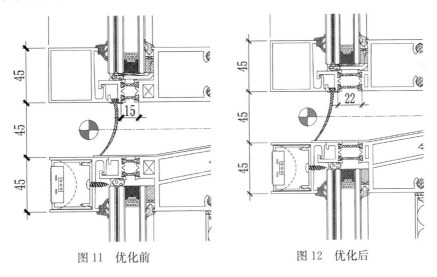

图 11 优化前   图 12 优化后

经过热工计算，改变隔热条的高度能够很好地改善铝合金型材的导热系数。通过优化设计，保持了玻璃的传热系数为 1.32W/（m² · K），最终的幕墙系统传热系数为 1.78W/（m² · K）（表 6）。

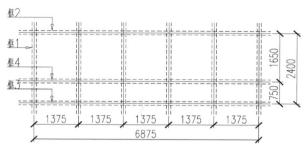

图13　幕墙分格3

图14　框2优化

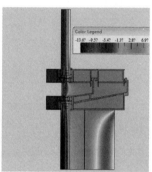

图15　框3优化

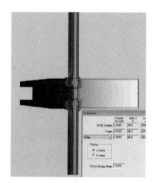

图16　框4优化

表6

名称	传热系数 K	面积 A	传热系数×面积
框1	4.2817	1.9440	8.3236
框2	3.8408	0.3348	1.2859
框3	3.5350	0.6696	2.367
框4	4.407	0.3348	1.4755
玻璃	1.32	16.517	21.802
合计		19.8002	35.254
K（加权值）	1.78≤1.8W/（m² · K）		

6　结语

　　幕墙的热工性能是与幕墙的分格及幕墙的构造密切相关的，立面分格的调整会导致幕墙保温性能指标发生变化。建筑设计是一个完整的系统工程，

154

无论是在方案设计阶段与幕墙设计的早期协同中，还是在后期的幕墙设计过程中，任何对立面分格的调整，都应考虑对幕墙热工性能的影响，决不能仅为了提高玻璃和铝型材的利用率而随意更改立面分格，顾此失彼，忽视对幕墙热工性能的影响，以至于加大了幕墙的热损失，造成能耗的增加。

玻璃幕墙作为建筑外表皮，既要强调平面的构成和立面各个部分的协调，也要从幕墙构件的制作工艺和构件截面上精心设计、细致组合，同时必须综合考虑幕墙的整体性能，正确进行对玻璃参、铝合金型材及其构造的优化设计，使得幕墙整体传热系数符合热工规范的要求，最大限度地降低能耗，达到保温节能的功效。

参考文献

[1]《民用建筑热工设计规范》（GB 50176—2002）.第四章 围护结构保温设计.

[2]《公共建筑节能设计标准》（GB 50189—2015）.4 建筑与建筑热工设计.

[3]《吉林省公共建筑节能设计标准》（DB 22/T436—2006）.3 建筑与建筑热工设计.

[4] 徐占发.《建筑节能技术实用手册》.北京：机械工业出版社，P5.

沿海地区建筑幕墙的排水系统设计

◎ 贺宇航　闭思廉

深圳中航幕墙工程有限公司

摘　要　本文探讨单元式幕墙的防水问题，利用"雨幕原理"设计的缝隙插接密封是解决幕墙密封的常用做法。幕墙形式中，框架式幕墙主要以堵的方式进行密封，而单元式幕墙则是以排为主，以堵为辅的方式进行防水。下面将介绍沿海地区两种典型的单元式幕墙排水系统，阐述介绍其各自的优缺点。

关键词　单元幕墙；防水原理；排水方式

1　单元式幕墙防水原理

幕墙产生雨水渗漏现象，必须具备三个条件，第一是水，如下雨等。第二，水的运动途径，如缝隙等；第三，水运动的动力，如：重力、动能、表面张力、毛细作用、气流和压力差，其中压力差是造成幕墙接缝漏水的主要原因。对于压力差产生的雨水渗漏，如果使室内的压力大于或等于室外压力，即使有缝隙存在，雨水也不会进入幕墙内部。传统防水方式是尽量在接缝处减少可能存在的开口，利用各种密封胶、胶条对接触缝进行封堵。现代单元式幕墙则利用等压原理对雨水进行疏导，将水引出墙体。为了达到等压，我们将部分接缝开放，使腔体气压与外侧达到平衡。同时，等压腔不是一个完全通气的空间，必须将它限制在一定范围内，合理的尺寸及间隔，才能更有效地产生等压效应。等压原理是单元式幕墙防水设计的核心。下面介绍沿海地区两种典型的单元式幕墙排水系统，结合实际工程案例进行分析，仅供大家参考。

2　分层排水式方式排水

"分层排水"的单元式幕墙系统：雨水被第一道胶条阻挡，大量雨水会因自重而下落。在一定的压力下，可能会有少量雨水进入前腔，这些雨水因自重而下落由单元板块的底部排出。只有在很大压差下，前腔雨水才会进一步越过第二道密封胶条进入后腔，因此后腔雨水量非常少，这些进入后腔里的雨水也会在自重的作用下通过铝合金横料上专门设计的排水小孔排出到前腔，最后彻底排出。这种分层排水单元式幕墙系统的单元板块间设置了多道胶条，能完全切断雨水汇集线路，使雨水能够按单元板块分块各自排出，大大减小了雨水不断积聚而带来的渗漏可能，同时单元板块上所有型材的连接螺钉孔、螺帽及为安装螺钉在型材上开的工艺孔都要求用密封胶进行密封处理，保证板块有良好的防水密封性，这种分层排水形式单元式幕墙的防水性能安全可靠，在沿海地区广泛采用。

深圳投行大厦、华润大涌 E 座塔楼等多个幕墙工程，地处台风和大雨频发的沿海地区，且均为高层和超高层建筑，对防水性能要求很高，采用了这种分层排水的单元式幕墙系统。单元体公母立柱、横梁之间采用三道具有防水功能的三元乙丙胶条进行密封防水处理，构成前部一个基本等压的开口及内侧两个完整的等压腔，有效地进行防止雨水的进入（图1～图4）。

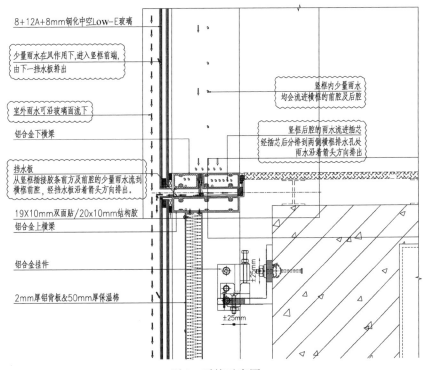

图 1　系统示意图

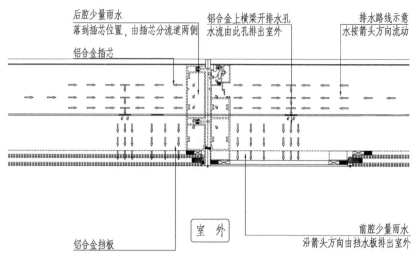

图 2　系统示意图

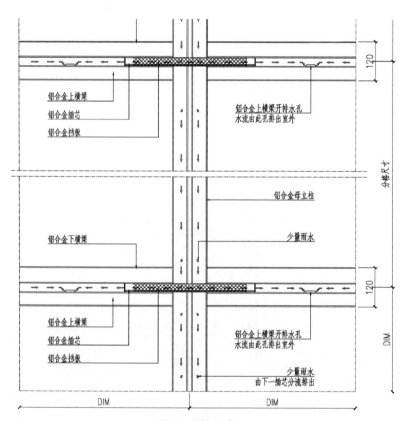

图 3　系统示意图

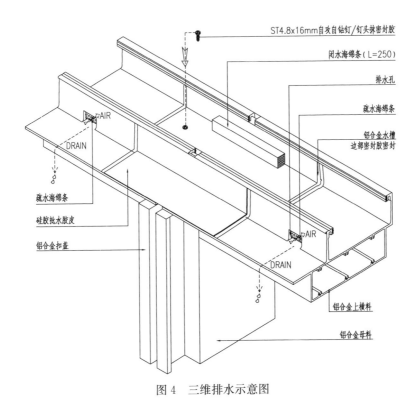

图 4　三维排水示意图

　　华润大涌 E 座、投行大厦等幕墙项目分别于 2013 和 2014 年完工，到目前为止未发现渗漏现象，防水效果非常好。

　　这种排水方式优缺点：这种排水方式优点在于能将进入单元腔体的水通过每一层单元板块上横梁进行排出，这样就保证了即使在较多雨水进入腔体的情况下，都能快速地将雨水排出；分层排水方式幕墙前端采取的是防尘胶条，可以通过揭开胶条方便、快速检查排水孔是否有堵塞现象。缺点在于因为每层排水，需要在防尘胶条处开孔，可能导致开孔处进入灰尘杂物堵塞排水孔，影响排水；另外，雨水排出后容易在玻璃表面形成流水痕迹，影响外观。

3　立柱直排方式排水

　　直排式单元式幕墙系统：当雨水经过第一道胶条时，大量雨水会因自重而下落。很少量雨水在一定的压力下进入前腔，横梁前腔位置的雨水也会向两侧流淌，到达立柱位置，雨水会因自重而下落，向下一层汇集。而当少量的前腔雨水在较高压力下进一步越过第二道密封胶条进入后腔时，幕墙上横梁后腔前端设置一道排水小腔，横梁加工时，在避开横向滑槽位置两侧开孔至排水小腔，将进入后腔部分的雨水通过排水孔排到排水小腔，再通过排水小腔向横梁两侧流淌至立柱前腔位置，雨水因自重而下落至下一单元板块，在向下一层汇集。按照此规律，每层重复如此排水方式。所有雨水汇集到最底层单元板块下方的前部接水排水槽之后向室外排出。

深圳中航商业中心高度超过 200m，幕墙约 5 万 m²。地处台风大雨的沿海地区，防水要求高，采用了这种直排方式排水系统。最外层对碰挤压式橡胶条相对于分层排水系统的披水式胶条阻水功能较强，可以更有效的阻挡雨水及杂物的进入腔体内部。运用直排式幕墙系统。前后端胶条密闭形式与分层排水系统幕墙是相同的，只是更改了雨水的汇集及分散渠道。最后端的气密胶条及中间层的水密胶条同样起到很大作用。此种系统前端也做成凹槽水槽形状，能有效的汇集雨水向两侧立柱处排水。广州某建筑高度高达 500m 以上，同样使用的是此种排水方式的单元幕墙。经过实际工程验证了此系统的可行性。如今这种排水方式也受到幕墙行业广泛采用。（图 5～图 7）。

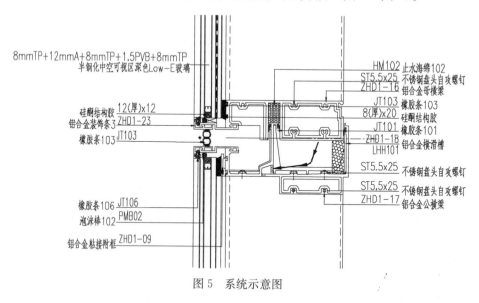

图 5　系统示意图

深圳中航商业中心项目于 2013 年完工，至今未发生任何一处雨水渗漏情况，水密性能非常好。

这种排水方式优缺点：这种单元式幕墙排水方式优点在于排水线只到立柱前端，能保证一些有外观需求的幕墙设计更灵活的满足外观要求。同时排水的过程中不会使得幕墙玻璃面留下水渍，幕墙表面干净。缺点在于由于排水孔位置在后腔前部，导致不易检查排水口的堵塞情况，不利于幕墙漏水原因的检查。所以要求板块组装及现场安装要注意安装前查看排水孔是否堵塞。

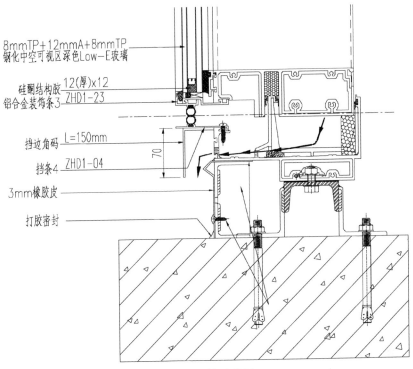

图 6　系统示意图

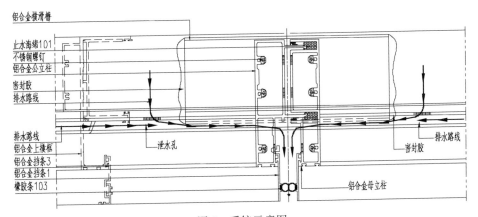

图 7　系统示意图

4 结语

综上所述，通过对两种单元式幕墙排水方式的阐述，两种方式各具优缺点。分层排水的系统应用项目更多一些，但直排式系统也是一个成熟的系统。实际应用时，需针对不同工程的要求，进行比较选择。有外观限制，不能分层外排的可选择直排式。对于型材截面有限制如宽度尺寸较小时，可以采用分层排水方式。

参考文献

［1］中华人民共和国建设部．玻璃幕墙工程技术规范（JGJ 102—2003）．中国建设工业出版社．

［2］赵西安．建筑幕墙工程手册．中国建设工业出版社．

［3］施梅英．单元式幕墙防排水设计［J］．石油化工建设．

［4］蔡志新．单元式幕墙的选材与控制［J］．房材与应用．

有限元分析技术在门窗幕墙行业中的应用

◎ 阎春平

重庆大学

随着门窗幕墙行业的发展，各种复杂结构形态的门窗幕墙结构相继出现，使得传统计算方法已难以适应工程分析的需要，出现了计算精度差、计算效率低下、难以分析计算等问题。有限元分析技术是随着电子计算机的发展而迅速发展起来的一种现代计算方法，是进行工程计算的有效方法，自20世纪50年代起，在航空、水利、土木建筑、机械等多方面得到广泛的应用。

同时，得益于计算机技术的进一步发展，一些大型有限元通用软件相继出现，如德国的 ASKA、英国的 PAFEC、法国的 SYSTUS、美国的 ABQUS、ANSYS、ADINA、BERSAFE、BOSOR 等等，使得有限元法逐渐成为广大工程技术人员进行复杂结构分析的首选方法。通用有限元软件以其强大功能支持，受到了用户的好评，然而该类软件针对性不强，用户学习周期长，对与 CAD 集成、工程建模及其后处理等缺乏必要支持，因而给工程分析带来了不少麻烦，难以满足由于行业竞争加剧而逐渐提倡的节约设计和制造成本、减少设计周期以及提高设计质量的要求。

基于此，本文以 AutoCAD 作为图形处理及运行支持平台，基于自行研制的有限元分析计算软件和 ANSYS 通用有限元分析软件，开发了一套适合门窗幕墙结构的专业有限元分析系统。该系统支持与 AutoCAD 的无缝集成，提供了诸如模型设计、模型计算、模型校核、结果出图以及计算书生成等一整套工程应用解决方案，解决了通用有限元软件的专用性不强、设计效率低、操作不方便、计算模型难以统一等问题。

1 有限元分析技术概述

（1）定义（什么是有限元？）

将求解域离散为由有限个小的互连子域组成，对每一子域假定一个合适的（较简单的）近似解，然后推导求解整个域总的满足条件（如结构的平衡条件），从而得到问题的解。目的在于用较简单的问题代替复杂问题，求得问题近似解，而不一定是准确解。

有限元不仅可以获得高的计算精度，而且能适应各种复杂形状，因而成为行之有效的工程分析手段（工程结构的数值计算方法）。

定义：有限单元法（FEM，Finite Element Method）、即有限元法，是用有限个单元将连续体离散化，通过对有限个单元作分片插值求解各种力学、物理问题的一种数值方法。

对于工程问题，我们通常有两种计算方法：解析法和数值解法。

自然现象	描述方程	求解方法
力学 生物 地质 ……	代数方程 微分方程 积分方程 ……	解析法——精确求解方法 数值解法——离散点上的近似解 　　　有限差分法 　　　有限变分法（含有限元法）

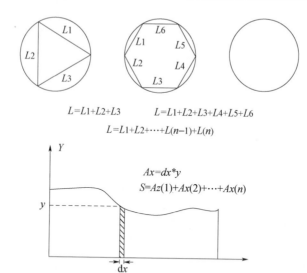

$$L=L1+L2+L3 \qquad L=L1+L2+L3+L4+L5+L6$$

$$L=L1+L2+\cdots+L(n-1)+L(n)$$

$$Ax=dx*y$$
$$S=Az(1)+Ax(2)+\cdots+Ax(n)$$

（2）核心思想（具体内容?）

核心思想是将一个大的工程结构划分为有限个称为单元的小区域，在每一个小区域里，假定结构的变形和应力都是简单的，小区域内的变形和应力都容易通过计算机求解出来，单元之间通过约束条件进行拼接（变形协调等），进而可以获得整个结构的变形和应力。

有限元法是随着电子计算机的发展而迅速发展起来的一种现代计算方法，是进行工程计算的有效方法，自 20 世纪 50 年代起，在航空、水利、土木建筑、机械等多方面得到广泛的应用。随着计算机普及及许多大型有限元通用程序的出现，有限元法逐渐成为广大工程技术人员进行结构分析的有力工具。

有限元法的核心——物体离散化

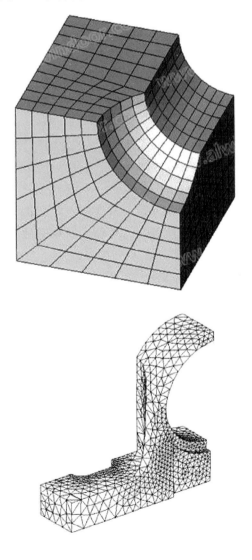

在工程技术领域内之两类典型系统：

离散系统和连续系统

离散系统：可以归结为有限个已知单元体的组合。例如，幕墙立柱多跨铰接连续梁、建筑结构框架、桁架、网架结构。我们把这类问题，称为离散系统。

如下图所示平面桁架结构，是由 6 个只承受轴向力的"杆单元"组成，其中每根杆的受力状况相似。这样的离散系统由于单元数目较少，构造简单，我们通过常规力学分析就能解决。

但即使是桁架结构类，当单元数目众多，连接方式稍有改变时，计算的复杂度大大增加，设计人员不能把精力专注于更富有意义的创新设计，却把大多数精力浪费在大量结构计算（校核）方面。

连续系统：针对连续介质，通常可以建立它们应遵循的基本方程，即微分方程和相应的边界条件。例如弹性力学问题，热传导问题，电磁场问题等。由于建立基本方程所研究的对象通常是无限小的单元，这类问题称为连续系统。

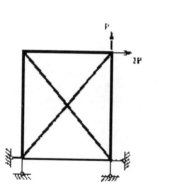

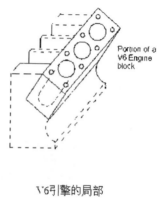

V6引擎的局部

针对两大类系统：

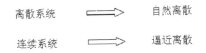

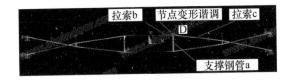

基本方程：

（1）力的平衡方面（力的平衡方程）——结构稳定条件

（2）几何方面（几何变形方程）——变形谐调条件

（3）材料方面（物理本构方程）——本构公理条件

$$\sigma = E\varepsilon$$

三大类方程

应用本质：分析归纳出有限种类标准件——＞构造出任意复杂的对象。

（3）分析精度（越高越好？）

相邻小区域通过边界上的结点连接起来，可以用一个简单的插值函数描述每个小区域内的变形和应力，求解过程只需要计算出结点处的应力或者变形。

以结点位移作为基本变量，求出结点位移后再计算单元内的应力，这种方法称为位移法。主要应用于结构优化，如结构形状的最优化，结构强度的分析，振动的分析等。

当单元划分得足够小，计算结果也就越接近真实情况。当单元数目足够多时，有限单元解将收敛于问题的精确解，但是计算量相应增大。实际工作中要在计算量和计算精度之间找到一个平衡点。

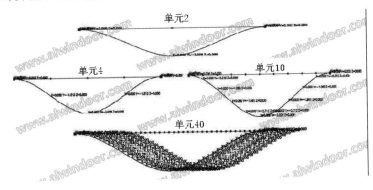

过多的单元划分，对计算结果的精度提高作用无实际意义（小数点后一位甚至后几位上的区别），反而会增加操作的工作量，影响求解时间效率。以满足工程应用要求为标准！

（4）小结

① 有限元离散求解问题的思想（非准确解）

保留问题的复杂性，通过问题离散，利用数值计算方法求得近似解。

② 合理的精度控制

一般以自然杆件作为一个杆单元；板的应力集中处。

③ 基本方程

三大类变量——三大类方程。

2 门窗幕墙行业应用需求

随着门窗幕墙行业的发展，各种复杂结构形态的出现，使得传统的计算方法（经验法和类比法）已经难以适应。

由实际结构模型推导出的平衡方程应用到每个节点上，由此产生了一个巨大方程组，手工已经无法求解。

钢结构的应用，结构越发复杂和庞大，对安全性提出了更高的要求，结构的差异性对计算服务的需求。

行业竞争加剧，要求节约设计和制造成本、减少设计周期、提高设计质量，国家规范的强制要求。

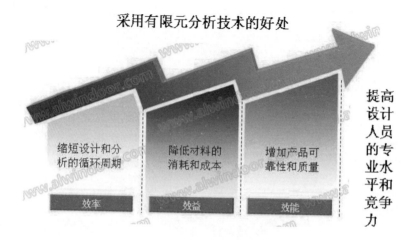

采用有限元分析技术的好处

缩短设计和分析的循环周期 —— 效率

降低材料的消耗和成本 —— 效益

增加产品可靠性和质量 —— 效能

提高设计人员的专业水平和竞争力

四边简支钢化玻璃应力及变形分析

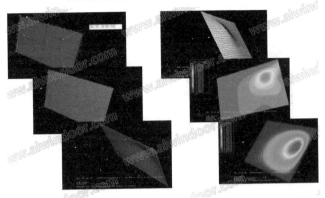

六点支承钢化玻璃应力及变形分析

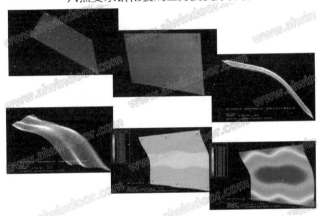

背栓式石材幕墙应力及变形分析

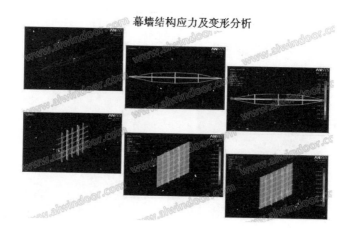

幕墙结构应力及变形分析

3 有限元应用软件介绍

（1）应用软件选择

① 通用软件

功能强大，但针对性不强，尤其是针对特定工程或产品的建模和后处理部分，使用成本高，技术支持不够。

主要有美国的 NASTRAN、ABQUS、ANSYS、ADINA、BERSAFE、BOSOR、COSMOS、ELAS、MARC、STARDYNE、德国的 ASKA、英国的 PAFEC、法国的 SYSTUS 等产品。

② 专用软件

功能单一，针对性强，建模方便，行业专用性好，与 CAD 集成度高，如：百科 GESP2015、SAP 等。

（2）选择有限元分析软件注意事项

（3）应用软件—百科 GESP2015

百科通用结构有限元分析系统是内江百科科技有限公司、重庆大学和中国建筑金属结构协会在 BKCADPM 系列软件产品的基础上推出的适用于建筑金属结构行业的有限元分析系统产品，系统由基础平台和各个专业系统模块组成。能够为用户提供结构建模、模型设计、模型分析计算、模型校核、结果出图以及计算书生成等一整套工程应用解决方案。同时搭建一个技术支持服务平台，在提供软件产品的同时，为用户提供专业技术支持服务，从而提高设计人员的结构分析技术水平。

（4）百科 GESP2015 特点

基于 AutoCAD 进行二次开发，系统全面兼容 AutoCAD 的文件格式，系统适用面广，操作简单，支持 CAD2000—2015。

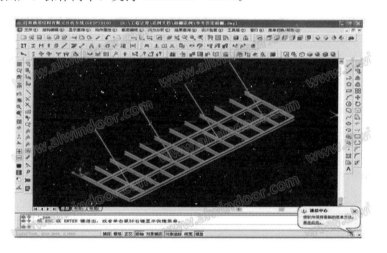

系统提供了丰富的标准模型库、丰富的截面库；支持任意截面三维显示；支持任意单一、组合（隔热）截面参数计算；支持截面库中截面自动绘制。

可对任意结构模型进行分析计算，如雨棚、采光顶、幕墙、玻璃房等，支持弧形结构的分析，如观光电梯扶手、栏杆等。

提供了详细的计算书生成功能，如：计算报告书、模型校核计算书、载荷计算书、玻璃板块计算书、埋件计算书、焊缝计算书等。

工具箱提供了幕墙、雨棚、采光顶、地板等多种形式的玻璃综合计算，支持四点、六点及九种框支撑形式的玻璃板块校核计算，其中雨棚支持考虑负风压。

提供单榀骨架参数化建模，全面支持 CAD 复制、镜像、阵列、移动等功能。

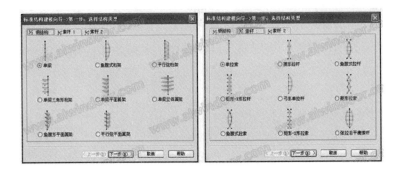

提供了框支撑幕墙 5 种计算模型的自动建模，支持多跨铰接连续静定梁的优化设计功能！

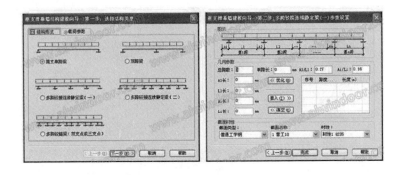

提供了幕墙、采光顶、雨棚、地板等五种玻璃板块计算类型，增加新抗震规范中设防类别、设计地震分组等内容！

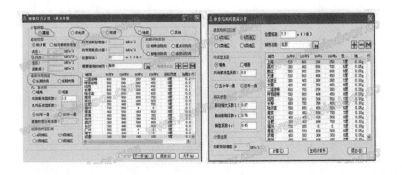

提供了四点、六点支撑玻璃板块计算，以及四边简支、三边简支（一边自由）、对边简支等九种形式的框支撑玻璃板块计算。

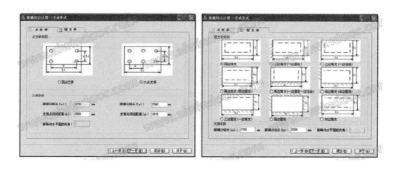

提供了多层夹层玻璃、双夹层中空玻璃、多层中空玻璃、夹层中空玻璃等 8 种玻璃组合类型的计算。

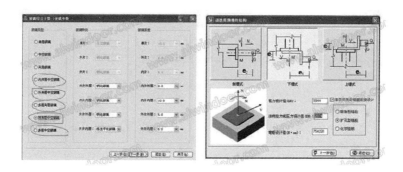

提供玻璃肋及焊缝计算！

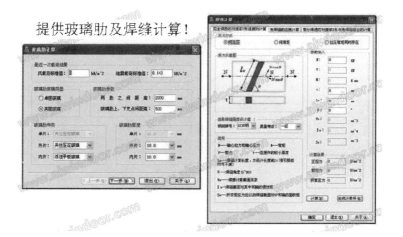

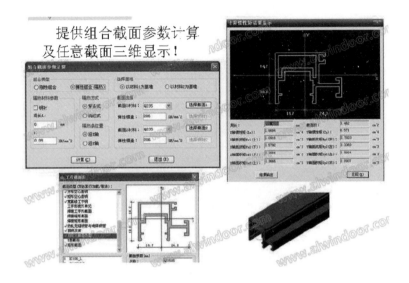

完善的计算书

计算报告书：结构整体的支座、载荷、杆件、材料等工程信息，杆件的内力及节点位移信息、支座反力，杆件验算等信息。

模型校核计算书：关键杆件详细的验算过程，强度、抗剪、长细比、挠度等。

载荷计算书：载荷的具体计算，即载荷的由来，包括风载荷、雪载荷、活载荷、地震载荷、自重载荷等，确定最不利组合。

玻璃板块计算书：玻璃板块的具体计算过程，强度、挠度。

埋件计算书、焊缝计算书、玻璃肋计算书等。

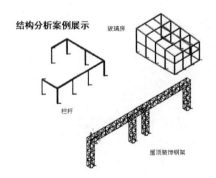

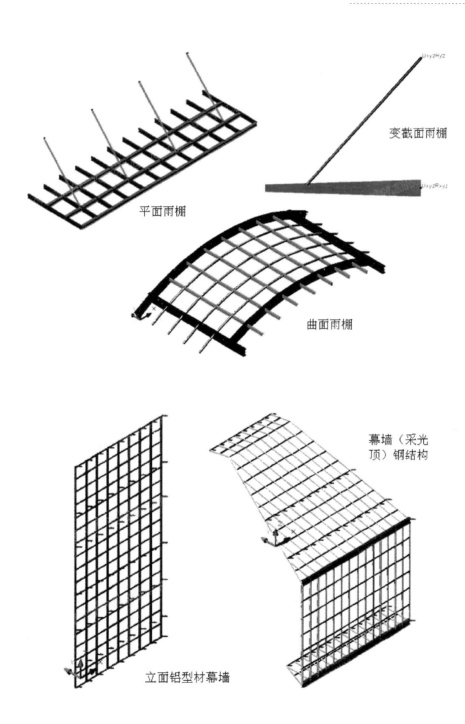

变截面雨棚

平面雨棚

曲面雨棚

幕墙（采光顶）钢结构

立面铝型材幕墙

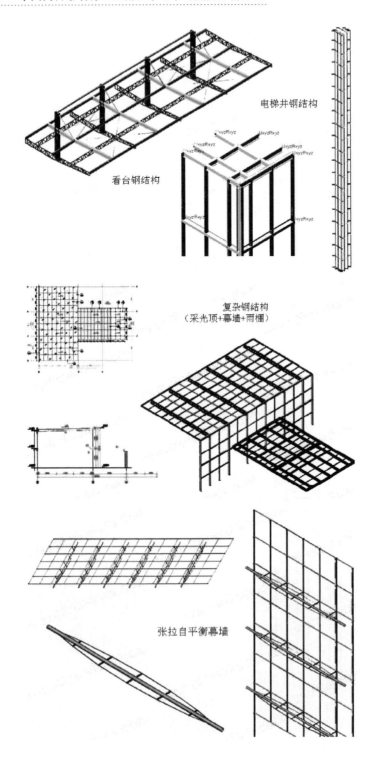

电梯井钢结构

看台钢结构

复杂钢结构
（采光顶+幕墙+雨棚）

张拉自平衡幕墙

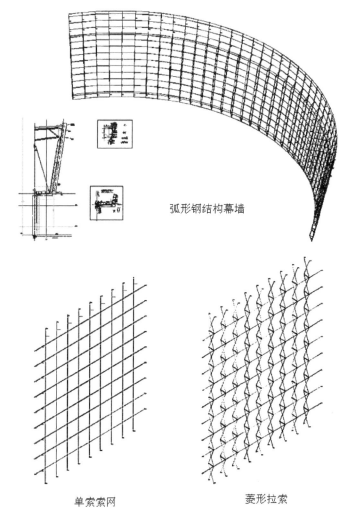

弧形钢结构幕墙

单索索网　　　　　　　菱形拉索

广东省博物馆新馆外装钢结构

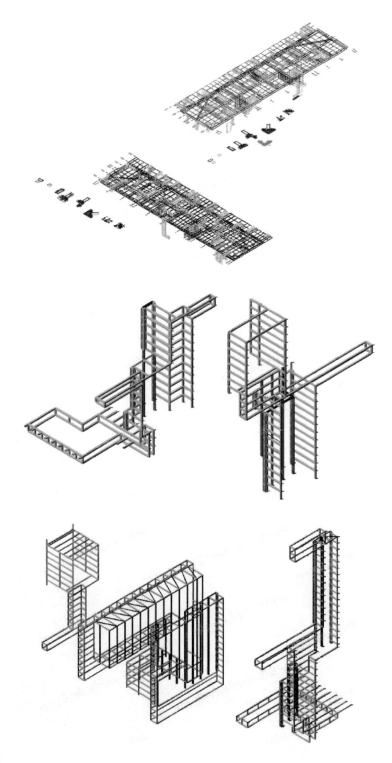

苏州北站主体钢结构

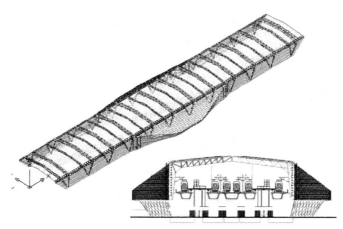

（5）一些基本概念

① 节点和单元

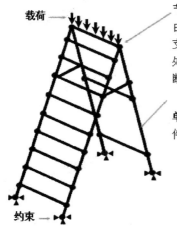

载荷 →

约束 →

节点：　空间中的坐标位置，具有一定自由度和存在相互物理作用。
支座约束处、杆件连接处、集中载荷作用处等，但不局限于此，节点存在不等于打断杆件。

单元：一组节点自由度间相互作用的物理杆件，具有截面、材料、方位等工程属性。

179

② 自由度

自由度(DOFs) 用于描述一个物理场的响应特性

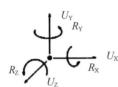

空间有3个移动,3个转动,共6个自由度。

平动自由度是沿某个轴,转动自由度是绕某个轴。

③ 坐标系和方位

坐标系的分类：一般分为整体坐标系和局部（单元）坐标系。

整体坐标系为整体结构信息描述提供统一的参照系，如杆件位置、支座位置、支座反力、节点位移、载荷作用方向等。

局部坐标系为独立构件信息描述提供统一的参照系，如杆件挠度、杆件抗剪、杆件弯矩等。

工程信息可以在不同的坐标系间进行转换。

整体坐标系往往只有一个，局部坐标系有多个。

方位提供杆件空间摆放位置的描述。

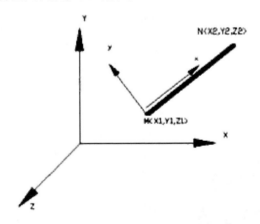

方位定义即局部坐标系的定义，整体坐标系为局部坐标系的定义提供统一的基准。

④ 线性和非线性

$F=KX$，对于经典的弹性理论，材料的应变-应力呈线性，即符合虎克定律。$\sigma=E\varepsilon$

a、几何非线性；b、材料非线性；

线性结构不必考虑因大变位、大挠度所引起的几何非线性性质。此外，钢结构的材料都按处于弹性受力状态而未进入塑性状态计算，即不考虑材料非线性性质。

非线性结构无法忽略大变位、大挠度所引起的几何非线性性质，但有时可不计材料进入塑性状态影响，即不考虑材料非线性性质。

幕墙支撑结构：建筑幕墙钢结构主要用于框支撑幕墙以及点支撑幕墙两大类幕墙的结构支撑。

幕墙支撑结构主要按照线性结构计算，对于幕墙拉索杆结构，当节点外载荷作用时，结构会改变几何形状，产生较大的挠曲变形，属于几何非线性、材料线性结构。需要进行非线性分析。

线性结构满足叠加原理，即通过研究其对简单输入的响应，叠加起来就可导出和描述组合输入的响应。非线性结构则不满足。

4　有限元案例分析

有限元分析一般步骤

（1）建立模型：①模型抽象；②几何模型；③约束信息；④物理信息（材料、截面及型号）；⑤空间摆放情况；⑥载荷信息（工况与组合）；⑦连接状况（自由度释放）。

（2）分析计算：线形分析、非线形分析、找形分析自重等信息是否考虑。

（3）结果查询与显示、验算、调整优化、最终计算结果输出（包括校核结果、载荷计算书、计算报告书等）简图和载荷、内力结果、位移结果、验算结果。

圣维南原理

原理一般可以这样来叙述：如果把物体的一小部分边界上的面力变换为分布不同但静力等效的面力（即主矢量相同，对同一点的主矩也相同），那么，近处的应力分布将有显著的改变，但远处所受的影响可以不计。

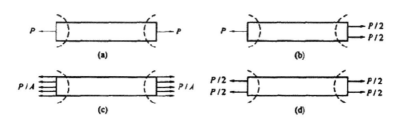

圣维南原理的提出至今已有一百多年的历史，虽然目前还没有确切的数学表示和严格的理论证明，但无数的实际计算和实验测量都证实了它的正确性。

有限元分析流程

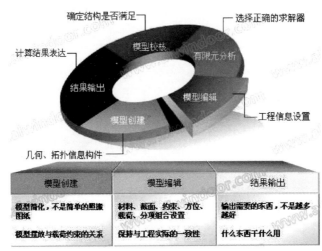

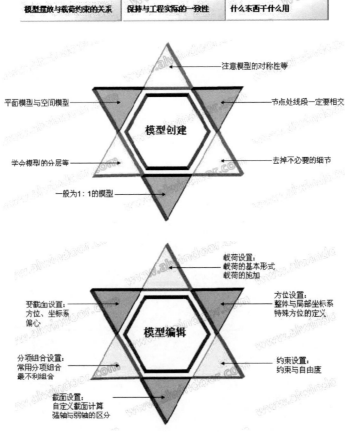

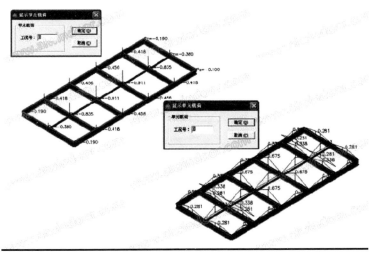

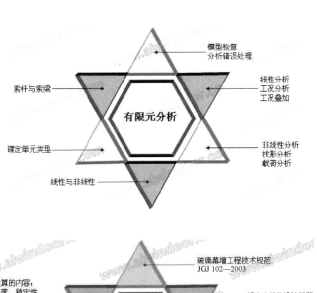

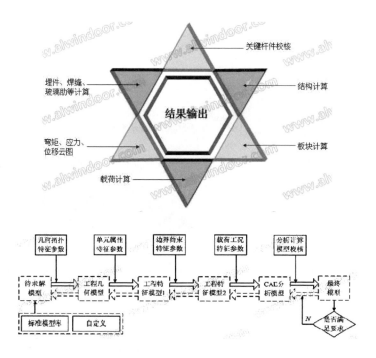

5 结语

采用有限元分析技术进行线性结构分析，最终必然归结为求解一系数矩阵为对称正定阵的线性方程组。因而线性方程组求解的效率和精度是线性结构有限元分析软件成功与否的关键因素。线性方程租的求解一般可以考虑以下几个关键问题：（1）总刚度矩阵的存储空间效率以及读取时间效率。（2）总刚度矩阵算法选择以及对总刚度矩阵的计算预处理。（3）计算模型的完整性检验。

本文在对门窗幕墙结构分析的应用与研究现状分析的基础之上，提出了门窗幕墙结构有限元分析系统的体系结构。在针对参数化建模技术、有限元分析技术以及 ANSYS 二次开发技术等关键实现技术的研究基础之上，开发了一套针对门窗幕墙结构的专业有限元分析系统，对提高设计人员工作效率、缩短设计周期、降低设计成本以及提高设计质量具有一定的现实意义，目前系统已经在我国门窗幕墙行业中推广应用。

硅烷改性聚醚在建筑应用中的探讨

◎ 刘延林　窦锦兵

山东永安胶业有限公司

摘　要　分析全球有机硅市场分布，了解硅烷改性聚醚密封胶在建筑方面的应用，通过改变配方适应不同领域的要求。

关键词　硅烷改性聚醚密封胶；配方；应用

目前建筑上应用的密封胶种类繁多，大体分为聚氨酯、聚硫类、硅酮类。其中聚氨酯密封胶强度高，抗撕裂性能好、耐油耐腐蚀的特点，但是低温固化慢，固化容易有气泡，耐老化性能差。聚硫密封胶气味难闻，耐老化性能差，部分中空玻璃二道密封使用，现在建筑领域应用已经大幅减少。硅酮密封胶具有耐老化性能优异，与无孔材料粘接牢固，储存稳定性好，但是抗撕裂性能略差，污染性差。近年来，改性密封胶越来越引人关注，欧美等国家发展了硅烷改性技术，开发了性能优异的硅烷改性聚醚密封胶产品。硅烷改性聚醚密封胶具备硅酮密封胶优异的耐候性以及聚氨酯密封胶高强度等优点，所以耐老化性能优异、强度高、抗撕裂性能优异，属于有机硅密封胶的高端产品，是有机硅密封胶的研发应用方向之一。

1　市场概括

从 2015 年全球有机硅使用分布图，可以看出欧美以聚氨酯较多，硅烷改性产品主要应用在工业领域；日本硅烷改性产品占比较高，主要应用在建筑领域，尤其在装配式建筑上应用广泛；中国硅酮胶占比较高，但是随着我国加快建筑业的产业升级，建筑工业化的到来，传统的建筑方式施工周期长、效率低、能源消耗大且有污染性，已经跟不上现代城市的发展。装备式建筑因具有节能减排、缩短工期、绿色环保等优势，逐渐成为建筑业的发展方向。那么硅烷改性聚醚产品在建筑上的应用占比会越来越大，本文着重介绍改变硅烷改性产品配方来适应不同建筑领域的应用。

表 1 全球密封胶市场概括

	硅酮胶	聚氨酯	聚硫	MS	丙烯酸	其他
中国	60％	8％	3％	2％	6％	5％
美国	23％	28％	4％	12％	6％	27％
欧洲	22％	31％	10％	25％	4％	8％
日本	21％	28％	4％	35％	5％	7％

2 硅烷改性聚醚在建筑中的应用

2.1 装配式建筑

所谓装配式建筑，就是在工厂生产混凝土预制件，在现场进行装配化施工建造。由于现场拼装会留下大量的拼接缝，这些拼接缝很容易成为水流渗透的通道，因此预制装配式建筑在防水密封上要求更苛刻。此外装配式建筑中一些非结构预制外墙（如填充外墙），为了抵抗地震力的影响，其设计要求成为一种可在一定范围内活动的预制外墙板，这种胶缝对密封胶要求应力缓和，外墙装饰喷漆还要求密封胶可涂饰性。针对装配式建筑防水密封的要求研制此类配方产品。

表 2 低模量产品配方

原料	质量份
树脂	100
PPG3K（聚醚）	95
碳酸钙	145
D630	15
除水剂	5
氨丙基三甲氧基硅烷	2
固化剂	1

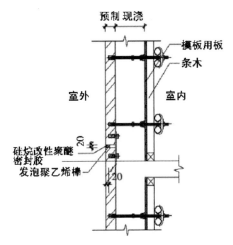

图 1 装配式建筑构造图示

通过工艺的改进和配方的调整使之达到以下优异性能（表 3）。

表 3 装配式建筑密封胶性能要求

性能	特点
粘接范围广	大多数基材均粘接，对混凝土、不锈钢、塑料、木材粘接优异
耐老化性强	耐老化、高低温、抗紫外性能优异
力学性能好	低模量，高位移能力，应力缓和符合装配式建筑设计要求
绿色环保	不含异氰酸酯，超低 voc 挥发
涂饰性	表面可涂饰

因此我们在选用装配式建筑密封胶必须要具备以上特点，特别是选用粘接性好和低模量应力缓和的胶粘剂，否则出现以下情况（图 2）。

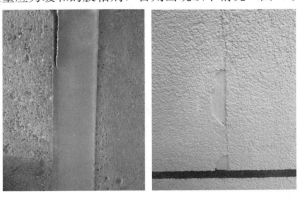

图 2 因粘接性差和应力原因导致开裂和外墙漆脱落

187

2.2 绿色家装应用

随着生活水平的不断提高，绿色家装也越来越受到人们青睐，对密封材料的要求也越来越高。厨卫密封胶发霉，透明密封胶变黄等，我们通过硅烷改性聚醚密封胶配方的调整解决问题。

2.2.1 厨卫防霉瓷缝宝基础配方

表 4　高硬度产品配方

原料	质量份
树脂	100
碳酸钙	155
乙烯基三甲氧基硅烷	1.5
增白剂	15
稳定剂	1.5
氨丙基三甲氧基硅烷	10

此配方制作产品硬度足够代替传统的美缝剂，且具有一定韧性；也可做卫浴、水池等密封，可保持长久不发霉，且产品超低 VOC 挥发，做到真正绿色环保。

图 3　用硅烷改性聚醚密封胶可保持长久不发霉

2.2.2 透明胶基础配方

表 5　透明胶基础配方

原料	质量份
树脂	100
增塑剂	10
白炭黑	20

续表

原料	质量份
紫外线吸收剂	0.7
稳定剂	2
除水剂	1.4
氨基硅烷	0.7
催化剂	1

此配方产品具有高透明性，粘接范围广，对家装类镜子、玻璃、塑料和金属具有优异的粘接性，且不会变黄腐蚀基材。

3　结语

随着国家越来越重视节能绿色环保建筑，人们生活绿色环保意识的不断加强，对环保类产品的应用需求更强烈。未来高性能密封胶发展趋势要求环境友好、绿色环保、配方易于调整和应用介绍明确简单。提供此类配方应用方向可以正确引导行业发展，让硅烷改性聚醚产品在建筑中的应用体现价值。

参考文献

[1] 中华人民共和国住房和城乡建设部.《装配式混凝土结构技术规程》(JGJ 1—2014).
[2] 王志政，周佑亮，黄世强. 新型硅烷改性聚醚弹性胶粘剂的研制 [J]. 中国胶粘剂，2009，18（7）：5-7.

第三部分
市场热点分析

超高摩天大楼玻璃幕墙的最新动态

◎ 赵西安

中国建筑科学研究院

摘　要　高度 500m 以上的超高摩天大楼都采用玻璃幕墙，这是由玻璃的特殊性质所决定的。玻璃的透明、轻质、高强、耐久四大特性，使玻璃成为不可代替的墙体材料。超高建筑常采用超白玻璃和 SGP 夹层玻璃以提高其安全性。文中介绍了幕墙已建成和在建的几座 500m 以上的建筑的玻璃幕墙。

关键词　玻璃幕墙；单元式幕墙；超白玻璃；SGP 夹层玻璃

1　中国是超高层建筑最多的国家

近 20 年来，随着中国经济实力的高速增长，城市化进程加快，基建投资也急剧增多，超大规模、超高度的建筑如雨后春笋在各城市拔地而起。中国迅速超过美国，成为世界上超高层建筑最多的国家。

2011 年 1 月，美国《新闻周刊》发表了如下的统计数字：

世界总人口：68.96 亿；　　　已建成 200m 以上的建筑：634 座

其中一些国家和地区的人口和超高层建筑的分布见表 1。

表 1　一些国家和地区的人口和超高层建筑的分布（2011 年 1 月）

	中　国	印　度	中　东	美　国	欧　洲
人口（亿）	13.4	12.2	0.07	3.1	7.4
%	19.5	17.8	0.1	4.5	10.7
200m 以上建筑（座）	212	2	49	162	24
%	33.4	0.3	7.7	25.6	3.8

笔者根据手头资料的不完全统计，截至 2016 年 10 月，包括已经立项、设计中、施工中和已经建成的超高层建筑，数量分布见表 2。

表 2 超高层建筑的分布（至 2016 年 10 月）

高度（m）	全世界	中国大陆	港台
600m 以上	28	13	0
500m 以上	55	36	1
400m 以上	144	94	3
300m 以上	463	308	12

由表 2 可见，在 300m 以上的超高层建筑中，无论哪一个高度，我国均占全部数量的一半以上。高层建筑的迅速发展，直接带动了我国建筑幕墙行业的迅速发展。

2 中国是建筑幕墙生产和使用大国

建筑幕墙的应用始于 19 世纪末，当时只用于建筑的局部，且规模较小。1851 年英国伦敦工业博览会建造的"水晶宫"是最早出现的初级建筑幕墙；到 20 世纪 50 年代，随着建筑技术的发展，玻璃幕墙开始大规模应用于建筑外围护结构，宣告建筑幕墙时代的到来；到 20 世纪 80 年代，随着建筑幕墙技术的发展和玻璃生产工艺、加工工艺的进步，玻璃幕墙得到更广泛的应用。

1981 年，我国内地第一片玻璃幕墙出现在广交会的正立面；1984 年，北京长城饭店成为第一座采用玻璃幕墙的高层建筑。30 多年以来，伴随着我国国民经济的持续快速发展和城市化进程的加快，我国建筑幕墙行业实现了从无到有、从外资一统天下到国内企业主导、从模仿引进到自主创新的跨越式发展，到 21 世纪初我国已经成为建筑幕墙世界第一生产大国和使用大国。

从 2012 年起，我国建筑幕墙生产量已达 10000 万 m^2，占全世界建筑幕墙总产量的 85%。

我国现存建筑幕墙总量超过 10 亿 m^2，其中玻璃幕墙的数量超过 5 亿 m^2。这 5 亿 m^2 的玻璃幕墙中，有相当大的一部分用于超高层建筑。

3 玻璃是超高层建筑不可代替的墙体材料

（1）玻璃同时具备四大特点

玻璃门窗用于建筑的历史非常久远，甚至于难以考据。玻璃幕墙的应用，则开始于 1951 年建成的纽约利华大厦，此后迅速成为高层建筑，特别是超高层建筑首选的墙体材料。

玻璃作为建筑材料，同时具备四大特点：透明、高强、轻质、耐久。而其他墙体材料，都不能同时具备这些特点（表3）。

表3 墙体材料的性能

材　　料	透明	高强	轻质	耐久
玻　璃	O	O	O	O
钢板和不锈钢板	X	O	O	O**
铝板和钛锌板	X	X	O	O
混凝土	X	X	X	O
砖、砌块、石板	X	X	X	O
聚碳酸酯板	O	X	O	X
ETFE 膜材	透光不透明	X	O	X

O**—碳素钢要采取防腐措施

（2）玻璃的透明性

玻璃是透明材料。普通浮法玻璃的可见光透过率为 80％。超白玻璃是降低了玻璃中的铁元素，更加晶莹透亮，可见光透过率提升到 85％以上。

聚碳酸酯板（PVC 板）的透光率可达 75％～80％。

薄膜材料（如 ETFE）只能透过漫射光，透光不透明。

（3）玻璃是高强轻质材料

玻璃是脆性材料，但具有很高的抗拉强度。在常用墙体材料中，其抗拉强度仅次于钢材，远高于其他材料（表4）。

表4 墙体材料的抗拉强度和容重

材　　料	抗拉强度（N/mm²）	容重（kN/m³）
浮法玻璃	50	25.6
钢化玻璃	180	25.6
钢材	235	78.5
铝型材	108	27.1
混凝土	2～3	25.0

玻璃板的抗弯强度很高，特别是钢化玻璃板。因此玻璃幕墙的玻璃面板很薄，通常为 6～10mm。即使采用中空玻璃或夹胶中空玻璃，面板由 2 层或 3 层玻璃组成，单位面积的重量也不过是 $0.3～0.7KN/m^2$，远小于混凝土墙

体的 $3.5\sim5.0\mathrm{KN/m^2}$。

玻璃幕墙的重量大概相当于砖墙、混凝土墙的 $1/8\sim1/5$，玻璃幕墙的轻质，使得它成为高层建筑和超高层建筑墙体材料的首选。

金属板（不锈钢板、铝板）虽然也符合轻质墙体的要求，但是金属板不透明，不具备通透、晶莹、飘逸的质感，因而在超高层建筑中不受建筑师的青睐，很少使用。

（4）没有玻璃幕墙，就没有 500m 以上的超高摩天大楼

由于重量太大，强度较低，石材幕墙很少会在 400m 以上的建筑中采用。同样，400m 以上的超高层建筑，由于建筑艺术功能要求的因素，建筑师也不会选择采用金属板材。到了 500m 以上，几乎清一色玻璃幕墙。可以说，没有玻璃幕墙，就没有 500m 以上的超高摩天大楼。

采用玻璃幕墙，外墙的重量大约为建筑物总重量的 1/100。这为建筑物高度的向上延伸创造了必要的条件。例如，上海环球金融中心，高度 495m，建筑物总重量约为 80 万 t，玻璃幕墙的重量为 5000t，只占建筑物总重量的 1/160，如果换成传统材料的外墙，墙的重量将增大至 8 倍，连带梁、柱、基础结构都要增大，建筑物总重量将增加 10 万 t 以上。不仅建筑造价增高，而且基础和桩的设计施工都带来更多的困难。

上海中心总重量 76 万 t，玻璃幕墙重量为总重量的 1/100。

目前已建成的世界最高建筑是迪拜哈利法塔，828m；正在施工的最高建筑为沙特王国塔，1007m；国内已建成最高建筑是上海中心，632m；国内正在施工最高的建筑是武汉绿地，636m；正基础施工的最高建筑是苏州中南中心，729m。这些最高建筑无一例外，全部采用玻璃幕墙。

4　超白玻璃的应用

（1）采用超白玻璃是减少自爆的有效途径

钢化玻璃存在自爆的可能性，超高层建筑玻璃自爆会带来很大的风险，而且建筑物很高，自爆后更换玻璃极其困难。因此必须采取有效措施降低超高层建筑采用钢化玻璃的自爆率。

减少自爆发生的途径可以有：

① 采用半钢化玻璃，半钢化玻璃比钢化玻璃表面应力较低，基本上不会发生自爆；

② 采用钢化超白玻璃，超白玻璃所含杂质少，自爆很少发生。

减低自爆概率，又符合目前相关规定的最有效的途径还是采用钢化超白玻璃

超白玻璃，即低铁玻璃。为了超白，减低绿颜色，就得采用降铁工艺。降铁的同时，镍也降了下去。这样一来，硫化镍的杂质也大大减少，钢化以后，自爆率大大降低。超白玻璃钢化后的自爆率可降低到万分之一，甚至更低。

自爆后更换玻璃代价太高昂。虽然超白玻璃要比普通玻璃价格高一些（大概 30%～50%），但是折合到幕墙上，每平方米也就贵百十来块钱。不爆玻璃比什么都好。

玻璃一旦破裂，虽然玻璃只值几百几千元，但在几百米高空换玻璃，可能要花几十万元。特别是现在兴建大量海外工程，万里之遥去换一块玻璃，实在是难以办到的。

（2）钢化超白玻璃在高层建筑中的应用

世界最高建筑—迪拜哈里法塔，高度为 828m，采用夹层中空超白玻璃，10 万 m^2 玻璃幕墙的超白玻璃由中国供应（图 1）。

现在国外许多高层建筑的超白玻璃都是中国供应的（图 2）。

图 1　迪拜哈里法塔

图 2　新加坡金沙大酒店

5　离子性中间膜夹层玻璃

（1）常规的 PVB 夹层玻璃

目前，玻璃幕墙夹层玻璃广泛采用的中间膜是聚乙烯醇缩丁醛，简称 PVB。PVB 使用已经有多年历史，也为幕墙行业普遍熟悉。但是，这种夹胶膜最初是为汽车玻璃而开发的，不是针对建筑幕墙开发的，所以它富于弹性，比较柔软，剪切模量小，两块玻璃间受力后会有显著的相对滑移，承载力较小，弯曲变形较大。PVB 夹层玻璃可以用于一般玻璃幕墙，不适宜用于有高性能要求的玻璃幕墙。

同时，PVB 夹层玻璃的外露边容易受潮开胶，PVB 胶膜夹层玻璃使用时间长以后容易发黄变色，这些都是应该加以注意的。

上海中心,632m　　广州东塔,543m　　广州利通,303m　　天津高银117,592m

图 3　我国内地部分采用超白玻璃的高层建筑

（2）离子性中间膜的特性

现在，能满足建筑幕墙夹层玻璃上述性能要求的夹胶膜—离子性中间膜已经开发出来，并批量生产，商品名称为 SGP。这种夹胶膜具有许多优良的性能。

SGP 的剪切模量是 PVB 的 50 倍以上，撕裂强度比 PVB 高 5 倍。SGP 夹胶后，玻璃受力时两片玻璃之间的胶层基本上不会产生滑动，两片玻璃如同一片等厚度的单片玻璃整体工作。这样一来，承载力就是等厚度的 PVB 夹层玻璃承载力的 2 倍；同时，在相等荷载、相等厚度的情况下，SGP 夹层玻璃的弯曲挠度只有 PVB 夹层玻璃的 1/4。

由于承载力提高，挠度减小，玻璃厚度会相应减小。有可能减少玻璃的用量约 40%，相应也减轻了幕墙的自重。

SGP 间膜夹层玻璃整体性好，SGP 夹胶膜的撕裂强度是 PVB 夹胶膜的 5 倍，即使玻璃万一破碎，SGP 膜还可以粘结碎玻璃形成破坏后的一个临时结构，其弯曲变形小，还可以承受一定量的荷载而不会整片下坠。这就大大提高了玻璃的安全性（图 4）。

图 4 SGP 夹层玻璃即使破碎，
也还有足够的剩余承载力

（3）SGP 夹层玻璃在超高层建筑中的应用

超高层建筑要承受大的风力、地震力和温度变化的影响，要求玻璃面板有高的承载力和刚度，而且万一破损还要有一定的剩余承载力而不会坠落。SGP 中间膜夹层玻璃可以很好地满足这些要求。

上海中心是目前在建最高的建筑，123 层，632m 高，共采用 SGP 夹层玻璃 150000m²。上海中心采用双层通风幕墙，外幕墙为单夹层玻璃，配置为 12mm 超白＋1.52 SGP＋12mm 超白（图 5）。

广州塔是我国已经建成最高的建筑，高度为 600m，全部 56000m² 玻璃幕墙均采用 SGP 双夹层中空玻璃，配置为（8mm＋1.52 SGP＋8mm）＋12A＋（8mm＋1.52 SGP＋8mm）。三角形玻璃板块最大尺寸为 1.5m×3.5m（图 6）。

图 5　上海中心玻璃幕墙　　　　图 6　广州塔的楼层，落地三角形大块 SGP 夹层玻璃

图 7　深圳京基大厦顶部　　　　　　图 8　广州利通广场大厦，高度 303 米，
采用 SGP 夹层玻璃　　　　　　　　　SGP 超白夹层中空锯齿形幕墙

　　深圳京基大厦是深圳目前已建成的最高建筑，高度 441m，其顶部为超大共享空间，整个超高拱形大厅由 SGP 夹层超白玻璃覆盖（图 7），非常通透。

　　目前国内高层建筑玻璃幕墙配置最高档的要数广州利通广场大厦，其高度为 303m，63000m² 的玻璃幕墙为锯齿形，别具一格（图 6）。玻璃面板为超白半钢化玻璃，SGP 夹胶膜，组成为（8mm＋1.52 SGP＋8mm）＋12A＋8mm。采用这样高档的配置主要是考虑：高承载力和安全性；通透洁白；锯齿形玻璃不用封边。

6　超高摩天大楼的玻璃幕墙

（1）迪拜哈利法塔

哈利法塔的高度为 828m，是目前世界上最高的建筑幕墙。建筑幕墙总面积为 13.5 万 m²，其中塔楼部分为 12 万 m²。在塔楼幕墙中，玻璃 10.5 万 m²，不锈钢板 1.5 万 m²。采用单元式明框幕墙，共有 23566 个单元板块（图 9～图 15）。本工程由中国承建，玻璃、铝型材、五金件和密封胶均采用中国产品。

采用中空玻璃，16mm 空气层，两片超白玻。外片镀银灰反射膜；内片镀 Low-E 膜。两膜均朝空气层，可见光透射率 20%；综合热透射率 16%。

单元板块有 21 种主要板型，尺寸由 1.3m×3.2m 到 2.25m×8m。

图 9　蔚蓝天空下幕墙熠熠生辉

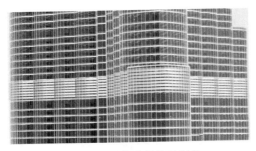

图 10　塔楼幕墙的单元划分　　　　图 11　设备层的不锈钢装饰条

图12　标准层单元幕墙内观

图13　124层观光层幕墙

图14　单元板块吊装到挂件上

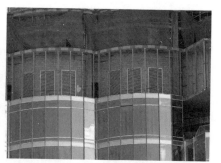

图15　设备层较高另加铝立柱

（2）深圳平安金融中心

深圳平安金融中心高度600m，玻璃幕墙高度590m（图16、图17）。明框，单元式。玻璃为超白、Low-E，中空，外片夹胶，内片钢化（图18）。

图16　深圳平安金融
中心，600m

图17　单元式明框玻璃幕墙

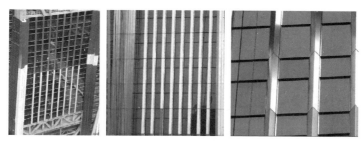

图 18 深圳平安金融中心的玻璃幕墙

（3）上海中心大厦

上海中心 127 层，高度 632m，外形为螺旋上升的中国龙。玻璃幕墙由内幕墙和外幕墙组成（图 19～图 21）。

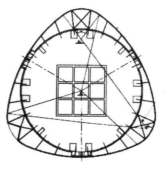
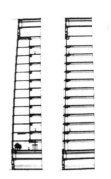

图 19 上海中心大厦，高度 632m　　图 20 上海中心的平面，内外两道幕墙　　图 21 内外幕墙之间是多层内庭

内幕墙与外幕墙之间形成 12～15 层高的内庭，按防火要求，内幕墙必须为防火幕墙。内幕墙直接支承在楼面结构上，外幕墙每 12 层～15 层为一组，通过水平钢管和竖向吊杆悬挂在上端外挑的楼面结构上（图 22、图 23）。

图 22 外幕墙安装在水平钢管上，水平钢管通过吊杆悬挂在上步楼面结构上

203

外幕墙采用超白半钢化 SGP 夹胶玻璃。12mm 超白＋1.52mmSGP＋12mm 超白。由于外幕墙有螺旋上升的造型，为复杂的双曲面，为此平面板块单元错缝锯齿形安装，拟合造型曲面（图24、图25）。

图23　外幕墙的水平钢管和吊杆

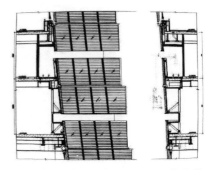

图24　平面单元板块锯齿形错位安装

图25　外幕墙的中国龙双曲造型

图26　外幕墙单元板块的安装

内幕墙为防火幕墙，采用（8mm 超白＋0.89mmSGP＋8mm 超白）＋12A＋8mm 铯钾防火玻璃。支承结构均采用冷弯薄壁型钢，梁壁厚 3mm，柱壁厚 4mm。钢结构外包铝型材（图27～图29）。

图27　外幕墙（下部）和
防火内幕墙（上部）

图28　防火内幕墙
的钢骨架

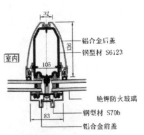

图29　内幕墙钢立柱

（4）武汉国际金融中心（绿地中心）

武汉国际金融中心，即武汉绿地中心，高度 636m，125 层。平面为圆角三叉形，竖向逐渐内收呈圆滑曲线（图 30）。立面上开有喇叭形洞口，可以减少主体结构和幕墙所受的风力（图 31）。

采用 12mm 半钢化玻璃，中空，Low-E，外夹层，内单片。

图 30　武汉绿地中心立面

图 31　武汉绿地中心玻璃幕墙

（5）广州塔

广州塔高度 600m，玻璃幕墙高度 460m（图 32、图 33）。明框玻璃幕墙采用三角形单元板块，尺寸为 1500mm×3500mm。双夹层半钢化中空玻璃，（8mm＋1.52mmSGP＋8mm）＋12mmA＋（8mm＋1.52mmSGP＋8mm）（图 34～图 37）。

图 32　广州塔，玻璃幕墙高度 460m

图 33　双夹层中空玻璃位于钢架构的内部

图 34　广州塔内景，三角形玻璃单元板块

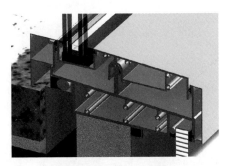

图 35　玻璃单元下横梁

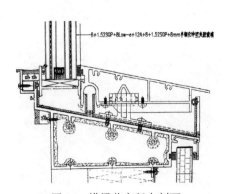

图 36　横梁节点竖向剖面

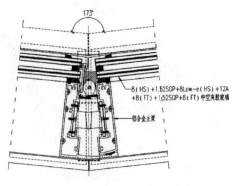

图 37　转角处立柱水平剖面

（6）广州东塔（周大福中心）

广州东塔高度540m，玻璃幕墙，带竖向陶板装饰条（图38）。单元式板块。玻璃超白、夹层中空（图39~图44）。

图38 广州东塔

图39 玻璃幕墙单元，外突竖向线条为陶板

图40 塔楼幕墙

图41 裙房幕墙

图42 玻璃幕墙外观

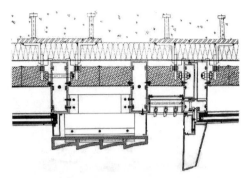
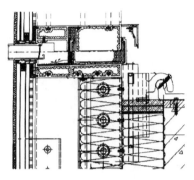

图 43　幕墙水平剖面，玻璃板之间有陶板竖线条　　　　图 44　节点竖向剖面

（7）天津高银 117

天津高银 117 高度为 592m，117 层。32、63、94 和 115～116 层为高层大堂，顶部设有钻石型玻璃顶（图 45）。

图 45　天津高银 117（左）及其钻石型顶部（右）

幕墙总面积 14.7 万 m²，分为 2 万单元板块。标准层单元 4.3m×1.5m，1.4 万单元板块；屋顶钻石幕墙板块约为 2m×2m。玻璃配置为外玻璃 PVB 夹层，超白 Low-E 半钢化；12mm 中空；内层玻璃钢化。

大面幕墙：（8mm＋1.52PVB＋8mm）＋12A＋8mm

高空大堂：（8mm＋1.52PVB＋8mm）＋12A＋12mm/10mm

钻石幕墙：（10mm＋1.52PVB＋10mm）＋12A＋10mm　　（倒挂）

　　　　　10mm＋12A＋（10mm＋1.52PVB＋10mm）　　（正放）

典型大样和节点见图46。

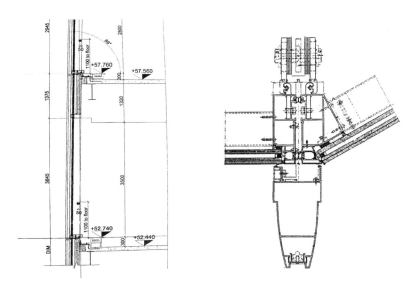

图46　幕墙竖向剖面（左）和节点水平剖面（右）

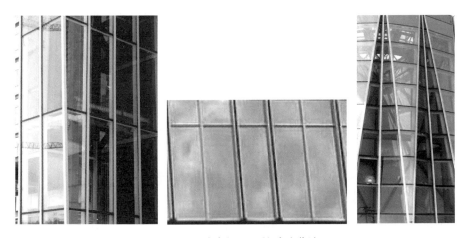

图47　天津高银117的玻璃幕墙

（8）中国尊

中国尊位于北京，是8度抗震设防世界最高的建筑，地上108层，高度528m（图48）。明框幕墙，玻璃配置为超白双银、钢化、外玻璃SGP夹胶、中空。

图 48 中国尊的玻璃幕墙

（9）天津周大福

天津周大福高度 530m，外形如同发射台上竖立的火箭（图 49）。采用超白钢化、夹胶中空玻璃，明框幕墙。

图 49 天津周大福玻璃幕墙

7　结语

高度 500m 以上的超高摩天大楼，外维护结构的选择就是采用玻璃幕墙。

超高玻璃幕墙的基本选择是：明框，单元式，双夹胶中空或外夹胶内钢化中空。夹胶的玻璃

可以考虑采用半钢化。优先采用超白玻璃，钢化玻璃应采用超白玻璃。

高度 500m 以上超高层摩天大楼的夹胶玻璃，其中间层胶片宜考虑采用离子型胶片 SGP。以提高玻璃幕墙的安全性。

门窗幕墙企业文化与企业发展

◎ 潘元元

苏州市建筑金属结构协会

2016 至 2017 年，在国家经济新常态下，侧供给改革进一步深化，建筑门窗幕墙行业发展继续迎接着新的挑战。优秀的门窗幕墙企业文化在这场新的挑战和机遇面前，展现了强大的正能量，促进了企业发展。2016 年 10 月在北京全国建筑门窗幕墙行业最具影响力的金轩奖颁奖中，十家优秀企业脱颖而出，他们的优秀企业文化造就了企业发展，为建筑门窗幕墙企业文化树立了榜样。企业文化是一种精神力量，北京江河公司就是以这种精神力量促进企业发展的。他们在前行道路上不断积累、不断沉淀，浓厚的企业文化氛围，是江河推动每一个梦想实现的强大引擎。江河的文化是体现在他们精神深处的动力，这种企业文化精神是：（1）坚忍：有永远的危机与斗争意识，逆境中不妄自菲薄，成功时不居功自傲；（2）纪律：有永远的服从与执行意识，号，必从令如流，行，必雷厉风行；（3）团结：有永远的团队与大局意识，看长远，不拘于眼前，识大体，不拘于小我；（4）忠诚：有永远的敬业与奉献意识，兢兢业业，做平凡中的不凡，勤勤恳恳，创有限中的无限；（5）谦逊：在江河，放得最高的是眼光，放得最低的是姿态；（6）务实：只有能者起飞的跑道，没有庸者贪恋的温床；（7）纯净：崇尚单纯人际交往，以春花般烂漫宽以待人；（8）倡导："高压线"管理，以隆冬般凌厉严于律己；（9）胸怀：江河有海纳百川的心胸，集天下英才，成就智慧之师；有藏山纳海的襟怀，得精锐战团，成就千秋之业。他们的企业文化注重以科学为本，尊技术为王，视创新为生命；力攀技术高峰，业内独领风骚，执著研发创新，世界载誉驰行；他们的企业文化表现在有追求卓越的野心，有傲骨铮铮的个性，有发掘机遇的慧眼，有蓄势待发的韬略；融百态为一体，集众长于一身。江河宗旨：让客户更满意让员工更精彩。追求卓越，秉承客户至上；精益求精，坚信口碑无价；注重品质，于细微处显品牌力量；精于服务，在诚挚中见大家风范。以"慈母之情"，给员工的始终如一的关爱，感其得意，慰其失意。江河企业文化的核心价值观：讲使命负责任，将心比心。江河创始人刘载望董事长秉承"五报"精神以鞭策自我、回馈社会。"五报"即①推动社会进步，以报国家；②助家乡、母校与社会，以报故里、母校和社会；③起家建业，以报父母；④诚信开拓，图强以报学友；⑤实现自身价值，以报个人。

江河杯龙舟赛

江河杯篮球赛

　　江河文化始终坚信，一个有强烈进取心的企业，永远不会被具体问题难倒。执著坚韧：向长征学习竞争意识；向长征学习高压生存；向长征学习目标高远，既有近期目标，更有远景规划。激情奉献：要想活得精彩，就要舍得辛苦，有志于成就一番事业的青年才俊，一定能在江河这片热土创造属于自己的奇迹。无畏霸气：江河能走到今天，是目空一切、舍我其谁的气势一路引领着我们不断超越自我、超越对手《刘载望（江河）管理箴言》。

　　江河文化具备开放、包容、进取的精神，他们积极吸纳国内外、业内外各类优秀人才，在新时期战略转型中，江河成功并购多家海内外顶级品牌公司，都最大程度保留其原有团队，尊重其原有文化，员工个性和能力得到充分尊重和发挥，包容性和多样性为人才发展提供了更为广阔的舞台，为江河双主业发展提供不断创新和可持续发展的原动力。正是江河这些独特的文化，使得江河人充满狼性，敢干事，也能干事；有担当精神和责任心，具有高效地执行力，江河才能发展成为幕墙行业的领军品牌。

　　2016年在国家经济下滑调控中，国内许多门窗幕墙企业由于企业文化理念存在差异，在这场新的经济变革中受到了不同程度的影响，部分企业开始倒闭，许多企业产值利润急剧下滑，给行业带来极大冲击。然而江河公司不但经济没降，反而大幅提升，仅江河上海公司，产值反而比2015年递增了25％。施工、承接的幕墙项目体量超过了去年。（下图为2016年江河上海公司设计施工的部分幕墙工程）

上海凌空 SOHO 幕墙　　　　上海白玉兰塔楼幕墙　　　　上海浦东金融街广场幕墙

　　企业文化与一个城市的背景有着密切关联，苏州是一座具有两千五百多年历史的古老城市，同时也是现代化经济快速发展的前沿城市，历史文化、人文理念、城市建设充满着生气，古典和现代交相辉映。在这样一种城市文化的背景下，企业文化必然打下深深的城市烙印。走进苏州许多企业，犹如走进了充满苏州气息的美妙园林。四处散发出浓厚的文化韵味。例如苏州最早从事幕墙门窗行业具有 25 年经历的苏明装饰有限公司，她用企业文化为基石，促进了企业发展。

　　在苏明的企业文化中，有一点非常有意思叫做：做逆境前行的勇者。公司的文化理念之一是，任何事物的发展都是波浪式前进的过程，顺利时不骄躁，逆行是不气馁。公司近年来遇到了极大困难，企业声誉遭受重创，业绩不断下滑。对以苏州市场为主要经营地的苏明而言，犹如进入了严冬，各种扑面而来的负面消息与打击，如凛冽的寒风撕裂着苏明人的信心，他们在问自己，我们能挺得过来吗？面对残酷的市场竞争和重重困难，公司董事会和经营班子组织全公司干部职工，一方面采取措施激励士气、调动干部职工积极性，另一方面冷静分析形势，重新规划公司发展路向，确定了对外"走出去"、对内坚持"技术进步"和"精干高效"的战略。通过分析内外环境、反复宣传动员，让大家既充分相信公司固有的优势，又充分了解存在的威胁，使公司上下达成了共识，全体干部职工鼓足干劲、背水一战。实践再一次地证明了挑战和机遇是一对孪生子：被迫"走出去"使公司在开拓外地市场上幸运地捷足先登，目前苏明公司的脚步足迹已跨越南北，在天津、新疆、贵阳、沈阳、西安等地完成了一大批标杆项目。在国内经济下行，市场容量缩减情况下，经营业绩逆势而上逐年递增；他们以"做逆境前行勇者"这种企业文化精神，在逆境中不断前行，在困难中负重前进，年年超额完成公司股东会和董事会下达的指标。

苏明公司院内的部分雕塑

　　苏明公司走出去，把苏州传统的精湛技艺带到全国各地，把积累的各种经验带回来，成功实现了战略转型的格局。得益于业主的信任与行业的口碑，仅贵阳分公司今年一年就一举拿下多个后续项目。苏明装饰千锤百炼、厚积薄发，始终坚持诚信为本，坚持"做精做强"的发展理念，把工程质量当成企业的生命，在转型升级中，狠抓质量不放松，在项目管理上，总公司实行整体管控，管理与技术团队时时跟踪，对项目进行严格把关，每一步都精益求精，保证了施工质量与施工安全；施工管理与施工水平更加专业化、精细化，仅 2015 年苏明公司就连续荣获三个鲁班奖、三个装饰国优奖项，正是以出"精品"为目标，为业主打造一流工程的企业文化理念为支撑，故而收获了业主的高度评价与合作伙伴的信任。"做精做强"的发展理念已深入人心。

　　必须注重企业科技文化建设，苏明公司为了支撑"走出去"，确保所有施工项目的安全和质量，即使在严重受挫之时，依然加大对技术进步的投入，他们认为产值下滑可以改变，但是一旦技术落后就会失去核心竞争力。近几年，公司在科技创新、技术领先、绿色装饰等多方面加大投入，技术和工艺水平都占据着一定的优势，BIM 技术在行业内率先研究并实际应用于昆山杜克大学；该工程荣获"绿色能源与环境设计先锋奖（LEED）认证"证书，这是由美国非营利组织美国绿色建筑委员会设立，主要针对高性能绿色建筑设计、建造和运营进行的第三方认证，被认为是世界上最完善、最权威、最具影响力的评估标准，由苏明公司参与施工的工程获此殊荣，是技术上的一大进步；同期施工的昆山文化艺术中心，在技术与施工难度上更是一个飞跃，通过在技术创新上的不断探索与追求，成就了自己也赢得了业主的尊敬；到目前为止，公司共获得专利一百多项，技术工法一百多项，成为江苏省高新技术企业，实现了以技术进步带动公司整体优势，成为技术领先的佼佼者。在出现危机时，公司上下没有气馁，公司干部降薪也要保证普通员工的收入，兑现承诺的奖励，凝聚了团队，鼓舞了士气，给企业文化注入强劲的动力，为了生存与发展，全体员工齐心协力，共生共荣，开创了全新的经营管理模式。2016 年产值比 2015

年增涨了 20 %。（下图为 2016 年苏明公司设计施工的部分幕墙工程）

即将完工的新疆人大厦幕墙　　冒雪施工中的新疆吉昌　　完工的贵阳金融
　　　　　　　　　　　　　　　　和谐广场幕墙　　　　　　中心幕墙

坚持"文化是第一管理"、"企业最高竞争是企业文化竞争"的理念。苏州金螳螂幕墙公司在发展中不忘营造独特企业文化。他们将企业文化建设作为提高职工素质、增强公司核心竞争力、推动企业文明建设的重要举措。坚持用积极、健康、富有活力活动吸引员工参与企业文化生活，营造良好的企业文化建设氛围。该公司打造的《金螳螂幕墙手机彩信报》极具特色，她密切关注行业资讯、即时播报公司重大信息，着眼于深层次企业文化建设，总结、提炼和广泛传播企业理念，成为传播企业文化的重要资讯平台、对外宣传窗口。该公司还创建了《金螳螂幕墙》内刊，涵盖了金螳螂企业文化的主要精神理念、企业新闻、员工观点、学习培训等多方面内容。通过统一、规范的理念、行为、视觉识别系统，向广大员工和社会公众传达企业精神，形成清晰、统一的企业内外在形象。同时每年坚持开展"文明工地"、"优秀团队"、"优秀员工"的创建和评比活动，将评选出的先进集体和个人作为集团精神文明建设的典型和企业文化中楷模文化的一部分，在企业杂志及公司网站上表彰弘扬。

金螳螂建筑与　　　　　　金螳螂商学院　　　　　金螳螂幕墙应届
城市环境学院　　　　　　　　　　　　　　　　　　大学生封闭式训练

抓活动载体，提高企业文化建设的针对性和有效性。通过举办各种团体活动，如素质拓展训练、应届大学生封闭式训练等，为员工搭建一个沟通交流的平台，提升员工的团队合作意识，为企业健康运营氛围提供良好的人力资源。其次，做好项目的工地宣传。项目工地宣传是企业对外形象宣传的主要渠道之一，也是企业文化建设的重要途径和手段。本着统一性、规范性的原则，在工地宣传中，切实贯彻落实《标准化工地宣传实施办法》所确定的内容、要求和形式标准，使施工现场宣传系统化、规范化、立体化，给人以强烈的冲击力和感染力，成为企业文化宣传中一道亮丽的风景线。加大企业文化对外宣传，树立良好企业形象。结合企业的长期和短期发展战略，敏锐捕捉新闻源，有效组织对外报道，每年被各种新闻媒体采用稿件约 20 篇，在社会公众中树立了金螳螂幕墙公司良好的社会形象。

金螳螂幕墙公司把创建学习型企业作为企业文化建设的中心环节，通过完备的金螳螂建筑与城市环境学院和金螳螂商学院设施，定期组织学习，营造出企业内部浓厚的学习氛围。完善员工学习、培训机制，切实制订落实各种学历培训、继续教育、岗位培训措施，变员工学习的被动性为学习的主动性和自觉性。通过学习，使员工由个体素质的提高上升到群体素质的提高，进而带动了企业整体管理水平的提高。把学习型企业创建的着力点，放在提高企业的创新能力上，通过组织学习、团队学习和个人学习，促进观念转变，使企业有效适应外部市场变化，提高了创新能力。

以客户为中心，良好的口碑，是企业最好的名片。"金螳螂"追求完美、客户第一服务宗旨，提供增值服务，取得客户的信任，始终践行实现客户价值的增值，团队在在施工过程中与相关单位积极主动配合，始终秉持以服务优先、以客户为中心的理念，赢得了业主的信任和肯定，也为后续源源不断工程奠定了基础，成就一个客户心中的首选合作公司。2016 年在整体大环境下行突变的情况下，产值比 2015 年增涨了 30 ％。（下图为 2016 年金螳螂幕墙公司设计施工的部分幕墙工程）

正在施工中的苏州中心大鸟工程

重庆来福士幕墙
工程开始施工

吴江绿地幕墙
项目开始施工

　　文化是企业发展的内在动力。奥润顺达发展的历程也是企业文化发展、升华的过程。创新文化是该公司发展的基石。该公司由倪守强董事长带领 8 个人，以 4800 元起家。凭借商业模式创新和科技创新，逐步走到行业前列。他们的商业模式创新文化是以开展国际合作起始的。门窗是传统行业，国内门窗市场发展较发达国家落后几十年。为此，他们放眼全球，与国外先进企业合资合作，打开了国内门窗产业发展踌躇不前的困局，也为企业腾飞蓄足发展动力。该司率先与德国墨瑟公司合资，成立顺达墨瑟门窗有限公司，将先进的节能门窗技术引入中国，成为中国节能门窗行业的领跑者。奥润顺达又与德国建筑科技有限公司合作，引入国外先进的门窗系统；同时谋划布局中国国际门窗城、中德节能门窗工业园等重大项目，架起了国际行业交流的桥梁；与德国梅森博格无限商贸集团合作，成立河北皮耶诺商贸公司，开展建筑五金系统的引进工作；同时还与奥地利皮尔索公司开展交流合作。中国国际门窗博览会成功举办三届，使高碑店也成为继德国纽伦堡之后的又一国际行业会展中心。该公司先后与德国能源署、德国被动房研究院合作，联合开展被动式建筑技术研发应用，建成了中国首座被动式集成示范建筑体验中心和可居住的被动式专家公寓，自此，他们成为国内唯一掌握被动式建筑研发、设计、施工、认证全流程业务的企业。以公司为主导的创新产业集群被科技部仍定为"国家建筑节能技术国际创新园"，被国家发改委认定为"国家企业技术中心"。以科技为先导的企业文化，把握住了时代脉搏。他们秉承"以科技引领门窗革命，用创新开创行业未来"的理念，专注科技创新。成立由中国工程院院士刘加平为技术带头人的"建筑节能院士工作站"和博士后创新实践基地。公司与中国建筑科学研究院合作，成立国内最大的门窗幕墙检测机构"国家门窗幕墙检测中心"，与墨瑟公司合作，在德国建立了"顺达墨瑟研究中心"；与北京理工大学合作，成立"奥润顺达门窗设计研究中心"。集团创新团队人数占公司总人数的 17%，创新团队被河北省委省政府认定为"河北省首批创新创业团队"和"河北省高层次创新团队"。

与德国莱口公司开始
长期技术合作

世界被动房之父德国
费斯特博士工作访问

中德合资签字仪式

在企业文化里，奥润顺达提出一个新名词叫"家文化"。就是"让建筑更节能，让生活更美好"为愿景，致力于营造舒适的人居环境，提高人民生活水平。为此，陆续研发出上百种节能门窗，集保温、隔声、除霾、智能于一体，北至寒冷的漠河、南到炙热的三亚、西抵帕米尔高原，东达东海之滨，牢牢为大家守护家的港湾。他们倡导"企兴我荣，企衰我耻"的家文化，把公司员工做一流品质门窗作为自己的责任，涌现出一大批行业专家和高级技师。在公司荣誉墙上，十年以上员工比比皆是，大家主动把家里的照片挂到车间通道，摆在自己办公桌上，他们全然把企业当成了自己的家。

2016 年奥润顺达集团公司运动会片段

奥润顺达的企业文化最大的特点是奋斗文化。他们从"泯然众人"的作坊企业，一跃成为行业领先企业，凭的就是敢打敢拼的精神。曾记得：公司以 20 人之力经 40 余日昼夜奋战，白沟箱包城门窗、幕墙、精品屋、小香港商品城等工程全部如期完工，获甲方嘉奖。又曾记得：国家计生委工地抢工，顺达人克服巨大困难，昼夜顶寒风、冒严寒奋战在工地，终在大年三十当天如期完工。甲方感动，包车亲自送员工回高碑店过年。奋斗的文化，促进了企业的发展，他们很快与北辰、华润、华远、天鸿、金隅等地产名企建立良好合作关系。大唐电信、国家电信研究规划院、赵登禹路办公楼、邮电部计量中心实验楼、国家计生委等一大批代表性工程运营而生。前些年在竞标华润"大兴翡翠城"项目时，强手如林。董事长同甲方约定进行打擂比赛，在规定的时间完成规定的样板制作安装，最终该司以最快速度做出最好样板间，自此拉开与华润集团长期合作序幕。奋斗的文化造就了奋斗的人群，在奋战北京怡美家园工程时，天寒地冻，董事长亲自督战，公司全体动员，举全公司之力拼搏，顺达安装员工十五天不洗脸，生产员工三天三夜不休息，最终以优异的质量圆满交工，获得甲方信赖，并将后续工程全部交予了这家公司。丰硕的成绩，来自于顺达人远见与实干。他们仅用一年的时间，就完成了与墨瑟的合资建厂工作；接着连续上马中国国际门窗城、中德节能门窗工业园、国家门窗幕墙检测中心三大项目，并很快全部投入运营，一座国际化门窗企业蓬勃而起。

这样的企业文化必然促进企业的蓬勃发展，2016 年在行业经济下滑，市场竞争激烈的情况下，奥润顺达市场氛围却不断上扬，经济增长速度超过去年，至 10 月销售业绩同期增长 63%，品牌效应凸显。（下图为 2016 年奥润公司设计施工的部分门窗工程）

京延庆森林公园奥润门窗　　苏州桃花源奥润门窗　　北京广华新城奥润门窗之一

杭州园福里奥润门窗　　　　北京广华新城奥润门窗之二

在企业文化中广东坚朗五金制品股份有限公司有一条延续多年的语录："唯有专业才能创造独特价值，投机没有未来"。这里的专业包含两层意思——专一和敬业。我们生活在一个充满竞争和浮躁的社会，机会多，陷阱也多，缺乏定力、热衷投机的人或企业，最终会失败。这是坚朗的文化和企业发展的真实价值观和哲学。作为一家主营中高端建筑门窗幕墙五金系统及金属构配件等相关产品的研发、生产和销售的传统制造企业，2003 年成立时仅为 200 万元的注册资本，经过十多年的发展，截至 2015 年，公司实现销售收入 23.2亿元，上缴各项税收 2.3 亿元，并成功于 2016 年 3 月 29 日在深交所中小板挂牌上市。坚朗通过及时适应市场的变化创新商业模式、销售模式、管理模式，重视以客户需求为导向的技术、产品研发，致力品牌价值建设，多年的积累使其在竞争激烈的建筑五金行业快速发展，成为国内建筑五金行业的大型五金集成供应商。

坚朗定位于"建筑五金专家"，依靠专业创造独特价值，凭借品牌立足于行业。坚朗始终坚持把这一观念坚定地灌输给上自高管下至新员工的每一位坚朗人。许多坚朗员工有切身的体会：他们盯住一个目标就长期坚持，与企业一同成长，结果十年磨一剑——从缺乏经验到熟练工作，从缺乏技能到成为本行的专业人才。而那些不断换跑道、换方向的人，由于心态浮躁，不能够专一和敬业，大多未能得到很好的发展。

坚朗自成立以来，着眼中高端建筑五金市场，形成以市场为中心的研发机制，经过多年的技术积累和工艺开发，建立起 500 多人的研发团队，建成为广东省创新型试点企业，成功获得国家高新技术企业称号，拥有国内外专利 500 余项，与哈尔滨工业大学、同济大学等科研院校建立了稳定的产学研合作机制，并共同设立研发中心。通过技术创新，坚朗赋予传统建筑五金产品更多的技术、文化、创意、设计、品牌等内在的价值，产品的系统化、智能化、个性化、人性化等方面更显优异，同时通过引进先进的生产设备，不断提高产品工艺及质量水平，产品广泛应用于国内外著名建筑。

坚朗五金长期致力于先进生产工艺引进，并在铸造、冲压、焊接、压铸、喷涂、组装等主要生产工序环节实现自动化或半自动化改造，成熟的生产工艺水平与设备自动化水平处于行业领先地位，同时其严格的品质管控体系，确保了每一件产品的高品质，坚朗五金已成为国内中高端建筑五金市场中的标杆性企业。选择了传统的建筑五金行业，坚朗用优秀的企业文化及稳健、务实的发展作风，努力围绕"专业、品质、服务"经营核心，打造着建筑门窗幕墙五金专家的形象。截止 2016 年 9 月坚朗的营业收入同比增长了 17.62%。

建筑节能市场对"在线 Low-E" 产品的应用与技术要求

◎ 刘忠伟　戚炜奕

北京中新方建筑科技研究中心

1　前言

中空 Low-E 玻璃以其优良的光、热性能被广泛地应用于建筑门窗和玻璃幕墙工程。通常所用的 Low-E 玻璃都是离线工艺生产的,即将玻璃板表面清洗干净,采用真空磁控溅射设备,在玻璃板表面镀一层银膜及多层功能膜,对玻璃光、热性能起主要作用的是这层银膜。镀一层银膜的称为单银 Low-E,镀两层银膜的称为双银 Low-E,镀三层银膜的称为三银 Low-E。由于是采用真空磁控溅射工艺和设备在玻璃板上镀 Low-E 膜,膜层与玻璃板表面之间是分子键,膜层与玻璃表面之间的牢固度较低,膜层本身较"软",易划伤、磨伤,银膜长时间暴露在空气中还易氧化、变性,因此离线 Low-E 玻璃膜也俗称"软膜"。通常要将 Low-E 玻璃制作成中空玻璃,且 Low-E 膜位于中空玻璃空气腔中,以保护 Low-E 膜不被划伤、磨伤和氧化,即离线 Low-E 玻璃不能裸用。

在线 Low-E 玻璃是在浮法玻璃生产线上,在生产浮法玻璃的过程中,采用化学气相沉积方法,在玻璃板表面镀一层半导体氧化物膜,该膜层与离线 Low-E 膜具有相似的优良光、热性能,称为在线 Low-E 玻璃。在线 Low-E 膜层与玻璃板表面之间是化学键,膜层与玻璃表面之间的牢固度较高,膜层本身非常"硬",不易划伤、磨伤,膜层长时间暴露在空气中也没有氧化、变性问题,因此在线 Low-E 玻璃膜也俗称"硬膜"。在线 Low-E 玻璃可单独使用,即在线 Low-E 玻璃能裸用。

2 Low-E 玻璃节能机理

Low-E 是英文 Low emission 的缩写，其中文意思为低辐射，Low-E 玻璃即为低辐射玻璃。任何物体，在绝对温度 0K 以上，均向外辐射电磁波，也吸收电磁波，波段范围通常为 $5\sim50\mu m$，即通常所说的环境热量。一般情况下，物体的辐射能力等于吸收能力。物体辐射服从斯蒂芬—波尔兹曼定律：

$$E=C\left(\frac{T}{100}\right)^4$$

式中：E——物体的辐射能流密度；

T——物体的绝对温度；

C——物体的辐射系数，也等于吸收系数。

黑体的吸收系数 C_b 最大，即辐射系数 C_b 最大，C_b 为 5.68，其他物体称为灰体，其辐射系数 C 均小于 C_b。物体的辐射系数 C 与黑体辐射系数 C_b 的比值称为该物体的辐射率 ε，显然物体的辐射率是小于 1 的常熟。辐射率较小的材料称为低辐射材料。国家标准规定，离线 Low-E 玻璃膜的辐射率 ε 应不大于 0.15；在线 Low-E 玻璃膜的辐射率 ε 应不大于 0.25，即离线 Low-E 玻璃对环境热量的辐射能力更低。

太阳光谱和环境热量波谱见图 1。在太阳光谱中，能量主要集中在 $0.30\sim2.5\mu m$ 区间，其中 $0.30\sim0.38\mu m$ 是紫外线，$0.38\sim0.78\mu m$ 是可见光，$0.78\sim2.5\mu m$ 是近红外线。环境热量分布在 $2.5\sim40\mu m$ 之间，在太阳光谱中，没有远红外线，即没有环境热量。

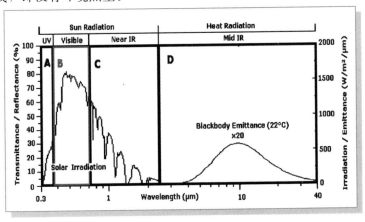

图 1 太阳光谱和环境热量波谱

　　平板玻璃的光谱见图 2。由图 2 可见，在太阳光谱范围内，平板玻璃透射率非常高，即对于太阳光，平板玻璃几乎是完全透明的，因此平板玻璃的遮阳系数很大，遮阳性能较差。在环境热量波谱范围内，平板玻璃是完全不透明的，即透射率是零，所以平板玻璃具有保温性能，可以作为建筑外维护材料使用。但平板玻璃的保温性能较差，传热系数较大，其原因是在环境热量波谱范围内，平板玻璃的吸收率非常高，反射率较低，当平板玻璃两侧存在温差时，平板玻璃吸收高温一侧的热量而自身温度提高，并将热量传递的低温一侧，这就是平板玻璃保温性能差的机理。

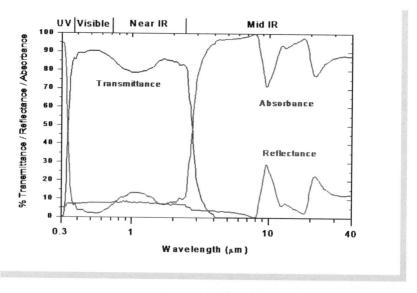

图 2　平板玻璃的光谱

　　Low-E 玻璃的光谱见图 3。由图 3 可见，Low-E 玻璃在可见光范围内透射率仍然较高，但比平板玻璃已有所降低。在太阳光谱中的近红外线范围内，Low-E 玻璃的透射率下降较多，即 Low-E 玻璃的遮阳性能较好，遮阳系数较低。在环境热量范围内，Low-E 玻璃的吸收率较低，反射率较高，当 Low-E 玻璃两侧存在温差时，Low-E 玻璃将高温一侧的热量反射回高温一侧，只将较少一部分热量传递到低温一侧，这就是 Low-E 玻璃保温性能好的机理。

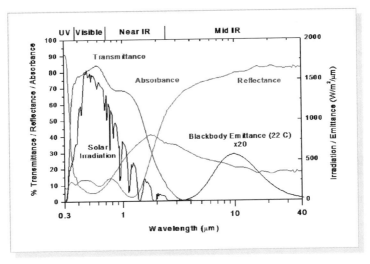

图 3　Low-E 玻璃光谱

3　单片在线 Low-E 玻璃应用

　　既然在线 Low-E 玻璃膜层较"硬"，即可以单片使用。使用中应将 Low-E 膜面设置在室内侧，见图 4。这样做不仅保留了在线 Low-E 玻璃较好的遮阳性能，也使其保温性能达到最佳，即传热系数较低。降低在线 Low-E 玻璃传热系数的机理是：玻璃内换热系数为：

图 4　单片在线 Low-E 玻璃

$$h_i = h_c + h_r = 3.6 + 4.4 \times \varepsilon / 0.837$$

式中：h_i——室内表面换热系数；

$\quad\quad h_c$——室内表面对流换热系数，通常取 3.6；

$\quad\quad h_r$——室内表面辐射换热系数；

$\quad\quad \varepsilon$——室内表面辐射率。

对于普通玻璃，其表面辐射率为 0.837，计算得普通玻璃内表面换热系数为 8W/m²K。如果玻璃内侧有在线 Low-E 膜，例如取其辐射率 ε 为 0.1，则玻璃室内表面换热系数降至 4.1W/m²K，普通单片玻璃传热系数一般为 5.6～6.0W/m²K，单片在线 Low-E 玻璃的传热系数可降至 3.4～3.7W/m²K，节能效果极为明显。

夏热冬暖地区建筑节能主要着眼点是玻璃的遮阳系数，对玻璃的传热系数要求不高，在许多情况下传热系数要求在 3.5～4.7W/m²K，采用单片在线 low-E 玻璃即可满足对玻璃遮阳系数和传热系数的要求。

夹层在线 Low-E 玻璃应用的技术与单片在线 Low-E 玻璃相同，Low-E 膜也应设置在室内侧，这样设置玻璃的热工性能表现最佳。如果 Low-E 膜设置于夹胶层中，Low-E 膜对玻璃传热系数的贡献降低至零，同时还可能产生 PVB 胶片与 Low-E 膜不相容问题，造成夹层在线 Low-E 玻璃在使用中 PVB 胶片开裂、失效。

4 中空在线 Low-E 玻璃

中空玻璃周边密封性能至关重要，如果密封性能不好，环境空气就会进入中空玻璃空腔，空气中的水蒸气也随之进入中空玻璃空腔中。当空腔中水蒸气浓度达到一定程度，中空玻璃就会出现内结露现象，中空玻璃随之失效。环境空气进入中空玻璃空腔的同时，空气中的氧气也随之进入空腔，当空腔中氧气浓度达到一定程度，离线 Low-E 膜将发生氧化、变性，中空离线 Low-E 玻璃失效。相对比较，中空离线 Low-E 玻璃 Low-E 膜氧化比内结露更敏感，更易发生，且 Low-E 膜氧化不可逆转。中空玻璃周边密封是相对的，气体有渗透是绝对的。当空气渗透量较少，中空玻璃尚未达到内结露，但可能造成离线 Low-E 膜的氧化。如果采用在线 Low-E 玻璃构成中空 Low-E 玻璃，由于在线 Low-E 膜没有氧化问题，因此采用在线 Low-E 玻璃构成中空玻璃，可弥补中空玻璃密封性能欠佳的问题。对于尚未达到内结露，但有少量空气渗透，采用离线 Low-E 玻璃 Low-E 膜可能会氧化、失效，但采用在线 Low-E 玻璃则可保持该中空玻璃仍能正常使用。

5　超级节能中空玻璃

国家对建筑节能要求越来越高，对材料热工性能要求越来越严，如北京地区自 2014 年起，居住建筑外窗的传热系数限值为 $1.5 \sim 2.0 \mathrm{W/m^2K}$。由于窗框的传热系数普遍大于或远大于 $2.0 \mathrm{W/m^2K}$，因此要求玻璃的传热系数应尽可能的低，以保证整窗传热系数达到 $2.0 \mathrm{W/m^2K}$ 以下。

常用的 $6+12A+6Low\text{-}E$（离线）中空玻璃的传热系数大约为 $1.8 \mathrm{W/m^2K}$，无法满足整窗传热系数达到 $2.0 \mathrm{W/m^2K}$ 以下要求。如果组成中空玻璃的两片玻璃都采用离线 Low-E 玻璃。其传热系数仅降低 $0.1 \mathrm{W/m^2K}$，即为 $1.7 \mathrm{W/m^2K}$，其原因是离线 Low-E 膜只能位于中空玻璃空腔中，两片 Low-E 膜作用重复，作用没有充分发挥。如果组成中空玻璃的外片采用离线 Low-E 玻璃，内片采用在线 Low-E 玻璃，内片玻璃的 Low-E 膜设置于室内侧，见图 5。

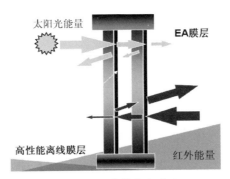

图 5　超级节能中空玻璃

该中空玻璃两片 Low-E 膜各自充分发挥作用，则 $6Low\text{-}E$（离线）$+12A+6Low\text{-}E$（在线）中空玻璃的传热系数可低至 $1.4 \mathrm{W/m^2K}$，其优良的热工性能在许多对玻璃幕墙和建筑外窗要求高的建筑都可满足要求，避免采用三玻两腔中空 Low-E 玻璃，因为三玻两腔中空 Low-E 玻璃产品成本高，且自重大，应用成本也高。鉴于由一片离线 Low-E 玻璃和一片在线 Low-E 玻璃组成的中空玻璃热工性能特别优异，因此将其命名为超级节能中空玻璃，以有别于一般中空 Low-E 玻璃。我们相信，随着超级节能中空玻璃认知度的不断提高，其市场应用量会越来越大，其社会效益也会越来越受到行业褒奖。

6 结语

政策和法规是市场需求的风向标，市场需求是技术创新的原动力，随着国家不断提高建筑节能的要求，超级节能玻璃及其系列产品将会得到不断的开发和应用。

国内既有建筑幕墙的安全状况及应对办法分析

◎ 杜继予

深圳市新山幕墙技术咨询有限公司

1 既有幕墙及其形成

　　既有幕墙通常是指已经竣工并交付使用的建筑幕墙，因而既有幕墙的出现是随着建筑幕墙的产生和使用而形成的。从类似建筑幕墙的结构和表现形式来看，既有幕墙的存在可以追溯到 19 世纪以前西方采用艺术玻璃建造的教堂采光窗和各类玻璃穹顶（图 1）。而初步具有建筑幕墙结构形式的建筑幕墙应是 1851 年英国伦敦工业博览会建造的"水晶宫"，以及随后在 1917 年美国旧金山建造的哈里德大厦玻璃幕墙（图 2）、1831 年 381 米高的纽约帝国大厦石材幕墙、20 世纪 50 年代初建成的纽约利华大厦和联合国大厦等，所以既有幕墙在世界上的存在多则有上百年的历史，而以纽约利华大厦和联合国大厦作为真正意义上的建筑幕墙而论，既有幕墙在世界上的存在也已经远超过半个世纪。

图 1

图 2

随着我国改革开放的发展，20 世纪 80 年代初我国也开始建造玻璃幕墙。1981 年广州交易会完成的第一个玻璃幕墙，1984 年建造的北京长城饭店玻璃幕墙，1986 年建造的我国第一个全隐框玻璃幕墙深圳发展中心大厦，都已经有 30 年以上的历史。所以在我国，既有幕墙也形成并存在了相当长的时间。

2 我国既有幕墙的现状

我国既有幕墙的发展和现状，与我国的经济发展速度和状况基本呈现了一致的态势。从 20 世纪 80 年代初开始就展现了高速发展的势头，其目前基本现状和特点可用存量大、日趋老化和安全问题备受关注加以概括。

2.1 存量巨大的既有幕墙

我国幕墙行业从 1983 年开始起步，20 世纪 90 年代进入高速发展期，历经近 30 多年的发展，现已成为世界第一幕墙生产大国和使用大国，并正在逐步迈向世界一流的幕墙强国。根据中国建筑金属结构协会铝门窗幕墙委员会开展的行业数据统计表明，我国建筑幕墙年产量从"六五"末期（1985 年）只有 15 万 m^2，到 1990 年达到 105 万 m^2，"九五"末期（2000 年）年建造量达到 1000 万 m^2，15 年增长 70 倍，年平均增长 5 倍，期间竣工使用的建筑幕墙面积应在 7890 万 m^2 左右。从 2003 年至 2013 年，建筑幕墙总产值为 10288.7 亿元，如以均价每平方米为 1100 元计，此期间竣工的幕墙面积应在 9.45 亿 m^2 左右。自 2014 年以来，随着我国经济转型的深化，GDP 增速的降低，建筑幕墙的年竣工面积和产量虽有下降，但基本都维持在约 1 亿 m^2 左右，产值约 1500 亿元人民币。如从 1983 年记起，我国 30 多年来已建成的建筑幕墙，也即现有的既有幕墙应超过 12 亿 m^2，其存量巨大。

2.2 日趋老化的既有幕墙

建筑幕墙属于建筑外维护结构，依据我国《建筑结构设计可靠性统一标准》（GB50068—2001）的规定，其设计使用年限为 25 年（图 3）。按照此标准，我国 1990 年以前建造的建筑幕墙已超过建筑设计使用年限的范围，按照上述既有幕墙存量的统计结果，其面积应在千万平方米以上。如从某些材料老化和机械性能退化的角度考虑，2000 年以前的绝大部分幕墙均已出现了老化的现象，其面积更加庞大。可见，随着时间的推移，我国建筑幕墙达到设计使用年限和出现老化现象的既有幕墙将会越来越多，这是一个不可逆转的趋势。

1.0.5　结构的设计使用年限应按表 1.0.5 采用。

表 1.0.5　设计使用年限分类

类　别	设计使用年限（年）	示　例
1	5	临时性结构
2	25	易于替换的结构构件
3	50	普通房屋和构筑物
4	100	纪念性建筑和特别重要的建筑结构

图 3　设计使用年限分类

2.3　安全备受关注的既有幕墙

由于巨大的既有幕墙存量以及日趋老化的趋势，加上近年来不时发生的钢化玻璃自爆并坠落伤人的事件时有发生，既有幕墙的安全备受全社会包括国家高层领导和部门的极端重视。通过对近十多年来我国新闻报道的不完全统计，我国既有幕墙出现较严重事故的主要是玻璃幕墙开启扇整体脱落下坠，而最多的安全事故则是钢化玻璃自爆造成玻璃碎粒散落所造成的伤害和破坏。表 1 是根据不完全的相关的新闻报道统计出来的近 10 年来发生在我国的玻璃幕墙事故统计资料。

表 1　近十年来发生在我国的玻璃幕墙事故统计表

序号	时间	地点	事故描述	原因	伤亡情况
1	2004 年 6 月	北京	海淀剧院，大厅玻璃幕墙一块 $2m^2$ 大的玻璃从 10 米高处摔落，所幸没有人员受伤	—	0 人受伤
2	2005 年	南宁	南宁国际会展中心，竣工后的几个月内，先后有 50 多块玻璃破碎，其中导致一位女工被砸伤	玻璃碎裂	1 人受伤
3	2006 年	北京	首都博物馆新馆，开馆运营一天闭馆之后，一块玻璃毫无预警地发生了爆炸，碎片从 30m 高空坠落	爆裂	0 人受伤
4	2006 年 7 月	上海	中信泰富大楼，一处幕墙玻璃突然自爆，砸坏了一辆行驶中的车辆，造成两人受伤	自爆	2 人受伤，1 车受损
5	2009 年 4 月	广州	中山大道某大楼，一块玻璃幕墙从 18 楼坠落，砸中一名仅 7 个月大的男婴	—	1 人受伤

续表

序号	时间	地点	事故描述	原因	伤亡情况
6	2009 年 8 月	福州	五四路某大厦，25 层楼玻璃幕墙从天而降，砸中大厦门口轿车	—	1 辆车砸伤
7	2009 年 8 月	深圳	龙岗区某大楼，一对父子被脱落玻璃幕墙砸中	—	2 人受伤
8	2009 年 8 月	武汉	民生银行大厦，41 楼一块钢化玻璃自爆后被大风吹落，两名路人受伤，一辆轿车天窗被砸碎	玻璃自爆，大风吹落。	2 人受伤，1 辆车砸损
9	2010 年 3 月	广州	中山五路五月花商业广场，二楼一块长 4m、宽 1.5m 的橱窗玻璃突然爆裂，碎片凌空飞落，楼下一路过的阿婆被碎片划伤	突然爆裂	1 人受伤
10	2010 年 7 月	广州	天河科技园一写字楼，五楼掉下一块近 4m² 的玻璃，砸中一位 23 岁的姑娘，在其脑袋和身体上共留下 15 处伤口	—	1 人受伤
11	2011 年 4 月	上海	国定路四平路口富庆国定大厦，一面玻璃幕墙玻璃突然整块下坠，砸中了两辆车辆	—	2 两车砸中
12	2011 年 4 月	深圳	南山区南海大道与登良路交界处百富大厦，玻璃频繁爆裂	玻璃自爆	砸中楼下 3 辆小车
13	2011 年 5 月	上海	时代金融中心，46 楼一块面积约 4 平方米的玻璃幕墙突然爆裂	玻璃自爆	50 辆车砸伤
14	2011 年 7 月	杭州	庆春发展大厦，一块幕墙玻璃突然掉下	—	1 人受伤，截肢
15	2011 年 8 月	上海	南京西路静安协和城的 2 号楼，落下 30 余块玻璃，致使一名路过的骑车人受伤	—	1 人受伤
16	2011 年 8 月	宁波	海曙区东渡路华联写字楼，23 楼外墙玻璃突然掉落	玻璃自爆	2 人受伤
17	2013 年 4 月	上海	上海金融时代金融中心，48 楼一块双层钢化玻璃掉落	玻璃自爆	40 多辆车砸伤
18	2013 年 6 月	武汉	光谷珞喻路华乐商务中心大楼，25 层的一块玻璃幕墙脱落，砸中 4 辆轿车，没有造成人员伤亡	—	0 人受伤
19	2013 年 6 月	武汉	汉口中山大道一家服装店，二楼玻璃幕墙整体脱落，砸中 62 岁的王先生	—	1 人受伤
20	2013 年 6 月	武汉	江汉路步行街天桥旁班尼路专卖店，6 楼一块钢化玻璃爆裂坠落	—	0 人受伤

续表

序号	时间	地点	事故描述	原因	伤亡情况
21	2013 年 12 月	广州	燕塘新燕大厦，三楼某餐厅的玻璃幕墙突然爆裂，在窗口玩耍的五岁小男孩因失去支撑，掉下 1 楼	突然爆裂	1 人坠落受伤
22	2014 年 8 月	佛山	禅城多个地方办公楼和住宅，玻璃墙均无故碎裂，疑因天气过热、玻璃膨胀导致玻璃碎裂	玻璃碎裂（疑因天气过热）	1 人受伤、4 辆小车砸损
23	2014 年 11 月	广州	天河区太古汇商场，幕墙玻璃碎裂，十多辆汽车被坠落的玻璃砸中。这已是太古汇自建成后发生的第 3 次玻璃幕墙爆裂掉落事件	玻璃爆裂	10 多辆车砸损
24	2015 年 6 月	宝鸡	市区胜利桥南时代大厦，27 层一块玻璃幕墙自爆坠落，楼下几辆车被砸伤	自爆	几辆车砸伤
25	2016 年 5 月	上海	上海中心大厦，一块玻璃 76 层坠落	施工更换，工人操作不当	1 人受伤

　　然而玻璃幕墙出现的问题，并不能代表既有幕墙存在的所有问题，特别是钢化玻璃自爆的问题，它更多的是反映了钢化玻璃自身存在的缺陷，并不能完全代表既有幕墙的安全问题。随着时间的推移，对既有幕墙管理的不当、材料的老化、机械的磨损、金属的锈蚀和长期荷载的反复作用，使得既有幕墙的安全存在许多不确定的潜在的因素值得我们去认真的关注。

3　既有幕墙安全状态

　　我国既有幕墙的安全状态，通过 30 年时间在自然环境条件下的使用和考验，以及在不同地区开展的安全调查显示，至今尚未有既有幕墙结构垮塌的现象，在我国近年历经的几次大地震中，既有幕墙的抗震性能和安全性也能都有不俗的表现。由此可见，至今我国的既有幕墙在安全性能方面基本是可靠的。同时我们也应该清醒地看到，我国建筑幕墙从无到有，从不规范到规范，经历过不同阶段的发展，部分既有幕墙现在已超过建筑设计使用年限，幕墙的不同部件和材料存在不同程度的老化、疲劳、磨损及锈蚀等，这些均对既有幕墙的安全及可靠性产生影响。

3.1　开启扇脱落

　　幕墙采光和通风的开启部分，是幕墙必不可少的构件。从 2003 年由

SARS病毒感染引起的非典型肺炎传染病，以及绿色建筑设计的需要，人们对提高建筑幕墙通风能力的呼声越来越高，对幕墙开启部分所占幕墙面积的比例要求越来越大，有些地方标准甚至将之列为强制性的规定。然而，从安全的角度出发，幕墙的可开启部分，特别是可外开的开启扇却是幕墙安全的最薄弱环节。从深圳市近期对25年以上既有幕墙安全状况的调查中发现，有近30%的幕墙发生开启扇整体脱落的现象，特别是在台风季节，出现的现象更为严重，有的幕墙几乎每年都有开启扇脱落的现象。究其原因，除了不合理的构造设计、窗扇尺寸过大、五金配件不匹配或劣质、不当的操作和使用外，尤以开启扇得不到正常的维护维修所导致的安全事故最为突出。这种现象在住宅建筑中更为多见，甚为危险。图4为已损害的玻璃幕墙开启扇且未能得到及时的维护维修。

图 4

3.2 结构密封胶老化

隐框玻璃幕墙是采用硅酮结构密封胶将玻璃粘接在幕墙的支承构件上，并通过连接件将玻璃面板的荷载传递到建筑主体结构上。由于具有特殊的装配构造，隐框玻璃幕墙在降低玻璃镶嵌构造所造成的应力破坏和抗震方面的能力要高于其他种类的玻璃幕墙。严格按照规范要求制作和安装的隐框玻璃幕墙具有良好的安全性能和使用记录。由于隐框玻璃幕墙采用硅酮结构密封胶进行结构性装配并由结构密封胶承担荷载的传递，因此硅酮结构密封胶的力学性能和耐老化性能对隐框玻璃幕墙的安全性能有重要影响，所以硅酮结构密封胶的力学性能和耐老化性能备受各界的关注，特别是超过十年以上的硅酮结构密封胶性能及其对玻璃幕墙的安全性能的影响更加受到关注。

硅酮结构密封胶是一种耐老化性能很好的高分子材料，国外最早于20世纪70年代初开始采用硅酮结构密封胶制作安装隐框玻璃幕墙，至今已近半个世纪。在国内，从 20 世纪 80 年代中开始至今也已达到了 30 年。从国内某硅酮密封胶生产企业对其生产的硅酮结构密封胶从生产日期（1997 年）到使用了 10 年（2007 年）和 15 年（2012 年）之后的耐老化试验中的检测数据可以得到相应的验证，见表 2。由表 2 可见，10 年后硅酮结构密封胶弹性下降了 25%，15 年后下降了 35%，但拉伸强度却不降反升。

表 2

	拉伸强度（MPa）	最大强度伸长率（%）
1997 年	1.20	200
2007 年	1.35	150
2012 年	1.47	130

　　最近深圳市一个停建项目因工程改建的需要，对使用已有 20 年时间的硅酮结构密封胶（国外产品）进行现场取样检测，发现其弹性虽然下降较多，已有可能影响胶的正常使用，但其粘结力却没有明显的下降，也未见有影响结构密封胶承载能力的缺陷存在，见表 3。

表 3

检测依据	《建筑幕墙可靠性鉴定技术规程》（DBJ/T 15-88—2011）					
样品描述	用刀片从隐框玻璃幕墙板块上切割出硅酮结构密封胶样，按照《建筑幕墙可靠性鉴定技术规程》（DBJ/T 15-88—2011）附录 A 的方法进行样品制备、养护、检测和结果统计，制备好的硅酮结构胶样品规格为（50×6.0×6.0）mm					
检测结果	序号	取样部位	黏结剥离性能	最大拉伸强度（MPa）	最大拉伸强度时伸长率（%）	评级
	1	东立面 8 楼玻璃板块，中空玻璃二道密封用硅酮结构胶	粘结良好，剥离粘结破坏面积为 0。	1.00	86.3	b_u
	2	东立面 8 楼玻璃板块，玻璃与铝合金附框之间的粘结结构胶	粘结良好，剥离粘结破坏面积为 0。	1.14	41.0	d_u
	3	西立面 8 楼玻璃板块，中空玻璃二道密封用硅酮结构胶	粘结良好，剥离粘结破坏面积为 0。	1.13	70.0	c_u
	4	西立面 8 楼玻璃板块，玻璃与铝合金附框之间的粘结结构胶	粘结良好，剥离粘结破坏面积为 0。	1.28	48.9	d_u

　　硅酮结构密封胶作为一种高分子材料，从以上的检测结果可以看到其具有非常好的耐老化性能。但对其真正的使用寿命极限，到目前为止，世界范

围内尚未有准确的答案。在工程使用中，目前材料供应商一般只按常规提供10 年的商业质量保证期，但这并不意味着硅酮结构密封胶只有 10 年的正常使用性能，10 年后的硅酮结构密封胶就会有危险和没有安全保证通常是一种误解。我国最近完成了《建筑幕墙用硅酮结构密封胶》（JGT 475—2015）建工行业产品标准的编制，提出了用于建筑幕墙工程的硅酮结构密封胶其设计使用年限不少于 25 年，也就是要求硅酮结构密封胶的使用寿命应在 25 年以上。从中也可证明通过严格生产工艺控制和检测的硅酮结构密封胶的使用寿命应在 25 年以上，并不是现在的 10 年保质期。现在现存的具有 30 年以上的仍然在使用的大量既有隐框玻璃幕墙，就是经过长时间的自然耐老化的结果，可反映出硅酮结构密封胶的真实耐老化性能可以达到 25 年或以上。

2016 年深圳市住建局组织幕墙专家对深圳市已建成 20 年以上（2000 年以前）的 16 项建筑幕墙工程进行了安全性调查。其中 10 个项目为隐框、半隐框玻璃幕墙，均采用了硅酮结构密封胶，到目前为止，未发生因结构密封胶老化问题而发生安全事故。通过现场重点观察和手动检查，可发现大部分既有隐框玻璃幕墙的结构密封胶均存在胶体硬化、表面粉化的老化迹象，特别是超过 25 年以上的结构密封胶老化现象更为明显，但对幕墙安全构成危害的胶体自身开裂，或与粘接面存在脱胶开裂的现象尚未观察到。对于这些项目的结构密封胶还能正常使用多长时间，潜在的安全问题有多大，则需要不断的加强关注和安全检查，通过采用多种检测方法进行试验验证才能作出科学的判断。

3.3 金属构件锈蚀

密封胶和密封胶条等密封材料的老化，以及结构位移造成既有幕墙雨水渗漏，从而对既有幕墙金属支承构件产生严重的锈蚀，是构成既有幕墙潜在安全问题的另一个问题。由于既有幕墙的绝大部分支承构件和连接件基本都处于隐蔽状态，一般情况下较难发现因雨水渗漏产生的锈蚀问题，但有雨水渗漏的部位发生金属材料锈蚀是肯定存在的，且在我国的既有幕墙中应该是普遍存在的（图 5）。除了雨水渗漏产生的金属构件锈蚀外，不同金属接触界面产生的腐蚀也相当严重，这主要发生在连接件的连接部位。

3.4 玻璃面板破损

玻璃幕墙面板破损，特别是钢化玻璃自爆后产生的危害一直是困扰我国既有幕墙安全的一个主要原因，有的玻璃幕墙经过 20 年的使用，到现在还不断有玻璃自爆的问题；也有的玻璃幕墙刚建造完毕，却因为有大量的玻璃自爆而无法竣工交付使用。通过现场安全检查表明，在正确的设计条件下，玻璃破损的主要原因在于玻璃的品种和玻璃自身的质量问题。在深圳市开展的既有幕墙安全调研检查中，凡采用钢化玻璃的项目均有自爆的问题，有的自爆率远远超过正常自爆率的范围。但也有的钢化玻璃几乎没有发生过自爆，产品质量非常好。在采用半钢化玻璃的所有项目中，包括已经使用达到设计使用年限的玻璃幕墙，均未有自爆的现象，即使有其他的因素造成玻璃破损，也未造成坠落的问题。图 6 为半钢化玻璃破损后依然没有剥落。

图 5　　　　　　　　　　　　　　　　　　图 6

3.5　面板及面板连接件老化

　　除了玻璃幕墙的玻璃面板外，既有幕墙的金属板幕墙和石材幕墙的面板及其连接件在性能老化方面都存在问题。铝板幕墙表面的涂层产生起泡和剥落（图 7）、复合板材折边开裂、板材背面加强筋脱离、面板与支承构件的连接松动等都影响到铝板幕墙的外观和安全性能。近年在海南、福建、广东均有铝板幕墙因连接不可靠而产生铝板幕墙面板被风掀开的安全问题。石材幕墙板块脱落的现象也是较为常有的现象，其原因为板块长期裸露在自然环境下，受到风吹、雨淋、日晒和高低温的作用，面板风化、开裂、连接件松动等，对于一些较为疏松的石材，如大理石、砂岩、石灰石等尤为严重（图8）。

图 7

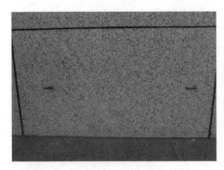

图 8

3.6 既有幕墙的防火

我国既有幕墙的防火问题，由于外墙外保温系统的介入，其防火安全问题极为严峻，即使新实施的《建筑设计防火规范》（GB 50016—2014）对其作了专门的规定，但也并没能也很难完全避免因内侧外墙保温系统起火之后累及外侧的幕墙系统。因为在幕墙与外墙保温系统间的通道，其燃烧温度可达千度，足以摧毁幕墙的一切构件，特别是非透明幕墙，如金属板幕墙、石材幕墙、人造板幕墙等。图 9 为基层墙体具有保温材料，外层为铝塑板幕墙在做防火试验时所录得的通道间的温度曲线。

同时，幕墙的层间防火封堵施工质量存在较多的问题，防火材料达不到设计要求，封堵不密实，封堵位置不正确。有些项目对幕墙层间封堵的处理仅作为一个摆饰的构件，封堵层可从建筑的顶层一直透视到底层（图10）。如此封堵效果，在建筑失火时将对人员生命构成严重威胁。

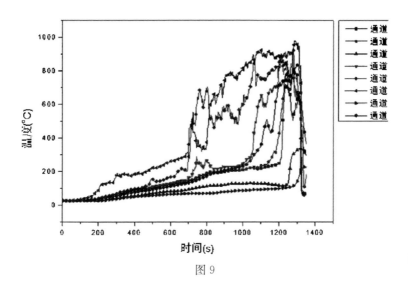

图 9

图 10

3.7 不规范设计和施工造成潜在的危害

20 世纪 90 年代末开始，随着幕墙建造量大幅提升，参与幕墙工程施工的企业大量增多，良莠不齐。设计不符合规范要求、材料假冒低劣、施工质量监管不严和不规范的情况时有发生，造成了一些不符合设计和施工规范要求，存在质量缺陷或安全问题的既有幕墙工程客观存在。以下所列的现象仅为许多潜在危害的表现。

（1）隐框玻璃开启扇设计不当

既有隐框玻璃开启扇，包括隐框玻璃幕墙和常规门窗用隐框开启扇，相当大的一部分存在玻璃下端无托快的设计（图 11）；采用中空玻璃的开启扇，则存在中空玻璃用结构密封胶与中空玻璃与窗扇框粘接的结构密封胶相互位置不重叠的问题（图 12）；开启扇开口过大也是常有的违规设计（图 13），这些都给开启扇的正常使用带来潜在的危险。

图 11

图 12

图 13

（2）用其他种类的胶粘剂代替结构密封胶

隐框玻璃幕墙是采用建筑结构密封胶进行结构装配的一种玻璃幕墙，合格的隐框玻璃幕墙通常不可能有玻璃坠落的安全问题。由于受人工操作和环境因素，或经过火灾等高温下使用的影响，隐框玻璃幕墙的玻璃粘接性能往往达不到设计的最好性能，但通常不会影响玻璃幕墙的正常使用。造成隐框幕墙玻璃有可能脱落的最主要原因之一在于施工单位和中空玻璃生产厂家在制作隐框玻璃幕墙时，采用不合格的硅酮结构密封胶或非结构密封胶（一般的密封胶或聚硫胶）进行玻璃的结构性粘接，从而导致隐框玻璃幕墙玻璃整片的脱落和下坠（图 14）；其次就是施工单位没有严格

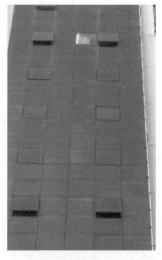

图 14

按照《玻璃幕墙工程技术规范》（JGJ 102—2013）的要求制作和安装隐框玻璃幕墙，辅材与硅酮结构密封胶不相容、基材表面处理不正确等。

（3）外倾玻璃或倒挂石材无防坠措施

外倾玻璃幕墙玻璃设计没有采用夹胶玻璃，在早期的建筑幕墙中为数不少，目前有些仍然在使用中（图15）。倒挂石材设计时没有采取防坠落措施，有的甚至存在严重的雨水渗漏现象，安全隐患极为严重（图16）

 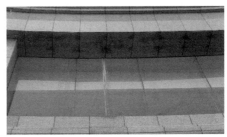

图15　　　　　　　　　　　　　　　　图16

3.8　幕墙维护维修缺失

在我国大量的既有幕墙项目中，绝大部分的项目没有明确的幕墙安全管理责任人，普遍存在工程技术资料保存不完整、《幕墙使用维护说明书》和幕墙维护维修管理制度缺失、正常安全检查和定期安全性鉴定没有开展、幕墙专项维护维修资金不到位等问题，这对既有幕墙的安全正常运行产生很大的危害。

4　应对措施

4.1　严格执行并持续开展既有幕墙的安全检查

建筑部关于既有建筑幕墙安全管理的第一个规章是2006年9月1日由建设部工程质量安全监督与行业发展司发布的《关于转发上海市〈关于开展本市既有玻璃幕墙建筑专项整治工作的通知〉的通知》（建质质函 [2006] 109号）。《通知》要求各地切实加强对既有建筑幕墙的使用安全管理，积极组织开展本地区既有建筑幕墙专项整治工作，及时排查质量安全隐患，强化对既有建筑幕墙安全维护的监督管理。2006年12月5日建设部发布了《关于印发〈既有建筑幕墙安全维护管理办法〉的通知》（建质 [2006] 291号）。2012年

3月1日，住建部发布了《关于组织开展全国既有玻璃幕墙安全排查工作的通知》（建质［2012］29号），这是第一次由部委组织的全国既有玻璃幕墙安全排查工作。2015年3月4日，住建部、国家安全监管总局发布了《关于进一步加强玻璃幕墙安全防护工作的通知》（建标［2015］38号），文件要求各级住房城乡建设主管部门对于使用中的既有玻璃幕墙要进行全面的安全性普查，建立既有幕墙信息库，建立健全安全监管机制，进一步加大巡查力度，依法查处违法违规行为。

对于既有幕墙的安全检查和管理工作，全国各省市政府主管部门均发布了相应的管理法规和实施细则，其中尤以上海市在既有幕墙的安全管理方面走在全国的全面，而其他地区仍有相当的差距，既有幕墙的安全管理和检查并没有完全开展或流于形式，没有落到实处。为确保既有幕墙的安全，我们必须高度认识开展对既有幕墙进行安全检查和维护维修的重要性，要严格落实既有幕墙安全管理的责任人，健全既有幕墙安全管理机构和运作机制，探索和落实既有幕墙安全维护维修资金的来源，培养和提高既有幕墙检查人员的技术水平，将既有幕墙安全和维护维修工作作为一项日常的规范性工作长期持续开展下去。

4.2 建立既有幕墙检查机构和研发现场检测新技术

既有幕墙的安全检查和鉴定工作，不同于一般的幕墙性能检测，不能简单地将现有的幕墙检测机构作为既有幕墙安全检查和鉴定机构使用。既有幕墙的安全检查、鉴定和处理，有如病人患病到医院就诊，患子首先需要由医生进行检查，如有必要再由医生安排进行身体各种器官的检查，如验血、B超、CT等，待检查结果出来再由医生根据仪器检查的结果进行综合的判断并提出治疗的方案，对症下药进行治疗。由此可见既有幕墙的检查需要有专业且具有较高水平和经验的建筑幕墙从业人员，包括既有长期从事幕墙设计、施工、管理，且能全面掌握和熟悉幕墙规范和检测方法的高级专业人员来担当。并由他们按照检查程序和检查内容对既有幕墙存在的问题进行现场的检查和工程档案的核对，根据不同的检查结果提出进一步的幕墙性能检测要求，包括检测项目、检测方案和检测方法等。通过专项的检测，再依据检测出来的结果判定既有幕墙存在的问题并作出可靠性鉴定报告和受检既有幕墙的维护维修或改造方案。目前既有如此能力的幕墙检测机构不多，我们应该及时的建立既有幕墙的专业检查机构以应付日益增多的既有幕墙检测的需要。

由于既有幕墙的安全检查基本都为现场，特别是对于隐蔽工程和结构密封胶的现场检查，目前尚未有较好的检测方法。为适应既有幕墙检测的特点，我们必须进一步研究和开发出一些新的检测技术，如现场无损检测技术，既能发现既有幕墙存在的问题，又能保持既有幕墙的完整性。

4.3　制定和完善既有幕墙标准体系

我国目前尚未完成针对既有幕墙可靠性鉴定和既有幕墙维护维修工程技术的相关标准的制定，国家行业标准《既有建筑幕墙可靠性鉴定及加固规程》正在报批中，还没有真正实施。各省市也有一些地方标准已完成制定并在实施中，如上海、广东和深圳。但作为标准体系来衡量还不够完善，特别是对于既有幕墙存在的一些安全缺陷的评判标准指标值和检测方法，目前还不够系统、准确和统一。如对隐框玻璃幕墙安全有重大影响的结构密封胶老化程度以及使用期限，就很难有有效的、可量化的指标值和检测方法来准确的评定。如此问题，我们应该加强技术攻关，联合相关企业对检测方法、判定指标和依据进入深入的研究，寻求一种切实可行的检测和判定方法，以便能及早的发现和处理因结构密封胶老化产生的安全隐患。

既有幕墙工程的维护维修以及改造技术，不完全等同于新建幕墙的工程技术，其设计和施工的难度有的远超过新建幕墙的设计和施工。特别是针对原有建筑结构、原有建筑幕墙构件的可靠性和承载力的计算和判定，施工技术和安全管理需要有专门的工程设计标准加以规范和实施。

4.4　实行新建幕墙设计方案审查制度

目前，我国每年仍有大量的新建建筑幕墙投入使用，为确保既有幕墙的安全可靠，防止新建幕墙带着潜在危险进入到既有幕墙的行列，我们应加强对幕墙设计的管理，建立对新建建筑幕墙实行设计方案审查制度，将建筑幕墙可能存在的安全问题控制在方案阶段并加以制止，以提升既有幕墙的安全性和可靠性。我国现行的《玻璃幕墙工程技术规范》（JGJ 102—2013）和《金属与石材幕墙工程技术规范》（JGJ 133—2001）实施至今已有十几年，作为国家行业标准所提出的一些规定和基本要求，在日益增加的安全要求方面，有些已不再适应了。加之现在的建筑设计在建筑外观的设计上，新颖复杂的立面造型、超大面板板块的设计、新型建筑材料的出现给建筑幕墙在设计上提出了很多新的挑战，超过和突破现行设计规范的规定的设计很多，潜藏着较多的危险因素。依据现行设计规范，按照不同区域的条件制定和实施更严格的地方性标准规范，并以此对建筑幕墙的设计方案进行审查，将大大降低新建建筑幕墙的安全风险。上海、浙江和深圳等地已开始执行此项制度，值得探讨和推广。图 17、图 18 为我国某处新建大面玻璃幕墙尚未使用就因玻璃大面积自爆而需重新改造。

图 17

图 18

5　结语

为改善我国既有幕墙的现状，提高我国既有幕墙的安全程度，应从强化安全监管入手，建立规范化和法制化的建筑幕墙市场秩序和观念，严格落实既有幕墙安全管理责任人制度和安全检查制度，探索和确保既有幕墙安全维护维修资金的来源，加强建筑幕墙设计、生产、施工和使用全过程的安全管理和各方监管，尽快地完成既有幕墙相关标准规范的制定和实施。在对既有幕墙的安全改造过程中，我们尚需结合我国绿色建筑发展的需要，大力研发既有幕墙的建筑节能和室内环境改造技术，全面提升我国既有幕墙的各项性能。

西南地区门窗幕墙行业现状和趋势

◎ 吴智勇

四川省建筑金属结构协会

我国西南地区、四川省作为内陆地区，铝合金门窗、建筑幕墙的技术研究和工程应用，在初始阶段与沿海地区、发达大城市相比较有一些差距，但毕竟也已经有 30 来年的时间了，门窗幕墙从小规模、简单的应用到如今的大规模、式样繁多、结构新奇广泛应用，特别是随着国内的门窗幕墙大公司纷纷进入西南、四川发展、拓展市场，如今应该与沿海、大城市没有太大的差距了。

我们在现代建筑特别是高层建筑已经离不开铝合金门窗、建筑幕墙了，特别在办公、写字楼及大型商业建筑中建筑幕墙已经广泛使用、在高档住宅项目中，高性能门窗也开始应用。作为我国西南中心的四川省、成都地区，门窗幕墙工程市场及占有量巨大，仅幕墙使用面积都有数千万平方米，一些造型、结构形式新、奇、特也不断出现，也成为我国门窗、建筑幕墙各项新技术的一个试验地。

随着我国门窗幕墙行业标准、规范的全面、深入、更加具体可行，各地推出的关于新建设项目、既有项目的质量安全管控措施办法日趋完善，工程项目图纸设计、审查等相关管理办法和程序已经日趋成熟、规范。在西南的川、渝、云、贵地区应该说都有着相应的举措，通过市场走访考察、行业交流，感觉无论从行业的规范管理、相关的管理制度办法、技术咨询服务方面，还是工程的实施管理、监控上，应该说还是四川省、成都地区相对更严谨、规范、成熟一些。

在行业公司企业发展方面：近几年随着我国经济发展的新形势、新状态，整个建筑行业都面临严峻的环境，相应我们的门窗、幕墙行业也是出现业绩下滑、资金困难、效益降低的局面，甚至更坏的处境。应该说大环境的变化，引起行业从业管理者的思考、引发一系列好坏参半的变革、企业产生了分化。

一类企业通过整合资源、创新提高：一些企业看到当前有的知名公司的一些技术管理人员、团队因种钟原因离开原单位、脱离出来，通过招纳、吸收这些基础高、经验丰富的人员，组建起来新的专业的门窗幕墙设计公司、门窗幕墙施工部门，呈现出一片新的活力和气象；甚至一些规模不是很大的企业通过联合、共同投资，建立了在成都地区都算得上大的门窗幕墙专业加工基地，为参与投资企业提供良好的高品质生产、加工能力支持，共同得以提高。

一类企业则适应环境市场需求、简化企业管理、降低经营成本、低端求生存：一些企业甚至是知名的大公司，由于自身的经营管理上存在的一些问题，或者是前期过度发展造成经营困境，在目前建设市场疲软、资金短缺、开发商建设业主降低成本等的压力下，一些公司企业采取简化企业管理、分级分部门进行承包管理，以期达到降低经营成本目的、存续运行，甚至在一些公司连总部办公室的费用（租金、管理费）都分解落实承包给各个部门、项目团队，这就使得各个部门、项目团队的人员处于松散状态、随着项目的启动结束而聚合分开，这极大影响了企业的形象及工程设计施工的综合能力、甚至影响的工程质量。

在门窗幕墙产品选择应用方面：应该说社会的发展、消费者大众认识的提高、建筑产品用户的意识觉醒，应该说普遍更加注重应用于建筑上的门窗幕墙产品品质、舒适、安全的问题，这些年来，经过门窗行业人员的多年努力研发和推广，系统门窗作为目前高性能门窗的一个体现已经被大众逐步了解和接受其品质、性能，系统门窗作为一个工厂化系统研发生产的整装产品比以往广泛应用由通用材料的拼装产品的普通门窗有着明显品质、性能优势，由此高品质、良好综合性能的系统门窗也正逐步形成业态、规模，在不少高端项目、大城市中可见。但就总量上来说，其在应用的门窗工程只占有极少的比例，例如成都一家门窗幕墙公司，其每年近百万平方米的门窗工程中，鲜有见到系统门窗项目，其公司引进国外品牌系统门窗多年，才有 300 多万的应用产值，应该说这是行业和系统门窗企业感到比较尴尬的状况。

品质高、综合性能良好的系统门窗毫无疑问大众都希望拥有，但目前住宅工程开发商项目管理方式、成本控制优先、建筑市场普遍的低价中标规则，使得普通、低端产品有着广大的市场需求，系统门窗和用户隔着一道沟无法享有，所以这个产品市场还需要广泛的引导宣传培育。

在行业管理方面上：建筑工程（门窗幕墙）安全越来越受到重视，相关规范、标准外的管理规定不断出台，（如建标 2015-38 号文、各省市配套深化管理措施的出台、四川省施工项目、图纸审查通过网上系统申报登记、限制大面积玻璃幕墙的应用等），反映出对建筑工程（门窗幕墙）的工程质量的担心，应该说门窗幕墙发展到今天，从技术层面来说不存在重大的涉及安全的问题，但是从项目招投标的成本控制、优化设计、施工管理等多个环节综合因素的累积，造成了最终门窗幕墙工程质量出现这样那样的问题，成了不能让人放心信任的问题建筑产品，自然招来管理部门的严厉行政管理规定。国家各级管理部门的约束、限制意志将成为新现象，但现代建筑离不开门窗、幕墙，出路就在提高全行业的质量、安全、品质意识，安全将成为行业发展的前提和基础。

在企业内部管理上：在我国建筑、门窗幕墙行业高速发展的同时，门窗幕墙从业队伍也不断发展壮大，就施工队伍整体素质、专业技术水平总体来说并不令人满意，普遍缺乏系统的专业施工技术培训，特别是一些松散施工队管理、使用方式，更多的是几个熟练工带一个施工队进行操作，所以给门窗幕墙工程带来不少问题、甚至质量安全隐患。一些公司在内部设计、施工管理上，由于存在造价成本的控制要求、设计施工团队的承包模式、管理人员变动频繁等原因，设计人员甚至有变更设计参数、材料指标使用到极限、管理人员材料订购随意没有明确的技术指标、随意现场变更使用材料等现象。如成都环球中心某酒店大堂的玻璃肋点驳幕墙的垮塌事件，虽然突发的风灾害是主要原因，但其在设计上的没有安全余度、结构不合理等其产生破坏的根本内在因素；又如四川绵阳幕墙玻璃脱离致人死亡事件，主要原因是施工管理人员在明框幕墙中的开启扇隐框中空玻璃板块订购时，没有单立明确采用结构胶中空合片要求，造成统一是聚硫胶的中空玻璃板块安装使用于幕墙上，造成了玻璃外片脱离伤人事件。

在行业健康发展对策上：门窗、幕墙的品质安全来自于专业、严谨、科学、良好的设计，对于目前一些建筑设计师要求的新奇特大的幕墙形式，也给幕墙公司企业带来了好多困惑和麻烦，一些新型、复杂的幕墙结构体系，在未经过合理的试验验证、技术论证就匆忙应用在工程上，给幕墙工程安全带来了不确定的因素；还有一些超大玻璃板块的过度使用带来的安全问题，如重庆一超高层玻璃幕墙，最大板块单块面积达 8m² 以上，出现 100 多块玻璃的破碎现象；又如成都一在建的最高建筑半隐框玻璃幕墙工程中，其最大板块单块面积也达近 7m²，经过多次评估提醒，终于在玻璃订购前修改方案，增加一分隔使得玻璃尺寸回到合理的范围、符合相应规范要求。因而对于我们幕墙专业的设计人员应该提高自身的技术水平、熟悉相关的规范标准要求，对于一些不合理的要求应有明确的技术观点，采取应有的应对措施，有必要通过一些试验验证、技术论证等方式来做技术支持，保证最终幕墙项目的可靠安全。

门窗幕墙是一个由各种建材加工组成的建筑产品，组成门窗幕墙中的各类材料（玻璃、型材、胶、五金件等），通过规范的加工、施工组合来完成和体现的，只有采用的各类材料均为优良产品，才有最终实现门窗幕墙优质安全，才能有可以放心安全使用的工程和社会环境。各行业协会开展的产品认证、资格认定、优采平台等都是给使用者提供在众多的产品中进行筛选、优选的途径，使得真正优良品能够在这样的平台上，给供需双方提供良性交流、应用的机会，这可以为行业的健康发展起到良好的推进作用。作为行业管理、专家、工程技术人员，我们不能决定市场、需方的标准和需求，但我们有义务且可以做正确引导和推广工作，让安全、高品质产品的消费理念得到大众的认可；同时现在工程项目的责任终身制，应该使从业者都应保持足够的敬畏之心、责任心，这是对己对他都是个保障，工程技术及管理人员应该保留一些纯粹之心，不做投机取巧、唯利是图的游戏，更不要做挑战底线事情。

在幕墙发展趋势方面：虽然目前四川地区和全国一样对建筑幕墙特别是玻璃幕墙的使用提出了一些管控措施，特别是一些媒体的过度炒作报道，给行业的有序健康发展带来一些困扰，给行业管理部门带来更多需要解释的工作和答疑，但总的来说幕墙行业还是会随着建筑市场的发展而不断进行，只是说其应用范围受到一些约束，特别是一个建筑外立面全部、大面积采用玻璃幕墙的表现方式会受到限制，更多的是玻璃与铝板等其他材料的搭配综合应用方式会更受认可；一些新奇特大的幕墙项目会受到更多的约束和评估质疑，可靠安全、技术成熟的幕墙技术方案应该会成为主流，幕墙方面质量安全意识会普遍提高，这对于幕墙行业来说是一个好的趋势。同时对我们幕墙从业者来说，如何克服目前公司企业管理上存在的问题和不足，真正体现一个公司的整体实力水平，是一个不可回避的现实问题，只有从内部从根本上的规范、提高才能保证我们门窗幕墙行业及企业公司的健康发展。

多元化商业模式分析

◎ 班广生

北京金易格新能源科技发展有限公司

门窗幕墙行业的商业模式离不开建筑业商业模式的背景。在中国，所谓建筑业的商业模式由来于 20 世纪 50 年代引进的前苏联的建设模式，是当时社会计划经济模式下的产物，这是以建设指挥部形式，计划专项资金的计划型和指令型的模式，一切在计划和定额内进行。20 世纪 80 年代初期，由于改革开放引进国外投资，开始出现工程招投标、项目监理制等。这是以在国际施工项目中确立了权威地位的 FIDIC 合同条款为基础的建设模式，其标志性文件包括：《业主与咨询工程师标准服务协议书》（白皮书）、《土木工程施工合同条件》（红皮书）、《电气与机械工程合同条件》（黄皮书）、《工程总承包合同条件》（桔黄皮书）。这已经被世界银行、亚洲开发银行等国际和区域发展援助金融机构作为实施项目的合同协议范本。我国的工程项目招标制及工程监理制都是在此基础上发展起来的。

商业模式就是经营主体通过什么途径或方式来盈利。商业模式是一个系统的概念，而不仅是单一的经营活动的组成因素之一，其经营活动的各组成部分之间必须具备内在和有机的联系，这种联系把各组成部分有机地关联起来，使其能够有机、有效的"链接"得以运营并良性的循环。

商业模式就是盈利模式，好的商业模式就是好的盈利模式。

随着宏观经济环境的深刻改变，毫无疑问成熟的传统粗放式管理和经营方式已经不能适应当今的竞争要求，包商综合素质的要求越来越高，廉价材料和劳务优势逐渐减弱，整个行业在日趋激烈的竞争中渐露颓势，传统的、单一型的工程承包商业模式面临挑战，也面临机遇。

幕墙门窗行业的商业活动处于工程承包价值链低端，利润率低；和业主方、监管方的关系处于被动式角色，协调统一难度大，难以从根本上解决长期稳定发展问题；自我融资能力差，即使是上市公司，为垫资而筹资的方式也不能从根本上解决回流资金问题，其他公司就更困难；核心竞争力往往体现在技术和品牌文化方面，实质上更多依赖原材料和劳动力的廉价优势，弊端显见。

商业模式是不断组合企业资源、市场、客户、人才、技术、渠道等要素，锁定市场客户、独特不易复制且可随机应变、调整适应市场变化、可稳定较高盈利的。商业模式是企业在竞争性市场中保持持续发展的核心问题。

建筑市场是最富竞争性的市场之一。作为幕墙门窗企业作为建筑领域的专业服务商在建设环节中并不处于主导地位，其业务形式受投资方、总承包商、设计方等主导方的支配和从属影响和决定，且在建设流程中出于后期阶段，因此长期以来困惑于"资金饥渴"状态，

从建设的主体方总承包方来看，在国内早已实行了多种成功的商业模式，如

BT（Build＋Transfer），即"建设——移交"，是政府利用非政府资金来进行基础非经营性设施建设项目的一种融资模式，大量国有建设企业在大型基本建设领域成功施行已久，在民营企业中也不鲜成功案例，如太平洋建设等。门窗幕墙行业还未出现此类方式。由于门窗幕墙工程类中几乎难以涉入工程建设主导地位的总承包的涉及资金融资有关的商业模式中，几乎完全是被动式的"依附者"。

1　传统商业模式

门窗幕墙行业中企业经营活动大致分为"工程承包类"和"门窗产品销售类"，后者暂不涉及。

目前，门窗幕墙企业的商业模式大致 3 类：

（1）独立的从经营到专项项承包的传统模式，如图 1 所示。

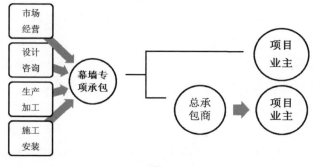

图 1

（2）合作模式（也可称为 PATY 方式，即伙伴模式）：

主体企业将承包的项目通过"项目合作方"的形式将项目整体"委托"给合作方。形式一是主体公司通过前期经营获得项目中标；形式二是合作方企业以主体公司名义通过经营活动中标，得以转包。这两种形式的合作基础是资质和商誉，风险核心是质量、资金及安全。在具体市场经营活动中，第一种形式有其优势，第二种形式及易产生"买单"和"转包"之嫌，加之生产的"外委"，设计的"抄单"，安装的"连环包"等，带来诸多违规问题，难以避免流于"挂靠"的巨大风险，一些企业已经在市场上杳无音信，一些企业在市场的商誉流失和法务纠纷中挣扎。但这仍然不失于一种有效的商业模式，或许可以基于市场的日趋成熟、技术的成熟、规范化以及管理模式多元化等成熟完善起来，如图 2 所示。

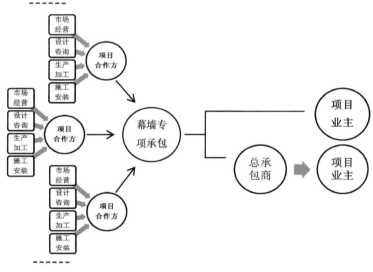

图 2

（3）以系统技术为龙头的承包模式

这种方式国外早已具有先例，实际上系统设计公司与上游得各企业是一种长期的战略合作关系，这种关系以市场目标为共同利益，以技术和品牌为核心，以资本为纽带，互惠共赢。国外的企业在施工现场进场可以看到承包主体使用的产品与其公司的名字是一致的，实际上是技术系统为主的承包商"品牌统一定制"生产的，即以无形资产，包括品牌、知识产权等维护其"系统统一性"，如图 3 所示。

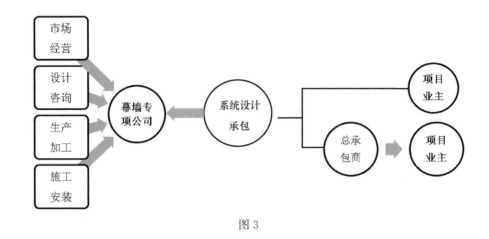

图 3

上述模式经过数十年的市场洗礼发展，已经成熟并正在进入调整期。中国自改革开放以来也已经近 40 年的发展了，产业结构已经向满足市场数量到质量的需求转变，商业模式的多元化也成为必然。

2 创新性商业模式

在原有基本商业模式的基础上，整合上下游资源来指导今后商业模式的创新。最重要的是整合价值链，往往过于关注价值链中的少量和单独环节，容易失去整合价值链导致的商业模式失效或低效。

门窗幕墙行业经过 30 多年的发展，到 21 世纪初我国已经发展成为幕墙行业世界第一生产大国和使用大国。根据资料介绍，到 2015 年，中国建筑幕墙行业产值规模达到 4000 亿元。幕墙门窗行业面临的经济环境和背景已经改变，这是行业内企业调整的基础和必然趋势。

企业竞争日趋激烈。根据协会统计，至 2013 年底，拥有壹级建筑幕墙工程专业承包企业 291 家，甲级幕墙工程专项设计企业 298 家，整个行业由 4，000 多个生产企业和 1，000 多个配套企业组成。

国家经济环境处于转型调整期，固定资产投资规模压缩，项目投资降低，新建项目减少，银根紧缩等是重要的不利因素。

2016 年国家将大力推广装配式建筑。发展装配式建筑是建造方式的重大变革，是推进供给侧结构性改革和新型城镇化发展的重要举措，国务院办公厅印发《关于大力发展装配式建筑的指导意见》提出力争用 10 年左右，使装配式建筑占新建建筑面积的比例达到30%。技术层面主要强调了包括装配式混凝土建筑、钢结构建筑和现代木结构建筑为主的装配式建造方式，围护结构是必不可少的重要环节。2016年出台的《工业化建筑评价标准》首次明确装配式建筑的"预制率"和"装配率"，这将是衡量装配式建筑的重要技术指标。

节能环保成为建筑幕墙行业的新主题。"建筑节能与绿色建筑"已逐渐成为主流和产业优先发展方向。新建建筑要符合绿色和节能要求，既有建筑进行节能改造，可再生能源在建筑中应用必将成为第三次工业革命的风起之时。这一切这都使建筑幕墙企业提供了新一轮发展机遇。需要注意的是，可再生能源为建筑提供能源，与以往传统的建设物化价值有素不同，因为持续提供的能源是可计量和可持续的，这就为今后的商业模式提供了良好的资本条件，有利于发挥资本的杠杆作用，以形成引导、推进相关资本机制和模式。

上述因素构成了多元化商业模式的催化剂，核心问题是如何将上下游资源整合从而"直接触及"资本市场。直接触及资本的商业模式实际上在总承包领域早已出现，随着投资开发模式的迅速发展，建筑行业商业模式的日益成熟，综合建设投资开发模式渐露头角。这种商业模式除了强调以融投资带动总承包，还要求业务结构的多元化，扩展产业链，增强抗风险能力，提升利润率。

目前在总承包地位的承包商采用的BT模式基本成熟，在未来一段时间仍将是主要模式。BT模式是指一个项目的运作通过项目公司总承包，融资、建设验收合格后移交业主，业主向投资方支付项目总投资加上合理回报的融资模式。

处于分包商地位的门窗幕墙行业的商业模式是否有两个途径，一是如果通过"模块化产品"和"可计量收益"与总承包的BT模式挂钩，纳入总承包商的大模式中，共享收益；第二是通过幕墙门窗及可再生能源利用的"模块化产品"和"可计量收益"直接与金融挂钩，如图4所示。

图4

　　所谓融投资带动承包既不是单纯的投资活动，也不是简单的设计加建造活动。是将传统的生产经营与资本经营相结合，借助项目融资的特点解决建设资金来源问题，借助工程承包特点解决优化设计和精细化建造问题，使承包商、业主实、上游设备及材料商实现社会、经济效益双赢。融投资带动承包是承包模式的创新，也是承包模式和业务多元化的综合探索。

　　例如，随着装配式建筑的发展，单元式幕墙必将成为幕墙行业向社会提供的主要产品。将此类产品作为标的物，寻求金融机构的租赁业务，便可实现资本和承包商的结合点。金融界的租赁业务又有多种形式，直租业务、回租业务、售后运营平台业务等，如图 5 所示。国外已经发展到 EPC 上的信用证租赁业务等。

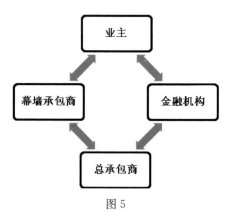

图 5

　　融资租赁可优化运营商的资产负债结构和盈利模式，在提高杠杆的同时保持较高的信用评级。在可再生能源应用方面，太阳能光伏和光热都是通过外围护结构的结合实现的，其产生的贡献是可以计量的，如发电量的稳定收益，这使得金融机构由于更直接的控制收益及风险而受到青睐，如果结合门窗幕墙的模块化产品，这完全可能成为行业新型商业模式的契机之一。

海外幕墙工程项目管理风险及对策探析

◎ 万树春

深圳金粤幕墙装饰工程有限公司

摘　要　国内幕墙企业近年参与国际幕墙工程项目施工承包的企业越来越多，但大部分是亏本而归，主要原因是对海外项目运作的风险了解不够透彻，稍有不慎就可能遭遇许多不良的后果。本文就是通过作者本人在海外工程项目管理中的实践，对各类风险进行分析，然后有针对性地提出对策，目的是给在海外或将要进入海外幕墙工程市场的国内企业提供一些有益的参考。

关键词　海外；幕墙项目；风险；对策

　　建筑幕墙是一件舶来品，是在 20 世纪 80 年代初伴随着改革开放的步伐进入中国建筑市场的。早期的国内幕墙市场主要由外国公司承包，但随着中国的改革开放，经济的快速发展，建筑市场的爆炸性扩展，国内的建筑幕墙企业也从无到有，在幕墙设计、施工技术、产品质量、新产品、新技术等方面获得了空前的发展。从 20 世纪 90 年代开始，国内幕墙企业就有了走出国门，参与国际竞争的实力。笔者所在的企业，92 年起就开始在新加坡、朝鲜、美国、新西兰以及中东和非洲的一些国家承接幕墙和铝合金门窗工程。随着世界经济的逐步复苏和国家"一路一带"政策的影响，现在走出去的企业越来越多。但由于国与国之间的政治、经济、文化、宗教民俗、法律政策均存在相当大的差异，加上政局、汇率变动以及劳工政策、海外施工成本和海外签证等不可预测的因素，施工承包企业会面临和承受很大的风险。如果事前预计不足、防控不当，不仅可能得不到预期的经济收益，严重的则可能巨亏。为此，笔者根据管理海外工程的实践和思考，对海外幕墙工程项目管理存在的主要风险进行一些分析，并提出一些建议对策，以供在海外承接施工幕墙项目的企业参考。

1 海外幕墙工程管理风险类别

（1）政治风险

政治风险主要是指项目所在国的政局动荡、社会治安、恐怖活动、宗教冲突以及我国与项目所在国的外交变故而使项目施工受影响。这种风险是海外工程项目管理面临的最大风险，往往是突发的，不可预见的，而一旦发生其危害也是最大的，且一般归类为不可抗力风险，索赔无门，所以需要高度重视。一般经济越不发达的地区，这种风险相应就越大。在这些地方承接项目虽然简单容易，合同利润也不错，工程项目要求也比较低，但政治风险是要重点考虑的问题。

（2）法律风险

法律风险是指因不了解工程所在国的法律法规以及产品标准或因法律法规修改变更而带来的项目施工管理的风险，主要表现在材料进口关税、税收政策、劳工政策、签证政策、安全施工管理法规等方面的影响，如美国、加拿大对中国生产的幕墙、铝合金门窗的材料和制品实行反倾销政策，课以 33%～104% 的重税。在海外承接幕墙工程，一般运作模式都是在国内设计、采购材料、加工成成品后运往工程所在国，在国外进行安装。工程所在国的进口关税高低，将直接影响工程的成本，也影响企业在当地的竞争力。幕墙安装是一个劳动力密集型的行业，现在许多国家都是不允许安装劳工输入的，或须经过政府特批才可以。海外工程在投标时，劳工是否可以输入等问题都还无法得到一个很明确的回复。有些国家输入劳工之后，由于受到工会及本国劳工示威的压力而改变政策，我们在新西兰就遇到过此类事情。用国内劳工和当地劳工，成本不一样，管理难度不一样，工作配合及操作熟练程度不一样，这里面的风险必须考虑，国内就有企业在这方面吃过亏。另一方面，项目所在国对输入劳工的管理费也在涨，如新加坡，10 年前经过技能考试合格的外劳政府每月收的管理费是 75 新加坡币，而现在涨了十倍，每月要 750 新加坡币。另外，许多国家都有劳工最低工资标准，这在报价时都需考虑。

（3）经济的风险

受欧美发达国家经济危机及债务风险的影响，世界经济目前仍很脆弱。幕墙工程属于分包工程，如发展商或总包一旦出现经济问题，则带来的风险也是巨大的。在海外，每年都有总包企业破产，并波及或连带分包及材料商破产。我们在新西兰、新加坡均遇到过总包破产，但由于提前察觉，防范、控制比较及时，虽然遭受了一些损失，但不足以致命。

（4）合同风险

海外工程施工合同内容面面俱到，一般有几百页，相关的技术要求、材料品质、品牌要求、施工工期、质量要求、程序要求、违约责任等都约定得非常清楚。由于语言不同，理解上的差异，加上时间关系，要把合同内容全部理解透困难还是比较大的。合同风险可分为报价风险和合同管理风险。准确的报价是项目赢利和减少风险的基础，但由于对运作项目成本了解不全面，对当地的规定要求理解不透彻，特别是首次走出海外的企业，往往对目标工程的造价把握不准确，只是听总包方的介绍，再以国内类似的工程造价作参考，这样作出的报价往往存在风险隐患。在海外，合同价格是不允许修改的，除非建筑师有变更设计，国内低价进，通过变更、高价结算的思维在海外是行不通的。国外项目在合同管理上具有以下几个特点：第一、国外项目严格按条款履约。与国内项目不同，海外项目履约更严，主要表现为程序严格。在幕墙工程中，深化设计、材料样品、观察样板、测试样板在没有获得审批前，是不可以进行任何材料的采购和进场施工的。因此，前期的准备工作需要花费许多时间，如不抓紧，将会挤占施工时间，造成工期延误。许多国家因劳工政策或扰民问题，是不允许在晚上、周末和节假日加班的，所以延误的工期很难找回。第二、国外项目都聘有非常专业的管理团队和顾问进行管理，所有问题都是书面联系，即使当面谈清了，事后也会补一份书面的东西，这是以后有问题走法律程序的依据，但国内施工企业缺少这方面的意识，往往吃亏较多。第三、国外项目管理奉行"谁过错，谁负责"的原则。若幕墙分包有过错而影响了总包或其他分包，则他们的损失都要由过错方负责，且这种损失赔偿是巨大的，有时可能超过分包合同额，甚至可直接造成分包商破产。新加坡一个有名的玻璃供货商就是在新加坡机场第三航站楼幕墙工程的玻璃供货中，因没能按合同约定时间交货被罚巨款而被迫破产。在海外，如果是供货商的产品质量有问题或供货延误，而非施工企业的责任，造成的工程质量问题或工期延误，则可把全部损失转嫁给供货商。这在国内采购是没法做到的，国内供货商最多是给你换一个合格材料，其他成本是不会帮你负的，因此参与海外竞争的企业，一定要找好自己负责任的合作伙伴。

（5）汇率风险

幕墙分包合同大部分都是以项目所在国货币或美元结算，但不管用哪一种货币结算都会遭遇汇率波动的风险，特别是一些小币种，波动更大。幕墙分包企业的成本一般在两地发生，主要包括国内的货品成本和项目当地的人工成本及项目现场管理成本。由于项目施工周期长，回款慢，所以汇率风险始终存在。

（6）产品质量风险

幕墙分包工程在设计、材料采购、产品加工、施工安装过程中稍有疏忽即可产生质量方面的问题。这些问题如能在国内发现并及时解决，则损失可能相对较小；一旦发货到现场或者安装完毕才发现问题，损失会远远超出预期。重新采购、加工并发空运，加上当地的误工及劳工成本，仅此几项直接费用就可能超出合同报价的数倍。

以上谈到的六类风险都是在海外承包幕墙工程时经常遇到的，但海外工程项目管理存在的风险并非仅此六类，而是五花八门，多种多样，这些风险既有外部因素，也有施工企业自身的问题。

2 海外幕墙工程风险管控对策

（1）深入调查，综合评估

当我们要进入新的市场时，应做好相关的各方面调查，调查是必做的功课和避免风险的重要环节。当我们拟承接海外工程项目时，应对项目所在国的政治局势、自然条件、货物运输条件及成本、法律法规、宗教情况、劳工政策、生活成本、税收、货币情况、工程资源等做全面了解，做到心中有数，只有这样我们才能在谈判及以后的施工管理中处于主动。调查的方式可以通过网络、使馆和当地华人商会进行，最好是派出专业人员进行实地调查，切身感受，掌握第一手资料。信息采集完成后，进行综合评估，对项目条件及自身履约能力进行分析，制订出投标方案和应对策略。

（2）组织和配备专业的管理团队

做好项目，管理团队很重要。幕墙工程施工环节多、战线长（国内、国外两个战场），既要管理好现场施工，又要协调好国内的设计、材料采购和成品加工及运输。同时，与总包及当地的有关方面进行沟通，语言也是必备的技能之一。事事通过翻译总是不太得心应手，有条件，最好能在当地聘请一些有经验懂当地法规的人员加入到团队，这对加强沟通，防范风险是很有好处的。

（3）加强合同管理，利用合同和法律保障自身的权益

合同是交易的契约，对合同双方来说，都有权利和义务的承诺。签约后，应有专人对合同进行解读，作全面了解，使参与履约的人对合同都有深入了解，特别对合同条款中存在风险的部分，应事先有预案。合同执行人员应熟悉国际工程合约的模式、特点以及项目所在国的法律法规，收集好项目运作过程中的所有资料和文件，这样才能在项目运作中游刃有余，应对有度，严格按合同条款履约。

（4）加强对合作方的评估，尽量避免经济风险

在承接项目时，应对发展商及总包方的经济实力及市场口碑作全面了解，要预防项目做不下去或总包破产的风险，特别是初次合作，一定要做到心中有底。有些总包不是没实力，而是喜欢设陷阱，找借口让分包商利益受损。如与国内出去的总包企业合作，风险会小一些，但收益相对也会小一些。如有可能，最好把供货和安装合约分开签订，货物要求用信用证支付，这样可以大大减少资金压力和资金风险。

（5）锁定汇率，减少汇率风险

幕墙分包工程的工程款至少有 $50\%\sim60\%$ 要回到国内，主要成本也在国内发生。人民币升值的趋势比较明显，现在，国内很多银行都开办了外汇锁定汇率的业务，特别是外资银行都在推进这项工作。在签订合约后，估算一下要回到国内的款项，一次性卖汇给银行，就可以起到锁定汇率预防贬值的风险。

（6）合理编排施工计划，减少工期延误的风险

一般海外项目都会有一个合理的工期，安排合理，一般不会出现赶工的现象。合理编排施工计划，是按期保质完成施工任务的保障。在编排施工计划时，要综合考虑施工周期和企业可用于该项目的资源，包括管理人员、设计人员、资金、设备及安装劳务，并要有各种风险的应急预案，积极应对可能出现的各种复杂问题，变被动为主动，以减少各种风险带来的损失。

3　结语

海外幕墙工程的项目管理虽然风险很多，但熟能生巧，只要我们善于总结，善于学习和思考，不被一时的困难和失败吓倒，对风险有分析、有预估、有预案、有对策，我们就一定能够走出去，而且会越走越稳，越走越顺利。

宗教建筑立面传统工艺创新与传承

——普陀观音园观音圣坛表皮设计思考

◎ 陈 峻

华东建筑设计研究总院

摘 要 本文从佛教建筑观音圣坛立面设计中，围绕海洋性气候下表皮系统耐久性这一命题，为达到历久弥新、100 年使用寿命要求的设计目标，分别从预制构件、金属和石材几个方面，对材料和系统进行比选、研究，通过考察、调研进行了可行性论证，最终采用单元式钣金铜，金属钛瓦，砌筑石材等传统工艺系统的创新做法作为建筑表皮的建造标准；同时总结出材料、系统上的使用要求，授人以渔，对宗教立面的设计和文化传承研究，进行了实践性的探索。

关键词 工业化；铜；钛；钣金工艺；砌筑

．

1 前言

1.1 宗教建筑发展背景

物质社会发展到一定程度，精神需求的满足就越发重要，宗教领域就是其中很重要的内容，而佛教不仅意味着宗教，还有文化、艺术等领域的传承和发扬光大。

国家自 2009 年开始支持文化产业发发展，先后出台系列文件，特别是2015 年国家宗教事务局局长王作安在"中国佛教协会第九次全国代表会议"讲话中，明确提出了要树立佛教清净庄严的良好形象，坚持人间佛教的发展方向，对佛教教理教义做出符合时代发展要求的阐释。阐发佛教中应时益世的哲学思想、人文精神和道德观念，为培育社会主义核心价值观提供思想资源和精神涵养。开展佛教学术研究，推动具有中国特色佛教文化的创造性转化、创新性发展。培育新型公益慈善组织，开展爱生护生活动，创建生态寺庙。受到政策面的决定性影响，当前建筑设计市场文化类项目变得越来越多，这也与时代发展相吻合。

佛教对于传播正面的价值观、推动文化繁荣和经济发展、促进社会和谐进步有着不容忽视的意义，我们这个时代需要和谐发展、永续发展的观念，需要大家回馈社会、造福世间的责任意识，这不仅需要出世的修行与参拜，也在于入世的关怀与行动。从基于宗教建筑为社会主义核心价值观服务的基本原则出发，在宗教（特别是佛教）寺庙建筑的新建和维护有较大发展的同时，也推动了相关建筑技术的发展和进步。

图1 南京牛首山佛顶宫

图2 山东汶上宝相宫

261

图3　无锡灵山梵宫

从上面典型案例可以看到，天然石材和金属铜是宗教建筑常用的立面材料元素，同时立面表皮具有复杂的空间造型，这类建筑坐落在山区或海岛，处于酸性大气环境下，但往往要达到佛教建筑立面历久弥新的要求，确保项目"举世无双、流芳百世"的建设目标，这为立面选材和系统设计带来了挑战。

1.2　项目背景

普陀山是世界闻名的观音道场，在宗教界具有显赫的地位。从唐朝开始，普陀山就迅速成为汉传佛教中心。至清末，全山已形成3大寺庙、88禅院、128茅棚，僧众千数，史称"震旦第一佛国"。"观音法界"，是中国观音文化发展在改革开放以来的第二次重大的历史性跨越。"观音法界"的功能定位将是修持礼佛弘法中心、信众服务基地。既要打造佛教建筑的传世之作，又要成为普陀山观音文化的博览园、弘法中心，成就现代佛教弘化理念的"文化地标"。

图4　建设中的浙江普陀山观音法界效果图

观音圣坛作为观音文化园的核心建筑，不仅是传统建筑佛教中的建筑形制，也是宣传和展示佛法等多功能于一体的大空间、大体量而产生的全新功能，从项目性质和定位来讲，其政治意义远远大于其经济利益，是前无古人的中华传统文化真正落地之项目，也有一般宗教项目所不具备的条件。

图 5 建设中的观音圣坛效果图

2 项目介绍

2.1 圣坛项目立面特点简介

圣坛项目由观音主坛和善财龙女楼共三个坛组成，立面上，三个建筑单体在材料和造型相同的部位采用了相同是表皮系统。以主坛为例，各部分的组成如图 6 所示。

图 6 观音圣坛主坛立面部位示意图

基座和塔身作为宗教建筑坚如磐石的象征，一般采用天然石材作为基础立面材料；而莲瓣、塔身屋檐、背光、飞边、塔刹等部位，往往是体现宗教艺术价值的地方，需要从选材和系统上综合考量，加上海洋性气候环境的设计耐久性要求，如何保证佛教协会定位本项 300 年基业长青的概念，给本项目立面设计带来了挑战。而随着近年来新材料和工艺的发展，传统宗教建筑立面设计工艺是否适应和满足新时代的标准要求，也给本项目带来了新的研究课题。

2.2 耐久性原理

建筑立面的耐久性设计，所涉及的方面较多，其中包括面板，玻璃、金属、石材、混凝土或 GRG；骨架以及将墙板固定于结构并传递水平荷载的埋件；板或单元体之间的接缝；另外墙体与基础、与屋面、与其他相邻部位的连接部分；连同洞口都很重要。不同的系统会带来不同的问题，每个相关设计人员设计职责也不相同。建筑物越高，材料越脆以及越重，所存在的安全隐患就越严重。其中渗漏水问题应该是影响耐久性的关键性因素[1]。

常见的渗漏水原因主要由下面几个方面引起：

（1）建筑师、承包商、分包商、技术顾问没有充分理解防水处理的设计原理；

（2）防水设计没有被施工人员或承包商充分理解，彼此缺乏交流、沟通；

（3）没有通过加工图纸和组装图，检测和施工监督对设计进行核查；

（4）各参与方缺乏协调合作。

正确的系统防水设计概念除了将水隔离在墙体以外的同时，需要考虑漏气、保温、防结露、适应结构相对位移等方面影响。所以系统耐久性的提高有赖于高品质的设计、构件、装配、安装以及各部分的通力合作。要达到百年的设计寿命，除了材料自身的耐久性、科学合理的设计系统，另外关键的因素是完善的检测体系，包括立面幕墙制作、施工过程中以及幕墙系统服役阶段持续检测，要有可维护设计的概念。

3 工业化系统

装配式建筑是国家近年来一直力推的项目，考虑到建筑单体为四面体对称造型，特别是在莲瓣部分，为 32 个造型相同的大小莲瓣组成，莲瓣由俯莲、仰莲和腰线组成，每片角度 11°，外轮廓直径 120m，总高 8.8m。具备装配式外墙的实施概念。设计之初我们研究了预制混凝土系统、GRC 板系统。

图 7　观音圣坛主坛莲瓣部位立面示意图

3.1　预制混凝土系统

表面的材质效果是建筑设计追求的重要目标之一，预制混凝土板表面的效果需要研究和探讨，对真石漆、石材反打和水磨石的工艺进行了相关了解。

3.1.1　真石漆饰面工艺

真石漆是一种装饰效果酷似大理石、花岗岩的涂料。主要采用各种颜色的天然石粉配制而成，应用于建筑外墙的仿石材效果，因此又称液态石。真石漆用料 $4-5kg/m^2$，仅占石材重量的 1/30，附着力强，不会像石材整体脱落，有效保障安全。但是考虑到使用寿命仅 15 年左右，与本项目耐久性要求相差甚远，故没有采用此方案。

3.1.2　预制混凝土-石材反打工艺

反打工艺就是将建筑外墙用饰面石材在工厂事先打到混凝土里，形成一体的建筑预制构件（柱梁墙等），优点是石材位置精准，表面规整，附着牢固，整体装配大大提高施工进度。考虑的要素是石材的膨胀率，石材与混凝土的粘接强度、耐候性、泛碱、水浸等，而面材一般考虑为花岗岩，相比其他类型的石材，花岗岩在抗风化、冻害、锈斑等天然缺陷方面有一定的优势。石材背板的涂装工艺也是反打的关键技术之一，通常国内厂家在石材的背面通过采用树脂胶，硅砂以及防水密封胶涂刷处理，这样可杜绝石材直接与混凝土接触表面而出现的泛碱白桦现象；能吸收石材与混凝土因热膨胀率不同而发生的微小相对变位；也可预防没有锚固部分石材发生裂缝断裂时的掉落。（图 8）

通过调研国外相对成熟的背板涂装工艺，花岗岩预制混凝土墙板 PC 板的石材背面处理多采用高弹性涂料（例如 NA14KF 横滨橡胶等）。在中国境内生产预制混凝土 PC 板时，如果从日本国内调集这些材料，那么由于其属于危险物品，因而将导致产生巨额的运输成本。鉴于此，针对在中国国内调集同种类材料展开讨论，我们针对备选的中国产背面处理材料实施了性能确认实验，具体实验结果如下[2]。

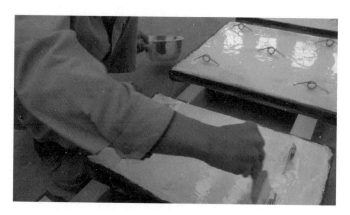

图 8   混凝土石材反打工艺的石材背面涂装

针对 5 大项目展开实验。

（1）耐碱性实验：确认对碱性水的耐久性

（2）透湿性实验：确认对水蒸气、液体水的防湿效果

（3）滤纸污染试验：确认背面处理材料成分的防渗出污染性

（4）水密实验：确认与新浇混凝土之间的紧密性

（5）拉勾连接件支撑力实验：确认用于支撑力设计的支撑强度

实验所使用的材料见表 1。

表 1   使用材料一览

材料	产地·品牌	规格
石材	中国产花岗岩	150×150×25mm
背面处理材料	中国产 （DAIYU 涂料）注：米山涂料	①标准配方 ②改良配方 A ③改良配方 B
	日本产 （横浜橡胶）	NA14KF
拉勾连接件	日本产	—
粗骨料	中国产	轻量 1 类

实验过程和方法另详，中国生产和日本生产的背面处理材料试验结果见表 2。

表 2　试验结果的总结

产地　　　试验	中国生产			日本生产
	标准配方	改良配方 A	改良配方 B	
耐碱性	良好	良好	良好	良好
透湿度 （g/m².24hr）	0.35	0.38	0.43	3.71
滤纸污染性	B+	B+～A	B+	B
水密性	良好	良好	良好	良好
短期容许拉伸耐力 * 1 （kN）	1.59	1.63	1.56	1.20
拉伸强度 * 2 （N/mm²）	10.6	22.0	18.7	1.4
延伸 * 2 （％）	4.0	3.1	2.1	73.0

＊1. 石材种类的不同耐力也是各异，有必要对各个案件做试验。
＊2. 耐碱性测试后的试验片实施的试验结果。

　　由上表可知，中国生产的背面处理材料的性能能充分满足石材背面处理的要求。另外，透温度及耐污染性等性能比日本生产的材料更加优越，非污染性也更加优越。这也说明石材反打关键技术在国内的发展也相对成熟，可以应用到工程实践。

　　我们采用来两个材质进行反打石材面层的处理，汉白玉和黄金麻作为观察样品。如图 9 所示。

图 9　混凝土石材反打工艺的石材样品

3.1.3　水磨石工艺

水磨石（也称磨石）是将碎石、玻璃、石英石等骨料拌入水泥粘接料制成混凝制品后经表面研磨、抛光的制品。以水泥粘接料制成的水磨石叫无机磨石，用环氧粘接料制成的水磨石又叫环氧磨石或有机磨石，水磨石按施工制作工艺又分现场浇筑水磨石和预制板材水磨石地面。设计之初考虑是无机预制板块体系。水磨石的风化、磨蚀，国内外最通用便捷的办法就是将石材表面的污垢清洗后，打上一层蜡。这种办法对新的水磨石表面可以起到一定的保护作用，延缓自然风化、磨蚀的速度。通过对相关样板的观察，发现表面对质感与本项目相差较远。如图 10 所示。

图 10　水磨石工艺预制板样品

3.1.4　制作方案

板块设计：取一个单元莲瓣为例，原有建筑方案想主从莲瓣一体成型。但目前现有 PC 技术很难达到一次预制的可能性。（按现有建筑图效果，按混凝土容重，主莲瓣重量高达 130 吨），且构件过大，吊运及安装难度非常高。故在此基础上，对其进行分割。主莲瓣仰莲和俯莲分开。（图 11）

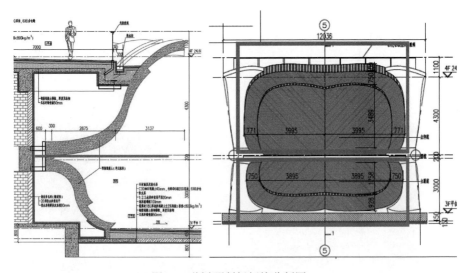

图 11　莲瓣预制板板块分割图一

再对仰莲部分进行尺寸分割，分割后构件尺寸大致为 7×1.6×0.3m，这样单个构件重量基本控制在 8 吨左右，不超过 10 吨（300mm 厚）。构件大小也亦可满足集装箱装运要求。吊装相对较易。俯莲部分亦是如此。（图 12）

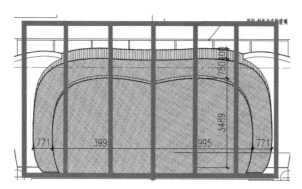

图 12　上莲瓣预制板板块分割图一

从花瓣分割示意如图 13 所示。

构件制作：构件采用竖向浇筑，模板采用钢模，内衬硅胶模工艺完成莲瓣双面曲线的制作工艺。硅胶模预制构件工艺现在相对成熟，如在杭州九堡大桥桥头堡上有所表现。（图 14）

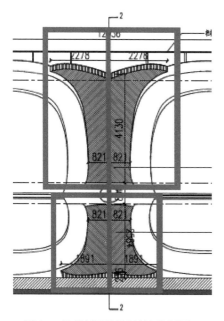

图 13　从莲瓣预制板板块分割图一

图 14　杭州九堡大桥桥头堡

　　节点构造设计：一湿式连接：构件预留钢筋，和现场结构梁钢筋连接，再混凝土浇筑。优势：和主体刚性连接，结构受力明显；劣势：需和结构一同完成，需要临时支撑体系。二干式连接：构件利用预埋件与结构主体机械连接。优势：结构体可先行完成，构件后安装。安装不需要支撑体系；劣势：连接节点需要做防锈处理。构件与主体结构间需填充层间塞（防火岩棉等的材料。）

　　构造上还有一个问题是板块之间接缝处密封材料的耐久性问题，密封胶一般采用聚氨酯材料PU经过改性处理，在耐候性能上有一定的提高。板块之间的接缝构造通常如图15所示。

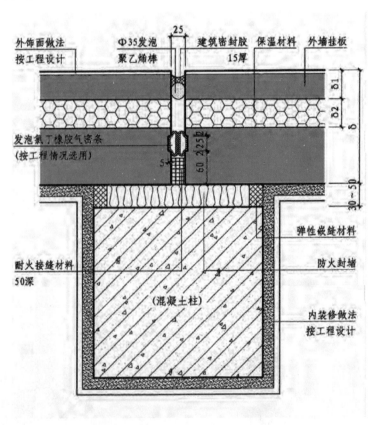

图15　混凝土挂板垂直缝水平剖面构造

　　可以看到，密封的材料为硅酮类密封胶和胶条，包括填缝剂，按照目前材料的性能来讲，是否具有百年的设计概念，值得商榷。

　　板块加工制作、运输安装的板块尺寸问题，也是另外一个挑战。如果采用常规货车运输，装货高度受到隧道、桥梁限高要求通常不大于 4.5m。装货宽度受到运输车辆限制，宽度通常不大于 2.4m。所以需将大分格构件合理分割成可运输的小分格，宽 2.4m 左右，高不大于 3.5m 左右。考虑到以上众多的原因，以及板块重量较大，给主体结构负荷大的原因，最终放弃了工业化产品预制混凝土板的系统选择。

3.2 GRC 预制板体系

GRC 是一种以耐碱玻璃纤维为增强材料、水泥砂浆为基体材料的纤维混凝土复合材料，GRC 是一种通过造型、纹理、质感与色彩表达设计师想象力的材料。GRC 可以通过在面层材料中掺入无机颜料和特殊骨料实现丰富多样的质感、颜色和表面肌理，能与 GRC 面层充分融合并表现出良好的着色能力，不掉色，褪色现象也非常缓慢，一般视觉难以觉察到。它的优点在于现场施工相对方便，工艺成熟，结构耐久、安全、可靠，单块构件尺寸可以达到 50m^2，重量轻（0.06t/m^2），可以直接实现表面装饰效果，成本较低。

现在的 GRC 已经掺入了很多高性能的添加剂，表面风化、劣化、泛碱等现象已经得到了有效控制，但每隔 3～5 年须对表面防护剂进行覆涂，结合此工程特点，需对上仰莲进行维护，腰线和俯莲可免于维护，只需定期清洗即可。

与 PC 预制混凝土板方案一样，GRC 的板块尺寸也受到运输工具的限制，拼缝材料的耐久问题仍然存在，通过仿山东黄麻石材表面效果样板的小样制作观察，效果与设计要求相差较大[3]。同样也没有采用 GRC 立面材料方案。

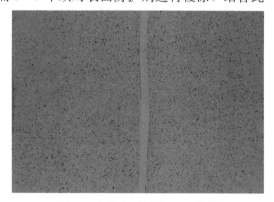

图 16 仿黄麻石材的 GRC 小样

4 金属板材

4.1 概述

通过考察，宗教建筑立面金属材料上用得最多的是金属铜。而钛是英国化学家格雷戈尔在 1791 年研究钛铁矿和金红石时发现的；不锈钢合金是英国冶金专家亨利·布雷尔利在 1912 年把铬与钢熔合起来制成的。这两种近代发现的新材料相比铜有更加优越的物理性能，为百年建筑立面材料的设计选用带来了新的活力。

表 3 常见金属物理性能表

金属材料	钛	不锈钢 SUS304	不锈钢 SUS316	铁	铜	铝
熔融点（℃）	1688	1398～1543	1370～1397	1530	1083	660
比重	4.51	7.93	8.0	7.9	8.9	2.7
线膨胀系数（$\times 10^{-6}$/℃）	8.4	17.3	16.0	12	17.0	23.0
热传导率（Cal/cm²/sec/℃/cm）	0.041	0.039	0.039	0.15	0.920	0.490
电阻 μ（Ω-cm）	47	72	74	9.7	1.7	2.7
杨氏模量（kg/mm²）	10850	19300	19300	21000	11000	7050

下表 4 是常见金属在流动海水中的年表面腐蚀金属厚度列表。

表 4 流动海水中常见金属年表面腐蚀金属厚度列表（μm）[4]

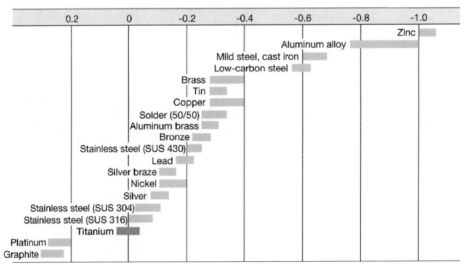

有上表可知钛、不锈钢的抗腐蚀性能要优于铜。近年来传到中国的钛锌板，实际上主要成分的锌，对比上表的性能数值，考虑到宗教建筑的特殊性，以及其材料自身颜色的局限性，没有纳入设计比选范围。

4.2　铜的应用

铜对宗教文化的影响，可从几个方面来看：中国的铜矿产资源极为丰富，获取便利，使得铜能够广泛应用于古代各行业；从铜的化学属性来看，铜在空气中具有很好的稳定性，融入其他化学物质后，能弥补其自身的软性，例如把锡掺到铜里去制成铜锡合金——青铜。青铜器件的熔炼和制作比纯铜容易得多，比纯铜坚硬（假如把锡的硬度值定为5，那么铜的硬度就是30，而青铜的硬度则是100～150）。这些因素使得铜具备了取材成本低廉、便利，稳定性高，易长期保存，这使得铜成为作为宗教文化传播的最适宜的载体。另外一方面，铜的色泽暗沉，特别是产生铜锈色后，更加适宜表现佛像的庄重威严。

4.2.1　铜的防腐蚀原理

铜（黄铜，牌号为：H62）在无保护条件下，在乡村大气环境中年腐蚀量为 $0.2～0.6\mu m$。在海洋污染大气环境中，年腐蚀量为 $0.6～1.1\mu m$[1]。在城市污染大气环境中，年腐蚀量为 $0.9～2.2\mu m$。建筑立面一般用 2mm 厚的铜板腐蚀掉 1mm 后，一般仍能保持原有功能。则在最严重的城市污染环境中 1mm 的腐蚀年限为 $1000\mu m \div 2.2 = 454$ 年。

铜在自然状态下，会因为大气的腐蚀而产生表面氧化层，即铜绿，铜锈主要分为氧化铜和碱式碳酸铜（简称铜绿）。铜绿是大气腐蚀铜表面的结果，同时铜绣也会对铜表面也产生一定的保护。铜绿的年腐蚀量如下，在乡村大气环境中年腐蚀量为 $0.5\mu m$。在海洋污染大气环境中，年腐蚀量为 $1\mu m$。在城市污染大气环境中，年腐蚀量为 $1～2\mu m$[5]。这也就是为什么古代宗教建筑使用铜的主要原因，另外就是不锈钢、钛的制造技术也是在近代才得以发展。下图是铜在自然氧化过程中颜色和年份对应关系图。

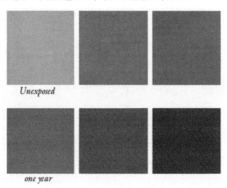

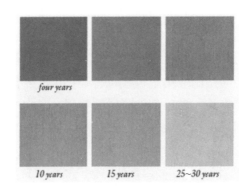

图 17　铜在自然氧化过程中颜色和年份对应关系

4.2.2　常用铜表面处理形式

常见宗教建筑的铜表面处理形式有氟碳涂层、铜表面氧化、镀金、贴金箔、铜鎏金等方式。其中，由于近年来氟碳漆原料的革新，加之良好的性价比，目前正广泛被宗教文化建筑项目所接受。

氟碳金属漆是以氟碳树脂为主要原材料的一种高品质溶剂型防腐装饰漆。具有优异的耐候性，理论寿命在 20 年以上。与基材的附着力异常牢固，适用铜、铁、铝等金属材料的基层，具有优异的防锈、防氧化、防腐蚀性能，是当今汽车、航空、航海、核电站的理想用漆。美国研究机构曾对氟碳涂料及超级涂料、一般涂料做过测试比较，分别涂层的样件放在美国佛罗里达州灼热阳光照射，以及在潮湿含盐分空气的恶劣环境下暴露 12 年，实践证明氟碳涂料的稳定性和耐久性比其他两种涂料高 30％ 和 80％，氟碳涂料保证了在室外各种恶劣环境下使用。

铜表面高温热氧化工艺处理[2]，采用高温热氧化着色工艺，即铜化学热着色，不同于物理喷涂着色。着色好后的颜色，看上去就如同从铜内部透出来的一样，丰富、自然、厚重、牢固。目前国际上最前沿技术含量最高的着色技术。由于是在高温下形成的颜色，所以颜色的持久性非常好，形同于室内热着色的工艺品如香炉，果盘等。这种技术在外墙的应用还有待进一步证明。

电镀技术：将零件作为阴极放在含有欲镀金属的盐类电解质溶液中，并使阳极的形状符合零件待镀表面的形状，通过电解作用而在阴极上（即零件）发生电沉积现象形成电镀层。根据电镀质量、镀层厚度等的不同，电镀时所选用的电流密度、电解液的温度、电镀时间等工艺参数不同。电镀金时，阳极用纯金板，与直流电源正极相连，阴极为紫铜基体，经过前处理后，与电源负极相连。将阴阳极放入电镀溶液中，当接通电源时，即可实现对阴极基体表面的电镀。电镀涉及的基本问题和理论解释属于电化学范畴，而沉积层物理性能方面的改变则属于金属学方面的范畴。

金镀层具有高导电性、低接触电阻、良好的焊接性能，它在海洋性大气中及一般酸碱条件下都具有优异的化学稳定性及耐蚀性。通过对镀层的表面质量、显微硬度、结合力等性能进行分析表明电镀处理使这些耐腐蚀性能和机械性能得到明显提高。镀金层电化学惰性决定其耐腐蚀性能极佳，与其他金属镀层相比耐蚀性突出。30 年内镀金表面基本无腐蚀。由于电镀槽尺寸的限制，外墙镀金铜板的单块面板面积不宜过大，性价比较低，目前尚不能大面板使用在外墙立面上。

金箔，是利用黄金延展性强的特性，用纯金锻打而成的极薄的箔片，其含金量为 98%±1%，其厚度为 0.12μm，具有金光灿烂、永不变色之特点。将金箔贴于物体表面，不仅能增强其观瞻效果，同时对基层材料起到耐腐蚀，耐氧化的保护作用。金的化学性质稳定，具有很强的抗腐蚀性，在空气中甚至在高温下也不氧气反应，同时金在高温下都不会和氧气与硫反应，化学性质非常稳定，室内可保证 100 年不变色。由于贴金箔对现场环境要求高，价格昂贵等原因，室外外墙的应用还有待进一步开发。

铜鎏金，鎏金是自先秦时代即产生的传统金属装饰工艺，是一种传统的做法，至今仍在民间流行，亦称火镀金或汞镀金。铜鎏金是把金和水银合成的金汞剂，涂在铜器表层，加热使水银蒸发，使金牢固地附在铜器表面不脱落的技术。在鎏金过程中有大量汞蒸气远散，不但污染周围环境，而且危害人体健康，特别是操作人员身体的健康。汞，化学符号 Hg，俗称水银，为易流动的银白色液态金属，内聚力很强，熔点−38.87℃，沸点 356.589℃，因汞离子是一种强烈的细胞原浆毒，能使细胞中蛋白质沉淀，故汞蒸气和汞的大多数化合物都有剧毒。在鎏金过程中，特别是在"杀金"、"烤黄"工序中，因在火上进行，会产生大量汞蒸气.通过呼吸道、食道、皮肤侵入人体引起汞中毒。因而目前国内外墙上基本没有应用实例。

4.2.3 铜钣金系统[6]

参考到 2.2 中的耐久性设计原理，面板没有接缝的系统，是阻止室外水进入幕墙系统最好的设计思路之一，也是避免水腐蚀内部构件最好的策略之一。这就是钣金系统的出发点。在百度上搜索"钣金"，一种加工工艺，钣金至今为止尚未有一个比较完整的定义。根据国外某专业期刊上的一则定义，可以将其定义为：钣金是针对金属薄板（通常在 6mm 以下）一种综合冷加工工艺，包括剪、冲/切/复合、折、铆接、拼接、成型（如汽车车身）等。其显著的特征就是同一零件厚度一致。

宗教文化建筑的金属立面通常采用 2mm 左右铜板或 2mm 不锈钢板挂接在内部钢架上的结构形式，通过手工锻制、折弯等方式分块制作文化宗教特定的艺术外形，通过焊接方式连成整体，外表面根据颜色要求喷涂金属氟碳漆。

钣金系统的总体结构由内部主结构、副支架和铜壁板（或者不锈钢壁板）组成，如图 18 所示。

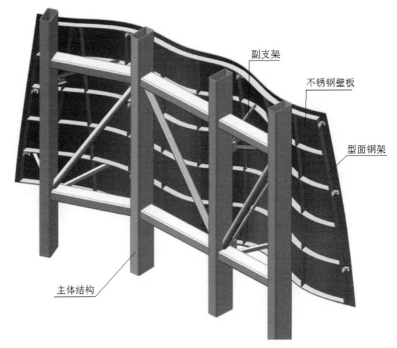

图 18　钣金系统主要结构组成

（1）壁板结构

由于 2mm 左右的铜板（不锈钢板）的刚度较小，在荷载作用下表面形状易于变形，需要在不锈钢内侧增加型面钢架来提高刚度，所以外铜皮和型面钢架共同组成壁板结构。（图 19）

铜外皮与型面钢架之间采用种钉组件（图 20）连接，是通过电容式储能螺柱焊机通过瞬间强电流产生高热，将焊接螺柱牢固焊接在不锈钢板上，是

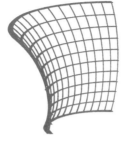

图 19　壁板系统组成

一种高效、全断面融合的特种焊接工艺，焊接不会引起不锈钢外表面的焊接变形和焊接痕迹。

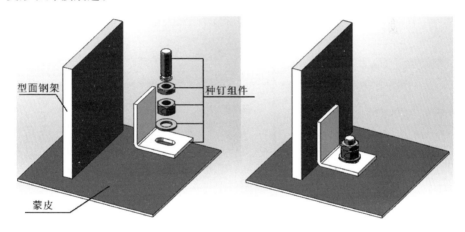

图 20　种钉结构

（2）主体钢架结构

主体钢结构用于承载壁板的自重及各种外部载荷，均匀分布到内部主体混凝土结构或钢结构上。如果铜表皮与内部混凝土结构之间距离小于 2m，就在混凝土结构中预留钢的预埋件用于壁板连接，不布置主体钢架。

（3）副支架结构

利用副支架将一块块的壁板连接到副钢架上，实现悬挂承载方式，同时将壁板承受的载荷传递给主体钢架。副支架的一端焊接在壁板的型面钢架上，另一端通过连接板焊接在主钢架上，副支架的布置有水平向和斜向两种形式，每块壁板上水平向和斜向交错布置使得每两根副支架和壁板之间形成三角形的稳定结构。

为了减少现场焊接，避免焊接后表面防腐处理，采用了单元式幕墙与钣金工艺相结合的体系。

由图21可知，此系统将面板预制焊接挂件，现场通过挂钩挂接在挂轴上安装成型，实现现场无焊接处理，极大提高了耐久性和系统的安全系数。在背光、飞边、莲瓣等弧形大面造型区域采用了钣金工艺系统。

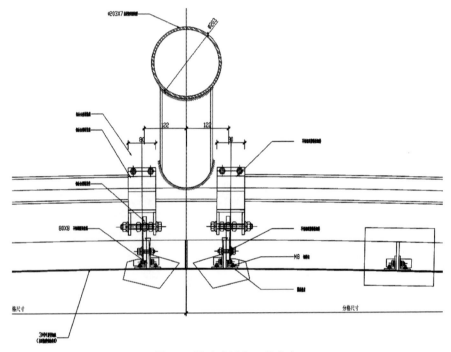

图21　单元式钣金工艺节点

项目的制作、安装主要包括1∶10模型制作、模型数据采集及处理、主体结构设计制作与现场安装、壁板设计制作和现场安装、副支架现场安装、整体修饰、表面抛光，表面涂装等工艺过程。施工安装的流程另文说明。

项目完成后服役阶段因受各种环境的影响，可能会产生一定的缺陷和故障，为保证神像的长期供奉，需定期对表皮进行检查维护，发现问题及时维修，检查维护的主要内容及主要维修方法如下：

（1）项目表面及内部钢结构的防腐涂层：如发现起皮、老化或脱落需清洗后重新按原方法原材料涂刷防腐涂料。

（2）项目内部的焊缝：如发现裂纹则需补焊维修，如裂纹较大或较多则需根据实际情况制定可行的维修方案进行维修。

图 22　峨眉山金顶十方普贤菩萨案例

铜钣金工艺的特点，可以形成复杂的神像曲面造型；铜板面材可以通过焊接实现无缝的表面，达到建筑师希望的效果；复杂的几何形状在工厂加工，精度有保证；重量较轻，对主体结构影响小；运输和吊装方便表面涂装工艺成熟，耐候性好；可以通过后期维护保持外观效果。具有相当的应用前景。

4.3　钛的应用

1987 年日本的世界真光教会堂在屋顶和墙面使用了 11，000m² 的钛板，是在建筑立面上第一次大面积应用金属钛的案例。2002 年，中国国家大剧院选择钛复合板，是国内第一个建筑立面项目。全球钛材料用量超过 30 万吨，其中建筑用钛的比例远不到钛用量的 1%，占市场的比例非常小，从企业经营的角度考虑，绝大部分厂家都没有去投入研发相关产品，钛在建筑上的应用还处于起步阶段。

4.3.1　钛的物理性能

建筑用金属钛在常温下容易形成稳定的氧化膜（不动态膜），显示了出色的耐蚀性。在通常的建材使用背景下，没有产生腐蚀的可能性。

a. 对海水具有白金同等的耐蚀性——是最适合在海岸地带使用的金属。

b. 对腐蚀性气体也具有出色的耐蚀性（亚硫酸气等）——在大城市、工业地带、温泉地带等，是最出色的建筑材料。对全球规模的环境污染（酸雨等）也是强有力的金属。

c. 无不锈钢存在的盈利腐蚀、孔蚀、间隙腐蚀等问题。

d. 与异种金属的接触性能——与不锈钢几乎相等的腐蚀电位，可与使用不锈钢同等的思维加以应用。

表 4　日本藏王温泉腐蚀试验结论数据表（曝露期为 6 个月）

（单位：mg/dm²/天）

	源泉地曝露	源泉地浸渍	浴场内壁曝露	浴场外壁曝露	浴场浸渍
纯钛	0	0	0	0	0
不锈钢 SUS 304	—	溶解*1	1.99	—	溶解*1
SS 400 钢材	46.22	溶解*1	41.55	19.33	溶解*1
韧钢	73.66	165.94	64.83	17.11	31.77
纯锌生铁	0.66	溶解*1	2.39	0.55	溶解*2
铝 5052	0	74.77	0	—	109.49
镍	0.66	341.44	3.83	1.83	58.49

*1：2个月以内溶解。

*2：浸渍后 10 天以内溶解，—记号是异常值。

金属钛材料本身并没有颜色通过特殊处理，使钛表面生成一种薄的氧化膜（无色透明），通过其干涉光线使其呈现颜色，而且通过改变氧化膜的厚度，实现多种多样的颜色。钛板和其他金属材料（铜、铁）一样，都会在自然界空气中进行氧化，发生变化；而且建筑的角度、日照、雨水量都会影响颜色的变化进度；表面颜色的稳定性控制，是金属钛在建筑上应用的核心技术。

4.3.2　钛瓦屋面

圣坛项目铜、钛屋面部分，主要应用于塔身屋面部分，风格类似唐代屋顶风格，整体线条比较平缓，屋顶形式为十字脊顶。屋面基本组成有：筒瓦、板瓦、勾头、滴水、正脊、围脊、戗脊等。冲压成型的筒瓦材料，目前市场常用的有铜瓦和钛瓦。

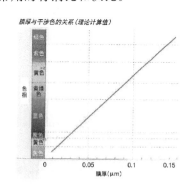

图 23　钛的颜色与氧化膜厚度关系

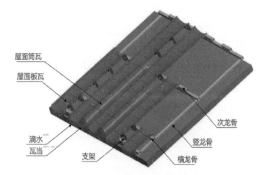

图 24　筒瓦基本系统构造图

系统门窗需求和发展分析

◎ 陈 勇

弗思特工程咨询南京有限公司

1 引言

这几年，用户对住宅品质的需求日益提高，建筑门窗市场也发生了深刻的变化。系统门窗日益受到用户关注，国内从事系统门窗的研究机构如雨后春笋般涌现，系统门窗产品也逐渐在市场上打开局面，在品质上有追求的地产商也开始将系统门窗纳入采购体系。与此同时，市场对系统门窗的认识还不充分，市场中的系统门窗产品也良莠不齐。系统门窗是一个复杂的系统，从原材料到产品再到最终用户。本文拟从帮助需求端（地产商）更好地选择合格的系统门窗产品，同时也帮助供给端（供应商）生产符合市场需求的系统门窗产品。

自 1983 年，欧洲发达国家门窗品牌陆续进入中国，其完善的门窗经营模式及这种模式下生产出的高性能节能门窗产品均有别于国内传统门窗。根据其特点，这类厂家被称为"系统供应商"，其核心技术被称为"门窗系统"，其最终产品被称为"系统门窗"。

"系统供应商"，以研发设计为中心，集技术、材料、物流、设备、培训、软件、服务等为一体。从设计到最终施工，系统供应商服务于项目始终。

"门窗系统"，经研发可组成高品质、高性能门窗产品的技术的集合，包含产品设计、制作、安装、后期维护等，其中产品设计为门窗材料、结构等设计。

"系统门窗"，是指根据门窗系统提供的技术制作出的门窗，是实物的门窗。

二十年前，国内第一家系统供应商诞生。在很长的一段时间内，国内对系统门窗的认知度较低，但近些年情形有些改变。国内涌现大批独立系统供应商，并结合企业自身情况衍生出材料商介入系统供应商和门窗企业介入系统供应商两种类型。现国内系统门窗品牌如雨后春笋，遍地发芽，系统门窗迎来了春天。

系统供应商类型对应品牌列举：

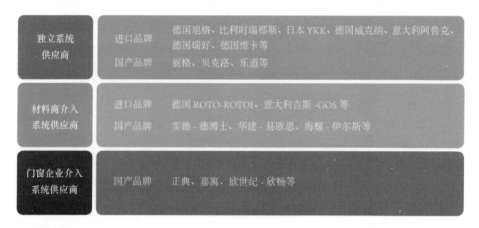

独立系统供应商	进口品牌	德国旭格、比利时瑞那斯、日本YKK、德国威克纳、意大利阿鲁克、德国瑞好、德国维卡等
	国产品牌	丽格、贝克洛、乐道等
材料商介入系统供应商	进口品牌	德国ROTO-ROTOI、意大利吉斯-GOS等
	国产品牌	实德-德博士、华建-易欧思、海螺-伊尔斯等
门窗企业介入系统供应商	国产品牌	正典、嘉寓、欣世纪-欣畅等

2 系统门窗必将"大行其道"

生物之间存在着生存争斗，适应者生存下来，不适者则被淘汰，这就是自然的选择。生物正是通过遗传、变异和自然选择，从低级到高级，从简单到复杂，种类由少到多地进化着、发展着。

——进化论

传统门窗在国内叱咤风云数十载，以其材料选择的灵活性和低廉的价格受到青睐。但随着时间推移，越来越多的问题显现出来，地产商和用户厌倦了门窗总是出现各种问题。材料商和门窗企业也因型材、五金的价格已非常透明以及行业内的低价竞争而急于要寻找一个突破口，这时候大家都把目光转向了系统门窗。

2.1 追根溯源，讲系统门窗的兴起

（1）传统门窗日渐式微

中国建筑行业走过黄金十年，进入白银时代。在过去十年里，房地产行业发展如火如荼，对门窗供不应求。门窗行业轻"质"重"量"，不注重产品

的品质及研发。同时，传统门窗的运营模式也存在一些缺陷。两者间产出各种化学反应，导致部分门窗产品出现渗漏、变形、结露等问题。让门窗从建筑的取景框沦为了建筑的补丁。

传统门窗是由门窗企业根据地产商的需求采购各类材料拼装成整窗交付给地产商。这种模式在国内历经多年，显现出越来越多的问题，从设计、加工、安装三个方面，主要存在的问题及潜在危机如下：

传统门窗无设计、不检测，加工、安装过程缺乏工艺要求，做法任性。大批产品品质、性能无法得到保障。这样不完善的经营模式导致很多门窗项目成为了建筑的软肋，也导致很多用户对门窗抱怨多多。

在这样的背景下，越来越多的行业内人士意识到国内门窗企业及门窗产品需要一次变革。门窗企业需要着力于设计研发出符合市场需求的门窗产品，提高产品的品质，提高产品的节能环保水平及各项性能。规范门窗的加工、安装工艺。改变原有的粗放型生产方式和商业模式，建立新的门窗运营制度。

（2）系统门窗方兴未艾

系统门窗在欧洲发达国家已有五、六十年的发展历史。我们在采访旭格时，旭格介绍了他们的创业经历：旭格创始人一开始是想别人可以从自己手中拿到一个整窗，所以他采购型材、五金及辅配件并把它们组装制作成整窗进行销售。同时他从整窗入手，对门窗进行了改进、研发，这就是系统门窗最早的雏形。1978年欧洲各国从政府角度，对窗的节能性、安全性等提出了很多要求。就如现在的中国一样，政府越来越关注建筑的节能、安全等。当时欧洲各国政府设置了规范、标准、甚至法律，对于小的门窗生产企业来说，要保证产品的品质和性能并通过各种各样的测试，非常的困难，像旭格这样的系统供应商便迎来了发展机遇。他们帮助门窗企业完善品质、通过检测，并提供材料、技术、设备、软件等。

国内现在的情况与欧洲国家当时的情况类似，国家标准越来越高，相继出现的雾霾、电荒和能源紧缺让大家开始关注建筑的眼睛——门窗的性能。随着物质生活水平的提高，用户对于门窗品质也越发关注。随着新建工程规模日渐萎缩，建筑门窗市场终将转向数量庞大的 C 端用户市场，面对既有建筑这个庞大的市场，终端用户的需求将决定建筑门窗市场未来的发展。

传统门窗受经营模式的制约，难以在整窗的性能上有所突破。而经过一体化设计的高性能系统门窗更符合市场及用户需求，正在入侵整个门窗市场。国内的系统门窗的路程刚刚开始，在未来系统供应商会越来越多，使用系统门窗的项目也会越来越多。我们应本着借鉴与创新并存的态度，借鉴国外门窗发展的优秀经验，结合国内地域、气候条件，寻找中国系统门窗的发展方向。

目前，国内门窗系统品牌呈现百花齐放的姿态。有国外成熟的系统供应商，有国内门窗行业的先行者，也有材料供应商和门窗企业的佼佼者通过系统门窗的研发来提高产品的品质及企业的市场竞争力。系统门窗的热潮中有正在努力研发创新的企业，也有以门窗系统为营销噱头，增加品牌附加值的企业，时间是试金石，会验明真伪。

2.2 多维度解析系统门窗大时代

门窗系统	为满足一个系列建筑门窗的设定性能和质量要求，经系统研发而成的，由材料、构造、门窗形式、技术这一组要素构成的一个整体。按照该组要素的要求，可以设计、制造、安装成达到设定性能和质量要求的建筑门窗。
系统门窗	有完备技术体系支撑的、涵盖门窗所有技术环节的、严格按照构成门窗系统的各要素的要求设计、制造、安装而成的建筑门窗。

由住建部主持，中国结构金属协会主编的《建筑系统门窗技术导则》（暂未发布）中，关于系统门窗和门窗系统的定义如下：

经研发可组成高品质高性能门窗产品的技术的集合，包含产品设计、制作、安装、后期维护等，其中产品设计为门窗材料、结构等设计。系统门窗是根据门窗系统提供的技术制作出的门窗，是实物的门窗。

系统门窗从门窗市场中的非主流产品到住建部为其制定规范，到行业协会大力推广，再到众多企业争相推出自主研发的门窗系统，系统门窗迎来了属于自己的大时代。目前系统门窗以其独占鳌头的品质、性能有席卷整个门窗市场之势。在此，我们从国家政策要求、宏观经济发展、市场供给需求和门窗发展趋势四个部分为大家解析系统门窗何以替代传统门窗成为未来门窗市场的主角。

（1）国家政策要求

2009 年底哥本哈根世界气候大会，中国承诺到 2020 年我国单位 GDP 二氧化碳排放比 2005 年下降 40%～45%，并作为约束性指标纳入国民经济和社会发展中长期规划中。2015 年巴黎世界气候大会，我们承诺在 2030 年单位 GDP 二氧化碳排放比 2005 年下降 60%～65%。这意味着我国必须在社会的各个经济领域采取切实的节能措施，以达到预定的目标。

目前，建筑能耗已占我国全社会总能耗的 40%，其中门窗能耗又占建筑能耗的 45%～50%，占社会总能耗的 15%～20%。门窗是引起建筑能源损失的主要原因，同时也是社会总能源损失的重要原因之一。建筑节能门窗的更新换代将是大势所趋。

从节能的角度，针对最常用的断桥铝合金和塑钢材质，我们进行传统门窗和系统门窗的整窗传热系数对比，系统门窗整窗节能数据较有优势。

相同型材断面高度、相同玻璃配置，内平开窗传热系数：

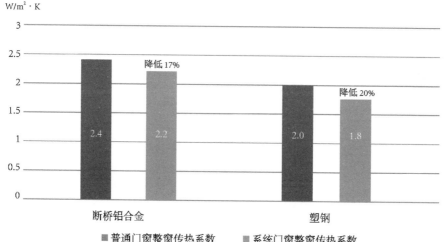

注：型材断面高度为 60mm，玻璃采用 6Low-E＋12＋6 的整窗传热系数进行对比。

相同窗型相同系列产品，断桥铝合金系统门窗节能比传统门窗降低 17%，塑钢系统门窗比传统门窗降低 20%。除节能外，系统门窗的气密、水密、抗风压、隔声性能均优于传统门窗。

（2）宏观经济发展

欧洲发达国家自 20 世纪 70 年代石油危机后，门窗节能要求大幅提高，高性能节能门窗被要求广泛应用，系统门窗得以大力发展。与此同时，欧洲的经济也一直呈持续上升趋势。国内目前情况与其类似。经济快速发展，人均 GDP 持续上涨，国家能源越发紧张。

德国人均 GDP（单位：欧元）

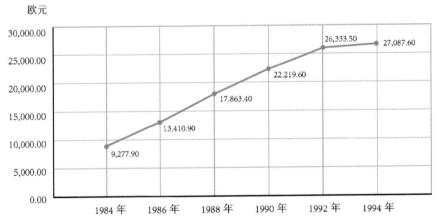

德国门窗节能要求变化历程（单位：W/m² · K）：

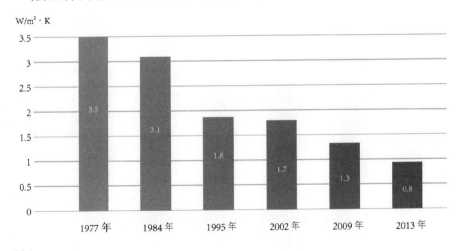

经济的快速增长，伴随而来的是人们对于生活品质提升的需求以及国家对于大气环境和能源的保护。这样的需求，促使高性能节能门窗的应用越发广泛。中国地域辽阔，气候与地理环境差异较大，以与欧洲气候相近的北京为例，北京 2009 年～2014 年人均 GDP 发展如下：

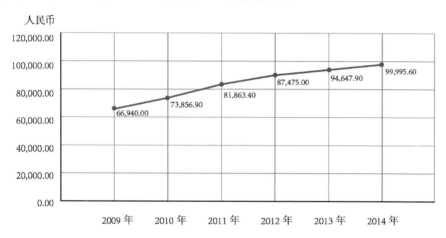

2009～2014 年，北京的 GDP 呈稳步上升趋势，节能要求也在逐步提高。目前北京建筑节能要求 70%，整窗 Uw 值需达到 $2.0W/m^2 \cdot K$，这样的数值还不及德国 2002 年的要求。可见，国内门窗节能要求还有很大的发展空间，随着人均 GDP 持续上涨，节能要求也会稳步提高。节能的提高，为系统门窗的大力发展提供了温床。同时，经济的快速增长，也为系统门窗的广泛应用提供了保障和动力。拼凑材料的传统门窗时期正在远去，门窗市场必将迎来系统门窗当道的时代。

（3）市场供给需求

从人类生存的角度，大气的污染影响到人类的生活环境；从国家发展的角度，门窗是能源流失的主要渠道之一；从用户的角度，南方门窗的渗漏和北方门窗的结露，让用户不堪其扰。此类问题的存在都说明市场对高性能系统门窗存在着客观需求。

根据我们对主流地产商的分析，国内地产正在往规模化、产业化和标准化的道路上发展。近年来，主流地产商对建筑部品的标准化研究和成果使用投入巨大的精力。未来项目会针对客户群体进行细分，分成几种系列在全国各一、二线城市开发。对于门窗部品的采购也会越发精细化。根据不同项目的需求，采购不同类型的产品。

目前主流地产商门窗产品采购价值范围（单位：元/m²）

物业类型		一线城市	二线城市	三线城市	四线城市
住宅	高档	800-1500	800-1200	600-800	500-600
	中档	600-800	500-600	500-600	450-500
	中低档	≤ 600	≤ 550	≤ 500	≤ 450
别墅	经济型	500-600			
	舒适型	600-800			
	豪华型	800-1500			

国内常规系统门窗产品的价格区间在 $800\sim1200$ 元/m²，国外常规系统门窗的价格区间在 $1000\sim1500$ 元/m²。这样的价格区间符合主流地产商很多项目系列，在市场对于系统门窗有足够的认知度的情况下，系统门窗的应用将有所增长。同时，在发达国家前十的房企集中度均已超过 20%。而在中国，2015 年前十强房企集中度约占 16.87%。未来，中国的房企集中度还有很大的上升空间，品牌和规模仍然是房企未来争夺蛋糕的重要筹码。为保证项目的品质和美誉度，高品质性能系统门窗将成为采购部的重要选项。

主流地产市场占有率：

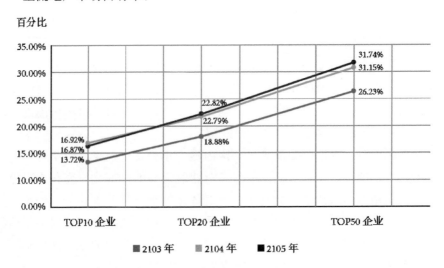

百分比

随着主流地产商集中度的进一步提高，受项目品质的需求，越来越得到行业认可的系统门窗在成本允许的情况下进入主流地产。而系统门窗也会因广泛应用，成本有所降低。整个供求市场呈良性循环。

（4）门窗发展趋势

系统门窗的运营模式弥补了传统门窗在各环节容易出现的问题，从产品设计到制作、安装，从而保证产品的品质。品质得以保障的同时，因门窗经过产品设计，并有完善的加工、安装工艺要求，相同系列的系统门窗性能也优于传统门窗。

系统门窗如何保证门窗品质：

欧洲系统门窗的运营模式发展发展已有很长的历史，以欧洲发达国家的门窗发展历史来预测我国门窗发展的方向。欧洲发达国家的发展经历如下：

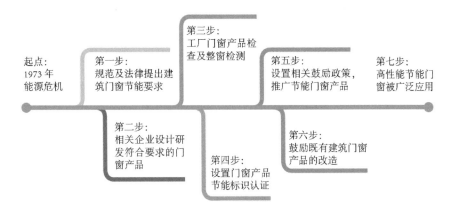

"以史为鉴，可以知兴替"，发达国家门窗产品及其经营模式已经过时间和市场的检验，对于国内门窗的发展有很大的借鉴意义。系统门窗的运营方式必将成为国内门窗产品发展的方向。据网络数据表明，欧洲高性能门窗系统的应用率在70%，而国内的应用率仅0.5%，国内系统门窗的广泛应用还有很长的一段路需要走。

2.3 系统门窗在中国

在我们为期一年的系统门窗研究工作中，我们收集了 500 个使用系统门窗的典型项目及 50 家主流系统供应商品牌。根据这些数据做如下分析：

（1）500 个项目在 2011 年～2015 年中各年度项目数量分布图如下：

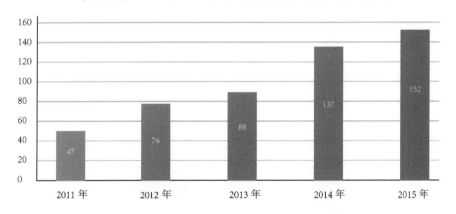

从 2011～2015 年系统门窗的应用一直呈稳步上升趋势，并在近两年建筑行业遇冷的情形下，稳步上升。

（2）根据 50 个典型项目，计算系统门窗在各地区使用情况的分布，如下：

华北：22％，华中：6％，华南：5％，华东：60％，其他：7％。

华东为全国经济较好区域，系统门窗使用最多，系统门窗的普及将从经济较发达地区向其他地区扩散。

（3）什么样的地产商在用系统门窗？

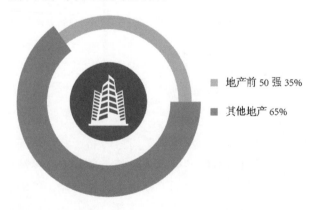

地产前 50 强 35%

其他地产 65%

在 500 个项目中，目前有 35％的项目属于国内地产前 50 强。根据网络数据表明，全国注册的地产商厂家数以万计，有楼盘开发或正在销售地产前 50

强 35％的有 2 万多家。前 50 强企业，数量其他地产 65％上仅占正在运营地产商的 0.25％，但应用系统门窗的项目占总数的 35％，由此可见。一线地产，对建筑品质和门窗品质的追求更高，对系统门窗应用的意识更强。

（4）各类型建筑使用系统门窗分布图

- ■ 高层住宅 59%
- ■ 别墅 18%
- ■ 洋房 9%
- ■ 公建 7%
- ■ 办公楼 3%
- ■ 别墅 3%
- ■ 其他 1%

在 500 个项目中，目前有 86％的系统门窗应用于住宅中，主要有高层、别墅、洋房。传统门窗拼凑整窗的时代正在远去，一体化设计的系统门窗时代正在靠近，顺应市场及大众的需求，系统门窗在国内市场大行其道之路将不远矣。

2.4 系统门窗，建筑与未来

对于系统门窗未来的发展，很多系统供应商表示前景很乐观，机遇与挑战并存，有挑战才会有更大的发展空间。目前国内系统门窗的应用率仅 0.5％，与发达国家应用率 70％相比，国内系统门窗的应用空间非常大。系统门窗的应用无法一口吃成胖子，这必然是一个循序渐进的过程。在系统门窗广泛应用过程中，我们首先需要有一个规范的市场，其次是合理的发展规划。同时，跟宏观经济及人均收入也有着莫大的关系。目前的发展情况对于中国系统门窗市场而言已是曙光初现。

（1）系统门窗未来的应用

① 国内每年新建商品房门窗面积约为：10.3 亿㎡，目前系统门窗的占比为 0.5%，有很大的上升发展空间。

② 物质水平的提高，让消费者对住宅舒适度的要求越来越高。系统门窗的应用将从经济发达地区慢慢向全国蔓延。

① "十二五"规划完成北方采暖地区既有居住建筑供热计量和节能改造 4 亿㎡以上；夏热冬冷和夏热冬暖地区既有居住建筑节能改造 5000 万㎡，公共建筑节能改造 6000 万㎡。该计划已在一线城市开展。

② 较老建筑的门窗产品更替。

① 生活水平的提高，让居住者更关注生活环境，业主选择自己购买门窗。

② 电商及终端客户零售采购高速发展变化。

③ 零售市场资金运转快速，利于企业发展，企业更愿意投资零售市场。

① 90、00 后是彰显个性的一代，对建筑及其门窗部品的需求也会更个性化。

② 让门窗装饰建筑，而不是建筑迁就门窗，门窗产品需要根据建筑的需求去订制。

（2）系统门窗市场的规范

2014 年，住建部成立软科学项目"建筑系统门窗及评价方法研究项目"和"建筑系统门窗技术导则"。由中国建筑金属结构协会牵头，四十余家单位参加。这个项目成立的目的是为了引导国内门窗系统公司正确发展，规范系统门窗市场，为设计院、开发商、建筑商等提供统门窗的正确选择依据，探索适合中国国情的系统门窗商业模式，从而提高国内门窗产品的品质。

2015 年中国建筑金属结构协会与法国建筑科学技术研究中心（CSTB）合资合作成立认证机构——中窗认证检测技术服务（北京）有限公司，并于 6 月在北京举行揭牌仪式。同时，《建筑系统门窗技术导则》预计在 2016 年在全行业内贯彻实施。技术导则的编制人员主要为门窗行业大师，涵盖了型材、五金、系统供应商等各个方面。这个导则的地位相当于初级的国家标准或行业标准，在实践中完善后会升级为国家标准或行业标准。

据了解，认证的标准与方法为《建筑系统门窗技术导则》，对象为门窗系统和系统门窗产品，主体为系统供应商、系统门窗制造单位，机构就是以上介绍的中窗认证检测技术服务（北京）有限公司。至此，国内门窗系统从无证游民，走向了持证上岗的道路。国内如散沙的门窗系统市场也将逐步走向规范化。

3 借建筑的眼睛看系统门窗的"益"

门窗是建筑最优美的装饰，是建筑师手中最奇妙的画笔。一个建筑设计的成功与否，离不开门窗的选择。在设计师的心中，最理想的门窗应该是：打开是一扇窗，通风、采光、收纳阳光，关闭后就像一面透光或是不透光的墙，防火、防盗、阻挡外界对室内环境的影响。

门窗为建筑提供充足的阳光与空气，并承载建筑室内与室外间保温隔热、隔声、防火防盗、遮阳、气密、水密等各项职能。在生活水平不断提高的今天，人们期待更智能化、更人性化的工作、生活环境。门窗是建筑中用户感受最直接，并与其日常生活息息相关的建筑部品，是用户考量是否购买的重要因素之一。笔者根据主流地产的物业报修数据统计，目前非精装修建筑项目中门窗问题的投诉占总投诉量的$50\%\sim60\%$。门窗产品直接影响到项目的销售以及地产商的声誉，是地产商不可忽视的问题。

3.1　新旧交替，新事物的优势在哪里

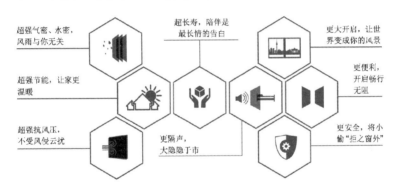

在行业内，关于系统门窗与传统门窗有一个很贴切的比喻：系统门窗如品牌电脑，而传统门窗如组装电脑。那两者之间有哪些差异呢？

	系统门窗（品牌电脑）	传统门窗（组装电脑）
稳定性	材料间兼容性好 有技术团队支持	未经检测，存在隐患
配套产品	软件、设备、加工手册、 培训等配套产品	无配套产品
服务	全过程服务	没有专业厂家提供服务
售后	全国连锁维修， 工厂提供技术支持	售后服务不完善
灵活性	不可随意更换部件	可随意搭配

传统门窗与组装电脑一样，各配件使用灵活、价格实惠。系统门窗与品牌电脑一样，性能稳定、产品品质好、服务完善。如何选择，就在于采购者更看中的哪个方面。

系统门窗较之于传统门窗，品质和性能更优越。系统门窗的应用提高了建筑整体的节能、隔声、气密、水密、抗风压等，让建筑更适合人居住。如果说传统门窗是$1+1=2$，那系统门窗的工作就是为了$1+1>2$。在实际的工作中，传统门窗因加工、安装操作不当等问题，造成很多项目出现$1+1<2$的结果屡见不鲜。而系统门窗因其运营模式，更便于实现$1+1>2$的结果。

3.2 系统门窗是给采购部的礼物

建筑材料包罗万象，种类繁杂，项目采购部的工作量极大且难以实现对每种建筑材料都了如指掌。项目操作过程中，时间就是金钱。采购部要如何才能快速而准确的采购到项目所需的产品呢？比如门窗，它是建筑中看似简单却很难做好的一部分，如何快速选择符合项目需求的门窗产品呢？项目的采购部也许正为此事感到烦心。面对这样的情形，系统门窗是给采购部最好的礼物。

国内项目中门窗的采购通常采用招投标的形式，我们通过传统门窗和系统门窗的采购模式的对比，来发现系统门窗给采购部带来了哪些惊喜？

（1）传统门窗采购模式：

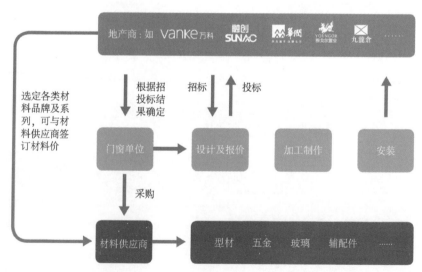

地产商通过招投标的形式确定门窗企业，并与门窗企业确定门窗主要材料的品牌及系列。部分地产商直接与材料供应商签定协议价。门窗企业对门窗项目进行图纸设计及报价，并对门窗进行加工、安装。

（2）系统门窗采购模式：

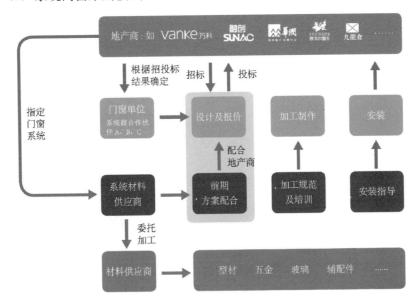

地产商指定系统品牌，该系统品牌合作的门窗企业对项目进行投标，通过投标确认门窗企业。系统供应商对地产商进行项目的前期方案配合，并协助门窗企业进行图纸设计和报价。制作安装过程中，对门窗企业提供制作、安装指导手册及培训等，并对门窗企业的工作进行巡检和反馈。

传统门窗的采购形式对于采购部有哪些要求：①地产商对门窗的各类材料需有所了解。②快速有效的选择自己所需的产品和品牌。③筛选项目区域内加工品质较好的门窗企业，进行招标等。对于采购部来说工作量较大。潜在的危机是：选择的品牌、系列以及后期加工、安装均没有专业人员进行把控。面对这样的挑战和风险，地产商当然可寻求门窗顾问的帮助。

采购系统门窗时，采购部经过考核选定品牌、系列后，对项目区域内的该系统品牌合作伙伴进行招标。定标后，加工、安装等工作，系统供应商会配合地产商共同完成。系统门窗帮助地产商解决了材料选购、加工质量控制、及后期现场安装检测等问题。对采购部来说，系统门窗一站式的采购模式减少了他们的工作量，并保证了产品的品质。从项目管理的角度，采购部工作及时有效，才能保证项目工期。项目按时完成，快速销售，才能实现现金流平衡。在资金周转率要求很高的建筑市场，这至关重要。所以说系统门窗是给采购部的一份礼物，也是给建筑的一份礼物。

3.3 系统商对地产商提供的服务清单

模拟系统供应商对地产商服务流程：

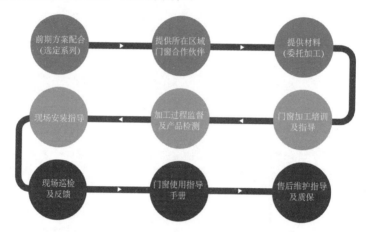

系统供应商对地产商的服务应是项目全过程的服务，与门窗顾问工作相似，但两者侧重点略有差异。白皮书通篇介绍的均为发展较为成熟，授权、质管、售后均很完善的系统供应商及其产品，此处操作流程介绍亦是如此。

系统供应商根据建筑设计提供前期的方案配合，以实现建筑师的立面效果。确定后，为地产商提供该区域的门窗合作伙伴，供其选择。地产商可通过招投标的形式确定门窗企业。确定门窗企业后，系统供应商提供材料供门窗企业加工（部分材料为开放式，用户根据需要选择）。对门窗企业提供培训和指导，加工过程中定期进行检查，对完成的门窗进行抽查，以保证成窗品质。提供现场安装指导手册，并定期进行巡查，将巡查问题反馈给地产商和门窗企业，及时进行整改。

除去独立系统供应商，还有材料商介入系统供应商和和门窗企业介入系统供应商两种类型，这两种类型在国内系统品牌中占比较高。材料商介入系统供应商的模式与独立系统供应商类似，但门窗企业介入系统供应商与另两种类型存在一些差异。在门窗企业介入系统供应商的工作流程中提供所在区域门窗合作伙伴、门窗加工培训及指导、加工过程监督和产品检测、安装指导、现场巡查及反馈这五部分的工作都有所淡化，更改为企业内部的管控，这样做有益处也有潜在的问题。

以上系统供应商流程介绍有些理想化，特别对于最后三项：现场巡检及反馈、门窗使用指导手册、售后维护指导及质保。很多系统厂家并不提供，但从项目品质的角度，这三项很重要，地产商需根据自己的需求对系统供应商提出要求。地产商、系统供应商和门窗企业，三者之间的关系是系统供应与门窗企业相互配合，并服务于地产商。

3.4　谁给系统门窗增加的成本买单

门窗是各个零件的有机组合，主要的材料如下：

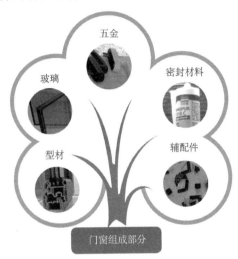

这些材料相互作用、相互配合而形成的整体就是门窗。在地产商选择使用传统门窗时，

首先需确定三大主材：型材、玻璃、五金，这三大材料约占门窗成本的60%～70%（不包含管理费、利润、税金等），并对门窗的节能、开启便利性等有很大影响。除去材料，门窗的成本还包括：制作安装费、机械运输费、管理费、利润、税金等。以下为宽 1800mm、高 1800mm 的门窗（采用断桥铝合金 60 系列）的直接成本分布图（不包含管理费、利润、税金等）。

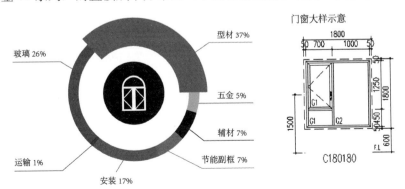

系统门窗的成本与传统门窗成本组成一致，他们价格的差异体现在每个组成项中，我们针对传统门窗和国产系统门窗价格的各组成项进行对比（不包含管理费、利润、税金等）：

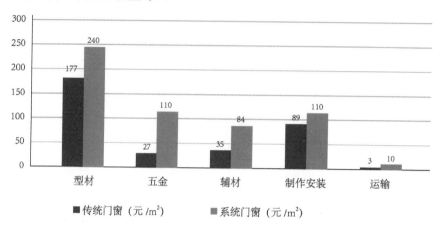

注：上述数据为 C180180 窗型成本测算数据，另系统门窗的玻璃、节能副框均为开放式，价格不做对比。

系统门窗与传统门窗在型材、五金、辅材、制作安装、运输方面，价格均存在差异，这些差异产生的具体原因为：①型材：系统供应商的最大的成本就是门窗系统的研发，型材在门窗中占比最大，是研发的重要组成部分，且很多系统品牌型材的合金金牌号和厚度要求区别于传统门窗，要求更高，相对成本也有所提高，所以一般系统门窗的型材价格要高于传统门窗。②五金：成本测算中传统门窗采用国产五金，国产系统门窗采用进口五金。进口五金和国产五金之间的价格相差较大，也有进口五金采用国内代加工，价格会相对便宜。系统门窗除部分五金开放式的系统可进行选择外，一般采用进口五金。目前，进口五金品质较好。③辅材：传统门窗与系统门窗制作过程中，最直观的感受是系统门窗的辅材很多，很多系统会设置辅材包，便于区分与使用。辅材的应用是设计之初为保证产品性能设置的，它是产品性能的保障。④制作安装：制作安装要求较高，辅配材多，制作时间多于传统门窗。⑤运输：为保证产品不受损对产品包装和防护要求较高。

细节决定品质，系统门门窗的价格贵在每个细稍末节。那项目中使用系统门窗与传统门窗之间价格差多少呢？我们根据收集的数据以及以往项目成本的分析，对传统门窗和系统门窗过往常规项目平均价格进行对比，对比如下：

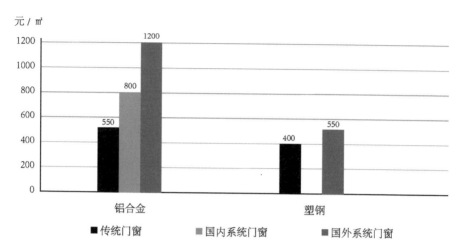

铝合金：国内系统门窗每平方米综合单价比传统门窗高 31％，国外系统门窗每平方米综合单价比国内系统门窗高 33％。

塑钢：国外系统门窗每平方米综合单价比传统门窗高 27％。

地产商对于门窗成本均有较严格的控制，系统门窗未能广泛运用，成本是最重要的原因之一。那系统门窗比传统门窗高出的价格应该让谁来买单呢？

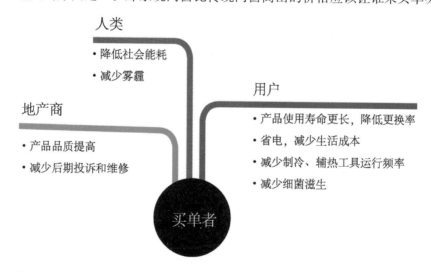

高性能系统门窗的应用造福了地产商和建筑的使用者，甚至减少了人类对于大气的污染，保护着人类的生活环境。从细节影响生活，从细节提高了我们的生活品质。如果大家对此都表示认同，那就不愁没有人愿意为高性能系统门窗增加的成本买单了。

4　系统门窗选择的"5P原则"

欲审曲直，莫如引绳。欲审是非，莫如引名。——董仲舒

要测量一个事物的曲直，需要使用墨绳；要辨别一件事情的是非，需要以贤人的判断来作为标准。门窗产品的选择也有其须遵循的原则。门窗系统品牌及产品的选择随着国内门窗产品需求的转变，必将成为地产商及终端用户必修课之一。我们根据日常工作的经验列出门窗系统选择的原则以及需重点关注的问题。

对门窗系统品牌及产品的选择我们列出如下五大类型：

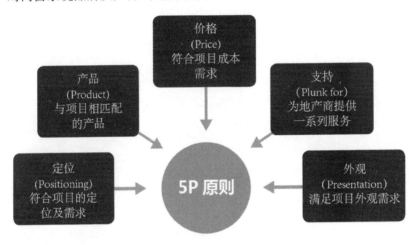

4.1　定位（Positioning）

举例：某知名地产商在上海区域开发了一个高档楼盘，项目定位为科技节能生态住宅。项目采用地暖、中央新风、空气调湿等先进产品以营造高舒适的健康住宅环境。项目本身定位的同时，也对地产商预期的客户进行定位，预期客户为各行业的精英。项目在预期客户的思维中需要体现怎样的价值及地位？定位的基本方法，不是去创造新的、不同的事物，而是去控制心中已经存在的认知，去重组已存在的关联认知。就如汽车品牌，在听到宝马、奔驰这类品牌，我们就会反应这是尊贵的象征，提到路虎，就会觉得是越野的典范。同理而论，为这样定位的建筑配置眼睛，为各行业精英选择的视野，应该是如何的？

根据定位需求，我们列出门窗产品选择的要素：

注：图片为近两年我司所做部分使用系统门窗的项目：依次为上海翡翠滨江、九龙仓黄浦江 E18 地块、苏州雅戈尔太阳城超高层、上海银亿领墅、杭州九龙仓君玺、南京江岛华庭。

让家住进森林深处，科技节能生态住宅的理念让建筑不仅仅作为挡风遮雨的避风港，更是一种追求高品质生活的态度。我们所选择的门窗产品需符合节能环保、健康舒适、项目需求、地产品牌要求等方面，也要符合甚至高于我们预期客户心中的定位。纵观国内门窗产品，系统门窗品牌效应和产品品质更符合项目的需求。

4.2 产品（Product）

项目确定使用系统门窗后，地产商面对鱼龙混杂的市场感到困惑。如何在众多品牌和产品中选择出适合项目的产品。这类产品选型，我们需要从系统供应商和产品两个方面进行考核。就如我们选择汽车一样。

品牌的考核：

选购汽车时，首先考虑我们最在意的问题是什么：如果希望体现身份、价值，那选购宝马、奔驰或是更好的品牌；如果打算跋山涉水，那选购路虎、JEEP；如果选择最安全的，那选购沃尔沃；如果选择省油的，那选丰田、本田……根据不同需求进行选择。系统门窗品牌的选择也是如此。如果我们重视品牌效应，我们选择旭格，系统门窗行业的老大；如果希望多样风格，可选择瑞那斯，常规系列均有四种风格；如果期望门窗纤细秀气，可以选择YKK，以型材可视面纤细著称；如果希望性价比高，可选阿鲁克、贝克洛、乐道等品牌……

除去项目主要需求外，还需从下面几个方面对品牌进行考核：

注：内侧圆圈色彩划分为色彩对应考核项的重要程度占比。从重要到次重要依次为：授权、监控体系、售后服务、企业背景、项目案例。

品牌确定后，再进行产品的选择。就如每个品牌的汽车根据空间大小、功能特点等又分为各个系列，每个系列又分为高中低配等。个人根据切身需求，再进行选择。系统门窗同理，同品牌下，分为各个系列。根据项目各项性能要求选择符合项目需求的产品。有追求的项目，也可选择高于项目需求的产品。

产品考核的主要组成部分：

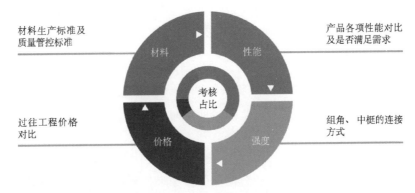

注：内侧圆圈色彩划分为色彩对应考核项的重要程度占比。从重要到次重要依次为：性能、强度、材料、价格。

对于系统供应商和产品的选择需以项目的需求为基本原则，不挑最好的，不挑最贵的，以挑出的产品与项目匹配度最高为基准。

4.3 价格（Price）

"物超所值"常常只活在广告词中，理论上价格与产品成对等关系，同时价格又需迁就于成本。系统门窗属于门窗产品中的佼佼者，价格相对较高，适用于成本相对宽裕的项目。国外与国内均有较多门窗系统品牌，受地理、环境等因素影响，之间的价格存在较大差异，这种差异，不可完全归咎于产品品质。建筑行业正走在成本当道的时代，门窗产品的选择需根据项目的实际需求，选择性价比高的产品。

根据我们对国内和国外门窗产品价格的统计，铝合金系统门窗产品价格区间如下：

注：此价格根据系统供应商提供的常规工程价取值。

国外品牌	国内品牌
1100~1500 元/m²	800~1200 元/m²

4.4　支持（Plunk for）

门窗系统的运营模式造就它在任何一个城市只要有便利的交通和良好的合作伙伴都可以生根发芽。但它是否能够对项目提供有力的支持，我们需要从以下几个方面进行考核。首先，项目所在地是否为该系统供应商的覆盖范围。其次，系统供应商在项目出现问题时，是否能及时提供支持。再次，系统供应商提供的支持是否包含项目的各个阶段。最后提供的支持是否可快速有效的解决项目的问题。总的来说：地产商应在前期沟通中了解系统供应商的服务内容及专业水平，从覆盖范围、及时性、完备性、品质等方面对系统供应商提供的支持进行考核。

4.5　外观（Presentation）

每个建筑设计师的思想都是独一无二的，故而每栋建筑设计都有自己的风格和特殊性。目前，国内使用系统门窗的项目定位均很高，这类建筑的外立面要求也高于普通项目。这种情况下，门窗产品的选择更应从项目出发，以满足项目的特殊需求。关于项目对于门窗产品的特殊需求，我们根据日常工作所见，分为以下几类：

根据每个项目不同的设计，还存在很多其他问题。在进行选择时需将外

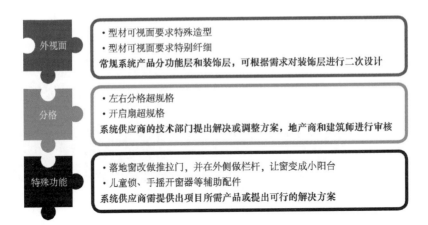

观、功能等方面的特殊性均考虑在内，才能选择满足项目需求的产品。天下之事，不难于立法，而难于法之必行；不难于听言，而难于言之必效。制定原则并非难事，困难的是地产商每个项目均严格按这五项原则进行产品的筛选。只有选择符合项目需求的门窗，才能让门窗成为建筑的点睛之笔。

5 优质系统品牌的"5+1 运营体系"

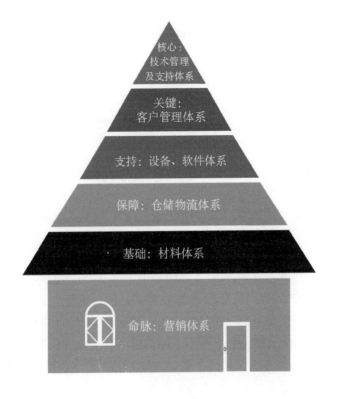

5.1　基础：材料体系

材料体系中包含除玻璃外其他使用在整窗上的材料，有型材、五金、隔热条、胶条及各类辅配件等。部分系统供应商会根据自己系统的特性，在不影响整窗性能的前提下，对五金或是其他配件做开放式。大部分系统供应商不直接生产加工材料，而是委托符合要求的企业，根据系统供应商制定的材料生产工艺要求进行生产加工。进口系统品牌铝合金、塑钢型材因国家海关要求及税费太高，均为委托国内型材厂或在国内建厂进行生产。五金较多为进口，国内系统品牌五金多为开放式（塑钢系统门窗的五金件均为开放式），可根据地产商需求选择。

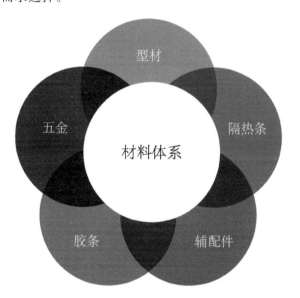

委托厂家在进行生产时，系统供应商会进行质量管控，并对最终的产品进行检测。每家系统供应商控制的严格程度不一样，材料品质也各有差异。材料的品质对最终门窗质量、使用寿命等都有很大的影响。例如未增塑聚氯乙烯塑料的配方，直接会影响到塑钢窗的使用寿命及品质。隔热条的材质和装配会直接影响到型材的强度及整窗隔热性能。各类硬度和断面形状不同的三元乙丙胶条使用在整窗的不同位置，也起到不一样的作用等。

5.2　保障：仓储物流体系

为保证项目的供货周期，系统供应商必须对常用的材料进行储备。并有完善的物流体系，以满足各地区项目供货时间要求。供货的及时性关系到项目能否正常进行，对项目正常管理起到至关重要的作用。

仓储物流主要是指利用自建或租赁库房、场地，储存、保管、装卸搬运、配送货物等一系列的工作。完善的仓储物流体系是系统供应商供货周期的保障。

5.3 支持：设备、软件体系

系统供应商中，除少数有自主品牌的机器并要求授权委托厂家进行采购外，其他系统供应商只对授权委托单位门窗机器加工的精度提出要求。在系统设计过程中，很多系统供应商会结合安装的工艺性，设计制作一些工具，以辅助门窗制作安装。

系统供应商提供自己研发的门窗设计软件，软件的使用让门窗设计加工过程更智能化、更简单化。软件可完成报价、配合下料加工、客户管理、库存管理等各项工作。在未来，软件可与各生产机器相连，让生产更智能化，减少劳动力，避免人工操作出现有误差，控制加工精度等。

5.4 关键：客户管理体系

地产商客户管理体系包含前期方案配合、项目期间现场巡检及售后服务。在项目初期，配合地产商实现建筑师的外立面效果及项目门窗各项性能要求。项目安装过程中，对现场进行巡检，对于现场的问题出具报告反馈给地产商并配合进行整改。项目安装结束后，提供操作及后期维护手册。对于后面两项工作，部分系统供应商不提供或根据地产商需求提供，但这两项对于现场品质的管控、产品的使用寿命甚至用户的感受均有很大的益处，地产商可根据自己的需求对系统供应商提出。部分系统供应商可对地产商提供培训，介绍门窗的基本知识，展示门窗加工制作过程等。

合作伙伴客户管理包含材料生产厂家和门窗企业。在系统供应商的三个种类中，专业系统供应商和材料商介入系统供应商这两种类型一般对门窗企业采取授权委托制。管理的内容包含对合作伙伴进行考核、提供设备或对设备提出要求、加工安装培训及指导、加工安装监督及检查等。

制作和安装对门窗成品的品质影响很大，俗语云：七分制作，三分安装。因此系统供应商的委托授权制度是否完善，尤为重要。地产商需将委托授权制度是否完善作为对系统供应商的考核指标。系统供应商对门窗企业的考察分几个步骤，每家企业情况各异，大致如下：首先考察门窗企业是否有做精品门窗的理念，然后核查企业生产能力，承接项目情况、生产设备等，通过考核后签字合同，正式委托授权，较为严格的系统供应商在签订合同后每年均会对门窗企业进行考核，并采取一定的淘汰制度。

5.5 核心：技术管理及支持体系

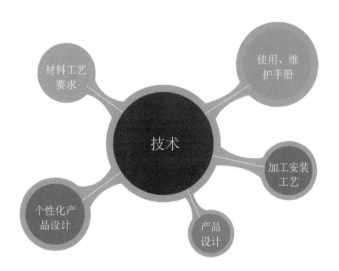

系统供应商是技术型的服务企业，技术是其核心。产品设计的完善及产品体系的完整是系统供应商生存下去的先决条件。门窗产品设计是从门窗整体着手对其主要材料及辅配件的断面、材质等各方面的设计。产品设计的优劣是最终门窗品质的基础，其优劣不仅体现在产品各项性能也体现在产品的外观及其工艺性等方面。在产品设计后，系统供应商需制作出整窗并对其进行反复检测，检测整窗是否满足预先设定的要求并且是否还有改善的空间。在产品确定后，根据实际需求，对产品各部件材料编写工艺要求，小到螺钉大到型材。这是产品设计的过程。

产品是系统供应商的根基。系统设计的优势在于可以纵览全局，权衡利弊，通过型材断面的细节处理以及各类辅配材的精妙设计保证整窗的高品质，兼顾考虑加工及施工的便利及可操作性。在产品设计的基础上还有个性化设计，在我们了解中，铝合金系统门窗产品，可分为功能层和装饰层，功能层不可改动，但装饰层可根据地产需求进行二次设计。除产品设计及个性化设计外，系统门窗为保证其设计理念可以贯彻到产品上，对系统门窗的材料、加工、安装及后期的使用维护均提出完备的要求，以实现产品预先设定的性能、品质要求。

5.6 ＋1命脉：营销体系

合格的营销可以在销售过程中提高品牌知名度，提高客户满意度，提高用户的忠诚度。营销是每个企业的必修功课，是企业生存下去的命脉。一个企业的营销方向体现出其对未来市场的预测。

根据"1.2多维度解析系统门窗大时代"中数据显示主流地产对于系统门窗的价格接受程度及认知度更高。系统供应商可将国内地产前100强作为营销主体，从一线地产慢慢向整个市场推广，让系统门窗为更多人所熟知。近两年，众多系统供应商瞄准国内门窗零售需求，如很多旧宅需更换门窗、很多用户期望提高居住环境等。各品牌向门窗零售市场发起进攻。同时，随着电商的风靡，门窗的线上销售势必成为门窗产品的主要销售途径。

6 主流系统门窗品牌揭秘

不积跬步，无以至千里；不积小流，无以成江海。——《荀子·劝学篇》

一个优秀的系统供应商需要时间的沉淀，来扩充产品的深度以及广度，并非一朝一夕之事。

产品的深度是指各材料间的相融性、耐候性等、广度是指门窗产品系列及配套产品是否齐全。

6.1 进口系统与国产系统品牌的利与弊

欧洲发达国家系统门窗发展历史已有 60 余年，系统供应商的运营模式及产品体系已基本成熟。系统门窗在欧洲市场上的应用率达到 70%。欧洲关于门窗系统有很多专业的认证及检测机构，例如法国建筑科学技术中心(CSTB)，是由政府投资的完全中立的第三方。他们分五个步骤对门窗系统进行认证：①材料认证；②对系统设计给出技术许可证；③模拟应用环境对整窗性能进行检测；④对合作的门窗企业进行认证并每年抽检；⑤对安装节点及安装单位进行认证。认证过的门窗系统会设有标识，并且认证门窗系统是申请政府节能补贴的前提。除 CSTB 外，还有 CE、ift、FCBA（木窗检测）等也是欧洲有名的认证机构。国内系统门窗发展至今约 20 年，但在 2008 年之前国内系统门窗品牌寥寥无几，2008 年之后门窗系统慢慢在市场上活跃起来。到现在，已是遍地开花，但因其发展时间短，产品的深度和广度上还存在很多不足，有待完善。另外，系统门窗的核心在于研发，部分国内系统供应商学习精神可嘉，但研发精神不足，可满足市场一时的需求，但对长期的发展很不利。但同时，也有一批脚踏实地在做门窗系统的企业，通过产品说话，慢慢为大家熟知。

进口系统与国产系统品牌的优缺点对比：

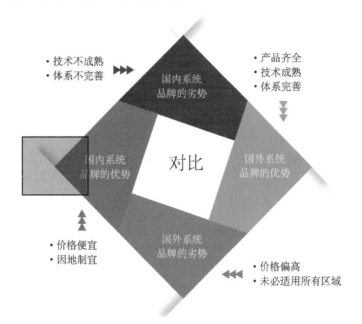

国外门窗系统通过近六十年的沉淀，如陈年老酒般醇厚。各材料间的配合如老友般默契，产品的系列及各种配套的产品满足各类项目的各种需求。并且经历过若干项目的实践，项目操作流程已趋于完善。国内的门窗系统就像一个年轻人，经验、阅历不足，但很有激情和冲劲，正在蓬勃地发展着。

应一家地产商的要求，我们曾经对国内排名靠前的四家系统与国外排名靠前的四家系统品牌的同系列产品进行了五性、授权体系等方面的对比，得出的结论是：从产品上来说，国外系统产品在性能上略优于国内产品；从授权体系和监控体系来说，大部分国外品牌较为严格，而国内品牌之间差异较大；从现场监管上，国外品牌对于较大项目的现场监管较为严格，国内对于现场监管无完善体系；从售后服务上，国内外提供门窗使用、维护手册的企业均不多；从常规产品的价格上，国外产品的价格比国内产品的价格高约33％；从客户感受上来说，小部分国外牌会对用户进行满意度调查以求产品的完善与创新。

以节能为例，传统门窗、国内系统门窗、国外系统门窗节能区间差异如下：

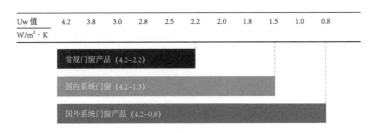

国内系统门窗因发展时间短，在很多地方还不够完善，但其产品各项性能优于传统门窗且价格相差不大，更容易被市场所接受。中国气候复杂，国内品牌更了解当地的情况，针对各地区不同地域、气候设计出适合当地的产品，以满足市场的需求。进口系统主要针对当地气候，目前国内最低的节能标准相当于德国 20 世纪 90 年代的标准，进口系统门窗产品在本国遭淘汰后，进入中国后是否经过改良，是否适合国内所有地区和气候。这些有待考证。但发达国家的成功发展经历，值得国内的系统品牌进行学习并在此基础上不断创新。

6.2　典型门窗系统品牌

典型系统品牌点评：

品牌名称	常规工程价	主要材料生产情况		授权监控体系情况	项目案例	点评
		型材	五金			
铝合金						
阿鲁克	1200～1500	指定厂家，门窗企业自行采购	非欧标槽口，委托厂家进行生产，五金进口	完善	南京仁恒江湾城、苏州九龙仓国宾壹号、杭州望江府、武汉群光三期、厦门建发中央湾区	最早进入国内的国外系统公司。国内项目案例较多。产品系列简单。产品满足大部分地区项目需求。气密、水密、抗风压检测数据较优。

续表

品牌名称	常规工程价	主要材料生产情况		授权监控体系情况	项目案例	点评
		型材	五金			
铝合金						
贝克洛	1000～1200	自己生产	欧标槽口，委托厂家进行生产，五金进口	完善	广州保利天悦、杭州顺发旺角城、上海星河湾二期、珠海格力海岸、广州保利云禧	国内独立系统供应商。技术研发投入较大，产品在国内得到认可。有自己有检测基地，产品参数满足国内各地区需求
海德鲁-威克纳	1400～1600	委托厂家，按要求进行生产	非欧标槽口，委托厂家进行生产，五金进口	完善	杭州绿城西溪诚园、杭州绿城兰园、杭州柳浪东苑二期、杭州钱塘印象公寓、上海古北壹号公寓	产品系列完善，国内主要由门窗企业进行推广，节能数据较有优势，产品满足各类项目需求
乐道	800～1200	委托厂家，按要求进行生产	欧标槽口，开放式	完善	杭州绿城富春玫瑰园、杭州嘉里中心、上海中金海棠湾、温州华龙海景壹号、绍兴元垄迎恩府	国内独立系统供应商。产品系列完善，推拉产品在同类产品四性数据较好。产品研发、检测一体完成，可满足各类项目要求，价格适中
ROTOi	1000～1400	委托厂家，按要求进行生产	欧标槽口，自己生产	完善	新湖香格里拉绿城黄浦湾二期华为荔枝园、华润艾美酒店	五金件厂家介入系统。产品设计结合了亚太区域气候环境和使用习惯，较符合国内需求。产品品质较好，有自己的培训基地
瑞那斯	1300～1500	委托厂家，按要求进行生产，穿条及表面处理为自己加工	非欧标槽口，委托厂家进行生产，五金口	严格	上海新天地河滨花园、佘山高尔夫别墅、朗诗虹桥绿郡、九间堂别墅	产品系列齐全符合国内市场需求，平开常规系列分为功能型、古典型、柔线型和隐扇型，满足各类风格建筑需求。产品品质较好，四性数据较优。是欧洲三大铝合金门窗系统供应商之一

续表

品牌名称	常规工程价	主要材料生产情况		授权监控体系情况	项目案例	点评
		型材	五金			
铝合金						
旭格	1400～1700	委托厂家，按要求进行生产	非欧标槽口，委托厂家进行生产，五金进口	严格	上海绿城玫瑰园、上海万科翡翠别墅、上海铁狮门江湾城、上海伦敦广场、北外滩白金湾	门窗系统品牌的领导者，产品的深度和广度均发展很成熟，产品体系不断更新。售前售后服务完善。四性试验的数据最具优势，在隐藏式五金等方面的技术优于其他品牌
YKK	1100～1500	自己生产	非欧标槽口，自行生产	严格	南京星雨华府、上海银亿江湾城、上海滨江凯旋门、上海紫园二期、奥体新城A2地块	铝合金和塑钢产品均有，唯一一家所有材料均自己生产的系统供应商。国内有独立的YKK门窗加工厂。产品型材可视面纤细，推拉产品较有特点。部分系列的排水为隐藏式，较有特点
正典	800～1000	委托厂家，按要求进行生产	欧标槽口，开放式	完善	绿城未来海岸、嘉里雅颂居、嘉里凤凰新城、湘湖美地一、二期、华润晴庐	门窗单位介入系统的模式。生产型材并独立加工，有利于质量监管，产品系列较全，满足各类型项目需求
塑钢						
皇家	400～600	自己生产	开放式	完善	苏州红星国际广场、中信泰富、招商虹桥公馆、中海玺园、南京湖城意境2期	独特双面共挤，产品系列齐全，满足各类项目需求，价格较有优势
柯梅令	500～800	自己生产	开放式	完善	龙湖香醍漫步、龙湖艳澜山、万科金域蓝湾、绿地一号公馆、天津中新生态城	材料不变形，采用无铅配方。产品系列齐全，满足各类项目需求

续表

品牌名称	常规工程价	主要材料生产情况		授权监控体系情况	项目案例	点评
		型材	五金			
塑钢						
瑞好	500～700	自己生产	开放式	完善	辰能．溪树庭院、中海．紫金苑、保利．海上五月花、建发．枫林湾、保利．西江月	聚合物产品设计及注塑、挤出生产工艺专家。产品系列齐全，满足各类项目需求
维卡	500～700	自己生产	开放式	完善	苏州雅戈尔未来城、绿洲香岛原墅、无锡万科魅力之城、九龙仓时代上院四期	材料添加剂从德国进口。产品系列齐全，满足各类项目需求

排名不分先后，按首字母排列。上述表格中项目案例为 1.3 中 500 个典型项目案例中的一部分。

附表：系统品牌一览表（包含上述已点评系统品牌）

品牌	所属国家或地区	创办时间	主营材质	企业网址
独立系统供应商				
阿鲁克	意大利	1969 年	铝合金	www.aluk.com.cn
Aluplast	德国	1982 年	塑钢	www.aluplast.net
奥为	上海	2013 年	铝合金	www.orvillefenster.com
贝克洛	广州	2009 年	铝合金	www.bucalus.com
比尔德·巴诗	曼德国	1980 年	铝木复合	www.bildau-bussmann.com
巴尔蒂克	苏州	2013 年	铝合金	www.baerdick.com
迪美斯 Dimex	德国	1933 年	塑钢	www.dimex.com.cn
尔吉其	意大利	2008 年	铝合金	
皇家	加拿大	1970 年	塑钢	www.royalchina.cn
霍柯	德国	1814 年	铝合金	www.hueckchina.com
吉尔普优	苏州	2014 年	玻纤增强聚氨酯	www.grpuwindow.com
极景	山东	2014 年	塑钢	www.view-max.net
柯梅令	德国	1897 年	塑钢	www.koemmerling.com.cn
乐道	沈阳	2012 年	铝合金	www.ldaolm.com
罗克迪	上海	2000 年	铝合金	www.ronchetti.cn

续表

品牌	所属国家或地区	创办时间	主营材质	企业网址
独立系统供应商				
良木道	四川	2008 年	铝木复合	www. leawod. com
米兰之窗	北京、意大利	2006 年	铝木复合	www. shsjyg. com. cn
奥润顺达-墨瑟	高碑店、德国	2004 年	铝木复合	www. alrunsd. com
欧格玛	北京	2011 年	木包铝	www. tmqchina. com. cn
瑞好	德国	1957 年	塑钢	www. rehau. com/cn-zh/
瑞纳斯	比利时	1965 年	铝合金	www. reynaers. com. cn
施马特	国外	1945 年	铝合金	www. smartsystems. com. cn
维卡	德国	1969 年	塑钢	www. veka. com. cn
维卡	德国	1969 年	塑钢	www. veka. com. cn
旭格	德国	1951 年	铝合金	www. schueco. com
希洛	佛山	2013 年	铝合金	www. civro. com. cn
研和	上海	2008 年	铝合金	www. yumherald. com
YKK	日本	1957 年	铝合金、塑钢	www. ykkap. com. cn
意鲁菲	意大利	2015 年	铝合金	www. allux. com. cn
森鹰	哈尔滨	1998 年	铝木复合	www. sayyas. com
中航宝玻	广东	2009 年	铝木复合	www. szbaobo. com
智晟特	宁波	2013 年	铝木复合	www. wzzstmc. com
智赢	福州	2001 年	铝合金	
门窗企业介入系统供应商（系统推出的大致时间）				
宏明泰	青岛	2015 年	铝木复合	www. anrida. com
嘉寓	北京	2015 年	铝合金	www. jiayu. com. cn
亮厦	上海		铝合金	www. sh-longshine. com
瑞明	杭州	2014 年	铝木复合	www. ruiming. com. cn
欣畅（欣世纪）	上海	2010 年	铝合金	www. centurycw. com
正典	辽宁	2008 年	铝合金	www. joydon. com
材料商介入系统供应商（系统推出的大致时间）				
德博士（实德）	大连	2011 年	塑钢	www. shide. com
韦思诺（广铝）	广州	2015 年	铝合金	www. gzga. com. cn
高斯 GOS（吉斯）	意大利	2014 年	铝合金	www. giesse. it/it
华赛特（华昌）	广东	2014 年	铝合金	www. vasait. com
海威诺尔（南华）	佛山		铝合金	www. nanhua-alu. com

续表

品牌	所属国家或地区	创办时间	主营材质	企业网址
材料商介入系统供应商（系统推出的大致时间）				
科饶恩（贝迪）	河南	2015 年	塑钢	www. hnbeidi. com
罗普斯金	苏州		铝合金	www. lpsksz. com
丽格	沈阳	1992 年	铝合金	www. reecoo. com
玛沃丽莎（南平）	福建	2014 年	铝合金	www. mlfjnp. com
美狮隆（兴发）	上海	2008 年	铝合金	www. xingfa. com
耐特兹（Notter）	德国	1931 年	铝合金	www. notter-beschlaege. de
兴亚	珠海	2015 年	铝合金	www. xingya-alu. com
ROTOi（诺托）	德国	2012 年	铝合金	www. rotochina. com
S. LINE（亚铝、丝吉利娅、泰诺风）	肇庆、德国	2013 年	铝合金、铝木复合	www. sline. net. cn
圣罗德（奋安）	福州	2009 年	铝合金	wz. fenan. cn
伊尔斯（海螺）	芜湖	2014 年	塑钢	pvc. conch. cn
意利德（东城）	潍坊	2015 年	铝合金、铝木复合	www. itliter. com
易欧思（华建）	山东	2014 年	铝合金	www. huajian-al. com

排名不分先后，按首字母排列。

新型材料在建筑门窗幕墙中的应用

◎ 刘玉琦　王　鹏

天津奥福威工程管理咨询有限公司

摘　要　建筑门窗及幕墙的发展日新月异，各种新技术、新材料不断涌现，更新换代升级的材料不胜枚举。今天我们在这里重点给大家分享的是关于密封、节能、环保型新材料的知识及应用特点，尤其是三元乙丙胶条、导电橡胶以及 LED 幕墙装饰新产品的应用等。

关键词　胶条；导电胶条；EPDM 基导电橡胶复合材料；LED 灯饰；三元乙丙橡胶导电炭黑；镀镍石墨导电橡胶复合材料

1　三元乙丙密封胶条在建筑门窗、幕墙的应用

建筑门窗、幕墙的关键在密封。密封的效果，胶条起着关键作用。

密封胶条在建筑门窗中必须具有足够的拉伸强度，良好的弹性，良好的耐温性和耐老化性，断面结构尺寸要科学合理并与建筑门窗型材完美匹配．密封胶条用于玻璃和扇及框之间的密封，并且在隔声、防尘、防冻、保暖等方面起决定性作用。

2015 年以前，密封胶条材质一般是 PVC 改性的，起关键作用的是里面加入的增塑剂，目前比较稳定的增塑剂有磷苯二甲酸二辛酯，二丁酯，但由于其市场价格较高，于是一些小厂家就用一些廉价的东西代替。这些代替品存在不少的隐患：

（1）门窗密封性低。质量差的密封胶条含用劣质增塑剂或替代品，冬天易老化变硬，收缩。玻璃和型材间出现缝隙，造成漏水，进灰尘。很多用户经常发现雨季塑钢窗里面的压条部位流出红色液体，就是门窗玻璃与密封胶条间进

水后腐蚀内钢衬造成的。不但大大降低门窗的美观，还大大影响门窗的寿命。

（2）胶条表面出现渗油现象，表面很容易出现油脂，在型材表面出现黄色斑迹，即不环保，有异味，污染空气。

随着门窗档次的不断提升，质量意识的不断提高，PVC密封胶条已经逐渐被三元乙丙密封胶条所代替。三元乙丙胶条按门窗价值核算为总价值的2%～5%，也就是说在500元每平方米窗子的情况下，用优质品牌三元乙丙胶条价值仅为10～25元，不会额外增加大量成本的同时，更保证了工程的质量和使用年限。

建筑门窗的安装使用，均需密封胶条来实现型材与玻璃之间、扇与框之间的闭合密封。密封胶条在门窗使用中起着固定玻璃，缓冲振动和阻断水、气流通的作用。门窗的保温性能和气密性能对建筑物节能降耗有重大影响，密封不良的门窗失热损是墙体失热损失的5～6倍。门窗和幕墙的节能效率占建筑节能的37%～40%左右。所以胶条在门窗制作中不是配角，它在节能达标中有不可忽视的作用，其性能和使用寿命应引起我们的密切关注。欧洲大部分门窗均采用三元乙丙胶条，其原因造价比硅酮胶低、二次维修成本低，可粘结性好使其成为压力锅形式，确保密封性能好，并采用多腔体保证节能性好，与银丝或铜丝共挤成为隐形导体线路，已达到门窗表面的美观，也能使门窗开启达到电气化、智能化奠定基本条件。

2　导电胶条在建筑门窗、幕墙中的应用

导电胶条俗称为斑马条，由导电硅胶和绝缘硅胶交替分层叠加后硫化成型。导电橡胶连接器性能稳定可靠，生产装配简便高效。广泛用于游戏机、电话、电子表、计算器、仪表等产品的液晶显示器与电路板的连接。

现如今建筑幕墙中越来越多的应用跨界，玻璃幕墙屏幕，大型LED与幕墙相结合的案例，层出不穷。（图1）

这些新型建筑幕墙的应用中，广泛的使用了导电胶条。

导电胶条在现阶段的市场产品中大致有以下几大类：

（1）YDP-单面发泡条，一边海绵发泡绝缘，三边具有导电功能。

（2）YL-斑马条是导电胶条中最普通也是最常用到的一种胶条，它具有四面导电的功能。

（3）YSP-双面发泡条也是导电胶条中最普通的一种胶条，胶条的两边有发泡海绵，具有良好的绝缘性能。

图 1　上海世博会

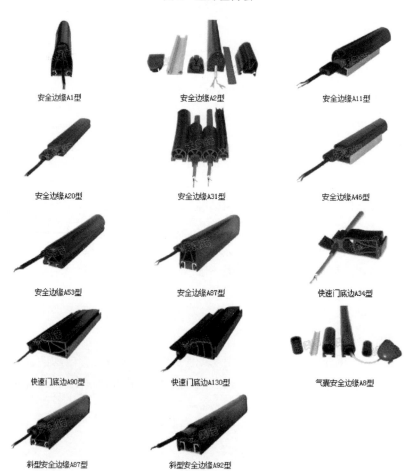

（4）YS-透明夹层条，两边深灰透明硅胶具有绝缘功能，硬度比其他类型的胶条相对要硬一些。

（5）YY-印刷型，此类型导电胶条的特点是在导电层表面涂上一层绝缘材料，使用时不会与金属外壳造成短路。当胶条厚度要求较薄的情况下可以保证最大的导电层厚度。

（6）YDM-绝缘胶条，胶条为全部绝缘。（常用颜色有浅蓝色，白色，红色，透明色）。

其中实际应用最多的当属 YL-斑马条。它主要分为 YS 型、YSa 型、YP，YSP 型、YY 型导电条等类型：

（1）YS 型的透明斑马胶条，由于它的特殊特性两缘层为柔软的矽胶，透明层具有良好的弹力以及绝缘性能，被广泛地应用于 LCD，LCM 点矩阵模组的使用。在装配好后与金属外壳不会有短路现象，保证了产品显示功能稳定。

（2）YSa 型的导电斑马条是同类产品中制作难度最大的一种，它是根据产品的不同要求，把导电层自由偏位，以达到产品的最佳接触，确保一流的导通．

（3）YP，YSP 型的导电斑马胶条是最基本的胶条之一，胶条两边的海绵发泡矽胶具有良好的绝缘性能以及减震性能。使用时金属外壳可避免短路现象。

（4）YY 型导电胶条它与别类导电条不同的是：它的绝缘衬层比中间导电层的硬度低 20 度，保证其在压缩装配过程中，导电层接触最佳．

（5）YI 型的导电斑马条与 YP，YS 类型最大的区别就是在厚度要求较薄的情况下可以保证最大的导电层厚度，保证充分的连接面积。

（6）异形导电斑马条是一种加工难度特高的斑马条之一，它可以满足各种特殊要求导电的弱电体连接。

（7）YL 型的导电硅胶条是最基本的胶条之一，它通过绝缘胶片与导电胶片的交替结合，四面均可形成特殊的导电特性，可以满足 PCB 与 LCD 之间的四方向连接要求。成为弱导电领域中必不可少的连接器之一。

3　EPDM 基导电橡胶复合材料在建筑门窗、幕墙中的应用

EPDM 基导电橡胶复合材料是以三元乙丙橡胶为基体，分别以导电炭黑和镀镍石墨为导电填料而制成的。其是一种最新型的导电复合材料，在建筑

门窗、幕墙中的应用实例，尚不多见。在此我们对 EPDM 基导电橡胶复合材料进行简单的介绍：

不同的导电炭黑种类、结构以及用量对 CB/EPDM 复合材料加工性能、硫化性能、导电性能以及力学性能都会造成影响。

不少研究机构在对比混炼前后导电填料的结构与性能、混炼工艺对镀镍石墨导电粉稳定性能的影响、导电填料的用量对 NCG/EPDM 复合材料硫化特性、导电性能、力学性能等的影响等，在应用中通过加入合适的偶联剂 A137，降低复合材料的体积电阻率，且增加了复合材料的导电稳定性，调比偶联剂 A137 的最佳用量，发现对复合材料的产品品质，尤其是导电性有重大的改善。

我们平时工作中对比硫磺硫化体系、DCP 硫化体系和双二五硫化体系，发现硫磺硫化体系会使得复合材料的压缩永久变形过大，而 DCP 硫化体系和双二五硫化体系则能降低材料的压缩永久变形。尤其是双二五硫化体系还能降低混炼胶的门尼黏度，提高材料的加工性能，还能降低硫化胶的逾渗值。由此可见双二五硫化体系是 NCG/EPDM 复合材料最理想的硫化剂。

4　LED 灯光导线在建筑门窗、幕墙中的应用

我们常见的高分子导电材料通常分为复合型和结构型两大类：

① 复合型高分子导电材料。由通用的高分子材料与各种导电性物质通过填充复合、表面复合或层积复合等方式而制得。主要品种有导电塑料、导电橡胶、导电纤维织物、导电涂料、导电胶粘剂以及透明导电薄膜等。其性能与导电填料的种类、用量、粒度和状态以及它们在高分子材料中的分散状态有很大的关系。常用的导电填料有炭黑、金属粉、金属箔片、金属纤维、碳纤维等。

② 结构型高分子导电材料。是指高分子结构本身或经过掺杂之后具有导电功能的高分子材料。根据电导率的大小又可分为高分子半导体、高分子金属和高分子超导体。按照导电机理可分为电子导电高分子材料和离子导电高分子材料。电子导电高分子材料的结构特点是具有线型或面型大共轭体系，在热或光的作用下通过共轭 π 电子的活化而进行导电，电导率一般在半导体的范围。采用掺杂技术可使这类材料的导电性能大大提高。如在聚乙炔中掺杂少量碘，电导率可提高 12 个数量级，成为"高分子金属"。经掺杂后的聚氮化硫，在超低温下可转变成高分子超导体。结构型高分子导电材料用于试制轻质塑料蓄电池、太阳能电池、传感器件、微波吸收材料以及试制半导体元器件

等。但目前这类材料由于还存在稳定性差（特别是掺杂后的材料在空气中的氧化稳定性差）以及加工成型性、机械性能方面的问题，尚未进入实用阶段。

图2

建筑幕墙相结合的灯光工程中路由电缆电线应使用阻燃的，低烟无卤类线缆。电气配管应使用与幕墙材料具备相容性的安全无锈的金属管材或其他类别管材。超高层建筑所选用线缆应按规范要求在规定高度以上部分使用金属外皮的阻燃电缆。

不同材质的灯光导线在LED灯饰中的应用测试方法较多。具体的测试基本参数有色温，显色指数光束负，光通量，电压，电流总功率还有温度，湿度等。

测试温度和湿度的设备有：LED恒温恒湿试验箱、LED冷热冲击试验箱、LED高温老化试验箱等。

LED恒温恒湿试验箱：用于检测材料在各种环境下性能的设备及试验各种材料耐热、耐寒、耐干、耐湿性能。

LED冷热冲击试验箱：用于模拟测试产品在不同国家或区域的恶劣环境，急变在瞬间经高温、低温的连续温度变化环境下所能忍受的程度，试验其在急遽变化的温差条件下热胀冷缩所引起的化学变化和物理伤害。

LED高温老化试验箱：用来模拟考核和确定电工电子产品或材料在温度的环境条件下贮存和使用的适应性，设备在极端高温下的工作环境，检验设备在所能容忍的最高工作温度中的工作情况，通过此项检验可以把高温下工作不稳定的零部件问题找出来，减少产品出厂返修率。

接下来我们简要介绍一下LED灯光导线的生产流程：

（1）印刷锡膏。先把锡膏回温之后进行搅拌，然后放少量在印刷机钢网上，量以刮刀前进的时候锡膏到刮刀的3/2处为佳。第一次试印刷后要注意观察FPC上LED焊盘位置的锡膏是否饱满，有没有少锡或多锡，还要注意有没有短路的情况。这一关非常关键，把关不严就会造成后面的品质不良。

（2）贴片。把印刷好的FPC放在治具上，自动送板到贴片位置。贴片机的程序是事先编制好的，只要第一片板贴装没有问题的话，后面就会很稳定的生产下去。这里需要注意的就是LED的极性、贴片电阻的阻值不要搞混就好了，另外需要注意的就是贴装的位置不要偏移。

（3）中间检查环节。需要注意检查LED灯带上LED的极性（有无反向）、贴装有没有偏移、有无短路、电阻阻值是否正确等。

（4）回流焊接。这里需要注意的是回流的温度一定要控制好，太低了锡膏熔化不了，会出现冷焊；太高了FPC容易起泡。还有就是预热的温度要适当，太低助焊剂挥发不完全，回流后有残留，影响外观；太高会造成助焊剂过早挥发掉，造成回流时虚焊现象，同时有可能会产生锡珠。

（5）成品检查。这里需要检查产品的外观，看有无焊接不良、锡珠、短路等等。然后就是电气检查，测试产品的电气性能是否完好，参数是否正确。（图3～图5）

（6）包装。LED灯带的包装一般是5m每卷，采用防静电防潮包装袋进行包装。包装时有附件的还要注意把附件包装进去，以免到客户处因缺少附件而不能使用。

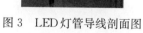

图3　LED灯管导线剖面图

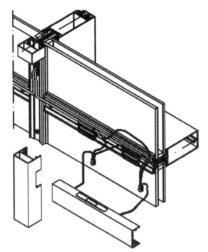

图 4　LED 灯光导线剖面图

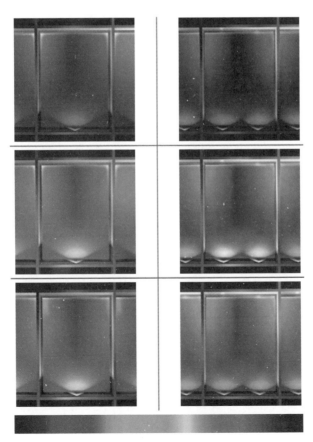

图 5　LED 灯光导线效果

5 有机硅产品在建筑门窗、幕墙中的应用

有机硅产品的基本结构单元是由硅－氧链节构成的，侧链则通过硅原子与其他各种有机基团相连。因此，在有机硅产品的结构中既含有"有机基团"，又含有"无机结构"，这种特殊的组成和分子结构使它集有机物的特性与无机物的功能于一身。

与其他高分子材料相比，有机硅产品的最突出性能是：

（1）耐温特性。有机硅产品是以硅－氧（Si—O）键为主链结构的，C—C键的键能为82.6千卡/克分子，Si—O键的键能在有机硅中为121千卡/克分子，所以有机硅产品的热稳定性高，高温下（或辐射照射）分子的化学键不断裂、不分解。有机硅不但可耐高温，而且也耐低温，可在一个很宽的温度范围内使用。无论是化学性能还是物理机械性能，随温度的变化都很小。

（2）耐候性。有机硅产品的主链为－Si—O－，无双键存在，因此不易被紫外光和臭氧所分解。有机硅具有比其他高分子材料更好的热稳定性以及耐辐照和耐候能力。有机硅中自然环境下的使用寿命可达几十年。

（3）电气绝缘性能。有机硅产品都具有良好的电绝缘性能，其介电损耗、耐电压、耐电弧、耐电晕、体积电阻系数和表面电阻系数等均在绝缘材料中名列前茅，而且它们的电气性能受温度和频率的影响很小。因此，它们是一种稳定的电绝缘材料，被广泛应用于电子、电气工业上。有机硅除了具有优良的耐热性外，还具有优异的拒水性，这是电气设备在湿态条件下使用具有高可靠性的保障。

（4）生物特性。生物活性有机硅是人体必需的一种的营养素。有机硅是构成人体组织和参与新陈代谢的重要元素。存于人体的每一个细胞当中，作为细胞构建的支撑，同时帮助其他重要物质如镁，磷，钙等吸收。人体只能通过食物不断获得有机硅。

（5）低表面张力和低表面能。有机硅的主链十分柔顺，其分子间的作用力比碳氢化合物要弱得多，因此，比同分子量的碳氢化合物黏度低，表面张力弱，表面能小，成膜能力强。这种低表面张力和低表面能是它获得多方面应用的主要原因：疏水、消泡、泡沫稳定、防粘、润滑、上光等各项优异性能。

通过上述内容，我们了解到了有机硅所具有的优异性能。同时它的应用范围非常广泛，它不仅作为航空、尖端技术、军事技术部门的特种材料使用，而且也用于国民经济各部门，其应用范围已扩到：建筑、电子电气、纺织、

汽车、机械、皮革造纸、化工轻工、金属和油漆、医药医疗等。

6　新材料应用工程案例：（图7～图10）

图7　北京望京 SOHO

图8　天津金之谷大厦

图 9　温州铭众名邸别墅

图 10　The Nexus Building Central Hong Kong 香港 Nexus 建筑中心

"莫兰蒂"台风对厦门幕墙工程的影响分析

◎ 杨　清

江河创建集团股份有限公司

摘　要　本文主要分析了超强台风"莫兰蒂"发生后，厦门当地幕墙工程出现的主要破坏形式，如玻璃面板破损、开启扇破损、装饰条脱落等等问题，总结以后工程中如何合理的应对及预防。

关键词　莫兰蒂；台风；幕墙

Analysis of "Meranti" Typhoon Influence on Xiamen Curtain Wall Engineering

Yang Qing

Beijing Jangho Curtain Wall System Engineering Co. ，Ltd.

Abstract　This paper mainly analyzes the super typhoon " Meranti" occurred，the main failure form of the local Xiamen curtain wall engineering appear，such as glass panels damaged，window damaged，decorative strip off and so on，and how to prevent a reasonable summary to future projects.

Keywords　"Meranti"；typhoon；curtain wall

1　引言

2016 年 9 月 15 日凌晨 3：05 在厦门市翔安登陆台风"莫兰蒂"，属于今年全球第 14 号台风，是新中国成立以来登陆闽南最大台风，也是厦门地区幕墙承受的最大台风。整个厦门大面积断电停水，65 万株行道树倒伏，566 家企业受灾，17907 间房屋倒塌，来势汹汹的"莫兰蒂"，让有着"花园城市"之称的厦门满目疮痍。这次台风有三个特点：①强度高，"莫兰蒂"中心附近最大风力达 17 级以上，中心最低气压 900 百帕；②雨量大，给我厦门带来暴雨局地特大暴雨；③持续时间长，台风在厦门境内持续 3 个小时。严重超出国标的荷载，造成幕墙抗风压性能、水密性能、气密性能、耐撞击性能等各项性能大大超出限值。

图 1

2 数据分析

2.1 台风荷载数据分析

依据《建筑结构荷载规范》（GB 50009—2012）第 8.1.2 条文说明计算得出："莫兰蒂"台风严重超出国标荷载，平均风力比 50 年一遇厦门地区基本风压大 1.8 倍，最大风力比 50 年一遇厦门地区基本风压大 3.2 倍，具体数据详见下表。

表 1　等效风压数据分析表

项目	风力等级	风速（m/s）	等效基本风压（kPa）	备注
1	12 级	36	0.8	厦门国标 50 一遇基本风压
2	13 级	39	0.95	厦门国标 100 一遇基本风压
3	15 级	48	$48^2/1600=1.44$	比 50 年一遇大 1.8 倍
4	17 级	64	$64^2/1600=2.56$	比 50 年一遇大 3.2 倍

20 世纪 60 年代前，国内的风速记录大多数根据风压板的观测结果，刻度所反映的风速，实际上是统一根据标准的空气密度 $\rho=1.25kg/m^3$ 按上述公式反算而得，因此在按该风速确定风压时，可统一按公式 $\omega_0=v_0^2/1600$（kN/m²）计算。

《建筑结构荷载规范》（GB 50009—2012）第 8.1.2 条文说明

2.2　幕墙受损抽样数据分析

为便于整理在"莫兰蒂"台风作用下幕墙受损情况，我们对厦门当地 14 个项目的破损情况进行抽样分析，具体统计数据如下：

表 2　幕墙受损抽样统计表

项目	玻璃面板破损	开启扇破损	装饰条脱落	石材破损	铝板破损	其他破损
1	1010	28	—	—	—	
2	15	—	—	—	—	地弹门 9 樘，其他 17 片
3	2670	761	—	—	—	
4	150	—	—	154	177	
5	133	55	260	30	—	
6	138	—	—	—	—	
7	7	9	8	10	—	地弹门 1 樘
8	5	1	—	—	3	
9	1	1	9	—	—	
10	59	—	—	—	—	
11	7	17	—	—	—	
12	78	—	—	—	—	
13	—	—	—	—	—	地弹门 1 樘
14	3	—	4	—	—	
汇总	4276	872	281	194	180	28

通过对统计数据分析发现，幕墙主要破坏形式是玻璃面板破损、开启扇破损、装饰条脱落，这三项数据占比达到 93%，其中玻璃面板破损占比 73%，是最主要的破坏形式。

幕墙受损情况统计分析表

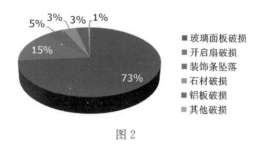

| ■ 玻璃面板破损 |
| ■ 开启扇破损 |
| ■ 装饰条坠落 |
| ■ 石材破损 |
| ■ 铝板破损 |
| ■ 其他破损 |

图 2

3　抵抗台风措施

3.1　风压取值

对于外形规整的建筑，我们可以依据《建筑结构荷载规范》（GB 50009—2012）进行体形系数取值，而对于高度超过 200m 的建筑，尤其是形体复杂建筑体形系数难以准确取值，应优先采用风洞实验报告的取值。风洞实验通常分为两种，一种是实体模型进行风洞实验，一种是采用数值模拟方式。图 3 所示项目门字型连廊位置是本项目荷载取值的难点，该位置容易形成穿堂风，体形系数取值困难，最终本项目采用的是风洞实验，本次台风中连廊位置玻璃幕墙安然无恙，证明该项目风洞实验准确模拟了该位置风压。

图 3

对于高层建筑比较密集，群体效应比较明显的位置，推荐采用风洞实验，如果未进行风洞实验，建议参考类似建筑风洞实验报告取值，或者参考《建筑结构荷载规范》（GB 50009—2012）第 8.3.2 条单个施扰建筑情况对干扰系数进行取值。

对于建筑形体复杂位置，比如女儿墙、水平飘板、出挑大装饰条等位置的体形系数按凸出构件考虑，本次台风中发现女儿墙位置明显比大面位置受损严重（图 4 为女儿墙及飘板受损情况），故建议对该部分位置进行加强。

图 4

3.2　幕墙漏水

（1）依据建筑幕墙 GB/T 21086—2007 第 5.1.2 条，厦门地区工程在"莫兰蒂"台风情况下，当地建筑 7m 高的位置，水密性指标为 2039Pa，达到水密性顶级，对于高层建筑，本次超强台风下开启扇容易出现漏水。

表 13　建筑幕墙水密性能分级

分级代号		1	2	3	4	5
分级指标值 ΔP/Pa	固定部分	$500 \leqslant \Delta P < 700$	$700 \leqslant \Delta P < 1000$	$1000 \leqslant \Delta P < 1500$	$1500 \leqslant \Delta P < 2000$	$\Delta P \geqslant 2000$
	可开启部分	$250 \leqslant \Delta P < 350$	$350 \leqslant \Delta P < 500$	$500 \leqslant \Delta P < 700$	$700 \leqslant \Delta P < 1000$	$\Delta P \geqslant 1000$

注：5 级时需同时标注固定部分和开启部分 ΔP 的测试值。

5.1.2　水密性能

5.1.2.1　幕墙水密性能指标应按如下方法确定：

a）GB 50178 中，ⅢA 和ⅣA 地区，即热带风暴和台风多发地区按式（1）

计算，且固定部分不宜小于 1000Pa，可开启部分与固定部分同级。

$$P=1000\mu_z\mu_c\omega_0 \tag{1}$$

式中：

P——水密性能指标，单位：Pa；

μ_z——风压高度变化系数，应按 GB 50009 的有关规定采用；

μ_c——风力系数，可取 1.2；

ω_0——基本风压（kN/m^2），应按 GB 50009 的有关规定采用；

b）其他地区可按 a）条计算值的 75% 进行设计，且固定部分取值不宜低于 700Pa，可开启部分与固定部分同级。

"莫兰蒂"台风平均风力 15 级，等效基本风压为 1440Pa，按照厦门地区建筑 7m 高度位置水密性指标计算如下：

$$1000\times\mu_z\times1.2\times W_o=1000\times1.18\times1.2\times1.44=2039Pa$$

通过以上可知，本次台风平均风力过大，超过国标风压 1.8 倍，导致水密性指标超限，是造成开启扇出现漏水情况的重要原因。

（2）预防开启扇漏水措施

① 通常排水孔为圆孔，水量比较大的情况，由于补气不足，造成水流不畅，由于台风多发地区，雨量较大，建议设置长圆形排水孔，保障排水通畅。

② 提高防水台阶高度至少达到 40mm，增加储水高度，防止雨水倒灌进入室内。

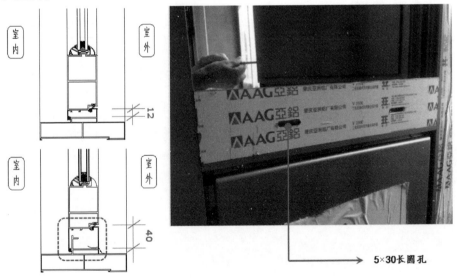

5×30长圆孔

图 5

3.3　玻璃面板破损

通过幕墙受损统计表发现玻璃面板破损是本次台风中最主要的破坏形式，所以如何防止玻璃面板破损至关重要，具体从以下几个方面进行解决：

（1）玻璃面板应严格按照《玻璃幕墙工程技术规范》（JGJ 102—2013）第 6.1 节进行结构计算，对于异型玻璃应采用有限元软件进行有限元分析，确保结构安全。

（2）优先采用夹层玻璃，由于钢化玻璃破损后会形成玻璃颗粒碎片，台风作用下会被卷起再次撞击玻璃，形成二次危害源，建议面板采用夹层玻璃，夹层玻璃能有效防止玻璃飞散。对于人员密集或者采光顶、雨棚位置，如果有条件，建议采用 SGP 胶片，SGP 胶片残余强度高，破损后还具有较高强度，可以为后续维修更换争取更多时间。

（3）中空夹胶玻璃的夹胶层必须位于外侧，有部分项目考虑提高室内侧耐撞击强度，夹层玻璃放置于室内侧，在台风现场考察中发现夹胶中空玻璃单片位于外侧时受损较为严重，而周边采用中空玻璃或夹胶层位于室内侧中空夹胶玻璃破损相对较少，通过分析主要是夹层玻璃刚度较大，单片刚度较小，风荷载作用下，外层瞬间相对变形较大而产生内外层玻璃碰撞，导致玻璃破损。

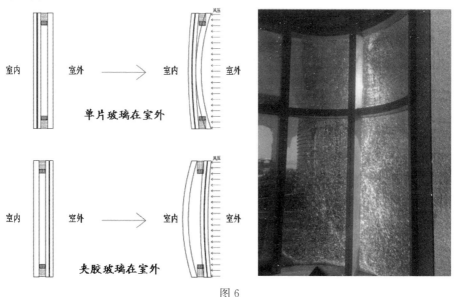

图 6

（4）减少玻璃自爆破损

玻璃自爆后由于面板更换需要时间，台风发生时由于面板未能及时更换，其破损后的碎片会成为重要的二次危害源，所以降低和防止玻璃自爆也是应对台风的重要措施。

硫化镍是玻璃自爆的一个重要因素，它是一种晶体，存在二种晶相：高温相 α－硫化镍和低温相 β－硫化镍，相变温度为 379℃，玻璃在钢化炉内加热时，因加热温度远高于相变温度，硫化镍全部转变为 α 相。然而在随后的淬冷过程中，α 相硫化镍来不及转变为 β 相硫化镍，从而被冻结在钢化玻璃中。在室温环境下，α 相硫化是不稳定的，有逐渐转变为 β 相硫化镍的趋势。这种转变伴随着约 2%～4% 的体积膨胀，使玻璃承受巨大的相变张应力，当玻璃无法抵抗张应力时，玻璃即产生自爆。减少硫化镍常温相变，或者减少硫化镍杂质都是有效减少和防止玻璃自爆的重要解决方式。

均质处理玻璃是通过对流方式加热，使硫化镍 α 相转变为低温稳定的 β 相，经过均质处理后玻璃自爆率为千分之一，自爆率是普通钢化玻璃的三分之一，是降低自爆的有效措施之一，建议台风多发地区玻璃幕墙宜采用均质处理。

超白玻璃也是防止玻璃自爆的重要解决方式，由于超白玻璃原材料中一般含有的硫化镍等杂质较少，在原料熔化过程中控制的精细，使得超白玻璃相对普通玻璃具有更加均一的成分，其内部杂质更少，从而大大降低了钢化后可能自爆的几率，其自爆率只有万分之一，自爆率比普通钢化玻璃降低 30 倍，有条件的项目推荐采用超白玻璃。

半钢化玻璃具有不自爆的特点，是避免玻璃自爆的重要措施，而且其具有有较好的平整度，在非台风地区推荐采用。对于台风地区，玻璃的耐撞击性能也是重要的考量因素，由于半钢化玻璃耐撞击性能低于低于钢化玻璃，受到外物撞击后，容易破损，维护成本高，同等条件下推荐采用钢化玻璃，尤其是低楼层位置不建议采用半钢化玻璃。

3.4 开启扇破损

开启扇作为幕墙的重要构件，主要起到通风作用。本次台风中开启扇破损相对较为严重，主要是由于开启扇尺寸、开启方式以及五金件的配置原因造成，在以后的工程中建议从以下几个方面进行预防和应对：

（1）开启扇的尺寸不宜过大，开启扇尺寸过大直接造成开启扇重量增加，导致开启扇框及五金件变形，最终影响到开启扇能否灵活开启，结合幕墙实际经验，建议开启扇面积宜控制在 1.5m² 以内，当开启扇尺寸大于 1.5m² 时，建议开启扇壁厚不小于 2.5mm，五金件选配必须咨询专业厂家；开启扇的五金一定要灵活耐用，确保台风来临前处于关闭状态，锁点是开启扇的重要结构构件，关系到开启扇的受力状态，其承载力必须进行校核，同时搭接量不少于 3mm，确保锁点同时受力；对于已经做好的平开窗，为防止平开窗掉角影响开启扇关闭，则需预先安装提升块，矫正平开窗下垂。

扇框连接位置严重变形　　　　　　　　五金件严重变形

图 7

（2）开启以上悬方式为主，不建议采用外平开方式，外平开窗开启状态下，扇与框的连接为悬臂受力结构体系，迎风面较大，台风作用下易损坏。（图 8 所示平开窗受损情况）

图 8

（3）室外尽可能不设开启扇，幕墙经过发展，已经可以将通风门、通风器等开启方式融入到幕墙设计中，厦门也有一些实际工程案例采用该类型做法，本次台风中表现很好，彻底消除开启扇破损风险。

通风器关闭状态

通风器开启状态

通风门

图 9

（4）开启扇上设置防台风锁销，能够增加安全储备，考虑室内增设构件，对室内效果有一定影响，需要在建筑室内设计时提前考虑。

（5）注意及时关窗，6 级大风情况下不允许开窗，窗未关闭或未关严实是本次台风中开启扇损坏的重要因素；开启扇的使用方法要对物业人员进行培训，并采用微信推送方式告知业主使用方法，防止开启扇处于假闭状态。

3.5 装饰条脱落

装饰条属于悬挑构件，采用扣接的方式缺乏机械连接，存在脱落风险，结合台风中装饰条的表现，对不同尺寸装饰条采用不同加固方式，具体如下：

（1）对于出挑小于 70mm 装饰条，由于其挑出尺寸较小，受风荷载影响小，可以采用两侧打明钉的方式进行加固，增设机械连接（如图 10 左侧节点图）。

（2）对于出挑大于 70mm 装饰条，凸出玻璃面相对较大，应采用机械连接，确保装饰条不会在台风中脱落（如图 10 右侧节点图）。

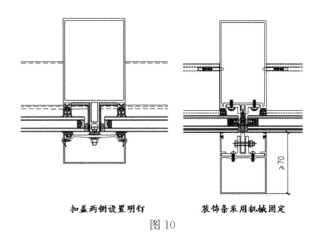

扣盖两侧设置明钉　　　　装饰条采用机械固定

图 10

3.6　石材破损

（1）石材面板的厚度宜采用 30mm 厚花岗岩石材，增加安全储备；控制石材面积，不宜大于 $1m^2$；对于吊顶位置建议采用仿石材铝板做法。

（2）石材连接方式尽可能采用背栓连接方式，石材挂件系统经历了钢销式、T 挂式、SE 挂件式、背栓式，石材挂件系统作为第四代石材干挂系统，在安装调节方面、后期更换维护方面都有明显的优势，同时其具有较好的力学性能，在本次台风中，背栓系统石材整体表现较好，经受住了台风考验。

3.7　铝板破损

铝板作为延性构件，不会出现脆性破坏，主要是边部连接出现问题或者铝板变形过大。要求铝板严格按照结构受力布置加强筋，同时加强筋应与边肋有可靠连接，对于屋顶、檐口位置等荷载突变较大的部位，铝板连接应当加密，并留有足够余量。

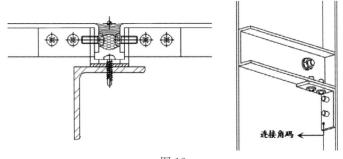

连接角码←

图 12

3.8 地弹门破损

本次台风作用下，存在部分地弹门受损的情况。地弹门主要靠顶底门夹和门锁进行固定，受力形式较为不利，地弹门尺寸不宜过大，建议地弹门高度控制在 2.4m 以下；对于超大尺寸地弹门，其五金选择必须由专业厂家选配。

3.9 其他建议

隐框玻璃幕墙需要通过结构胶固定，现场更换相对比较困难，台风多发地区推荐采用玻璃易更换方案，比如明框系统；对于已经完工的隐框幕墙系统，只能现场注胶更换时，应将打胶面清理干净，并注意打胶外界环境，并对结构胶进行剥离试验，每100樘不少于3樘，检查结构胶固化及粘接情况。有条件的位置建议在玻璃四个角部位置增设防坠托条，增加二次保护，提高安全储备，如图13所示。

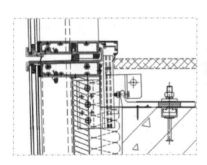

图 13

4 结语

我国拥有漫长的海岸线，沿海城市经常受到台风袭扰，幕墙作为建筑抵抗台风的重要维护结构，其设计是否合理直接影响到建筑的安全，必须引起足够重视。本文实事求是地分析了台风中受损情况，客观的分析台风受损原因，从设计角度总结幕墙预防台风措施，为沿海地区幕墙设计提供参考，如存在不妥之处请指正。

参考文献

［1］《玻璃幕墙工程技术规范》（JGJ 102—2013）．北京：中国建筑工业出版社，2003．

［2］《建筑结构荷载规范》（GB 50009—2012）．北京：中国建筑工业出版社，2012．

［3］《建筑幕墙》（GB/T 21086—2007）．中国标准出版社，2008．

浅析未来门窗系统封闭式槽口的发展方向

◎ 米建军

深圳好博窗控技术有限公司

门窗行业发展到今天，产品同质化越来越严重，部分企业缺乏核心竞争力，再加上市场低迷的冲击，甚至已经难以维持生存，无活可干，工厂关门的现象时有发生。门窗行业目前属于调整期，竞争向品牌化、高端化、系统化发展。在激烈的竞争中，企业唯有增强自身实力打造出差异化产品，才能在激烈的市场竞争中取胜，获得较大的市场份额。

有业内人士表示，很多企业没有深刻去思考如何做到与众不同，满足消费者个性化、差异化的需求，千百家企业都在生产、销售同样功能、外观相似的同质化产品，同质化竞争让众多企业陷入价格战的恶性循环。

门窗企业想要打造出自己的品牌，必须要适时在产品开发、营销、服务、推广等方面有更多创新性的思路和方法，在注重品牌打造的同时，努力提升产品性能，以迎合不断变化的个性化、差异化的客户需求。

门窗企业想要创新产品，先人一步，快人一拍，必须要找出未来行业发展的趋势和方向。有业内权威人士表示：K槽（宽槽）将成为门窗企业差异化竞争的必然选择。（图1）

受限制的槽口尺寸和框扇间距，使得五金的设计和产品性能大大受限。欧洲著名的旭格门窗系统，便摒弃标准的欧槽，另寻更优设计方案，成就今天最具规模最具品牌优势的门窗系统公司——旭格门窗系统帝国。

中国地域辽阔，长江以南外开窗的广泛使用，使得K槽外开窗在加工效率、门窗安全性能上都得到质的提升。K槽与C槽的对比图片如图2所示。以往欧标槽安装摩擦铰链时，不是铣框，就是铣扇的做法，也引起了终端用户的关注和质疑。

图1 K槽的快速发展，恰恰来自以往欧标槽口的劣势

国内一家知名的家装门窗品牌，开始全力在自己的家装门店中打造全系列 K 槽五金配置的卖点。从外开窗、外开外倒窗到内开窗、内开内倒窗，再到平开门全系列 K 槽五金配置。这一配置的优势，很快让终端用户认知了门窗型材与五金的整体配套性能的重要。产品设计的合理性及该品牌在红星美凯龙、居然之家等卖场的唯一性，引起了终端用户的关注和追捧。

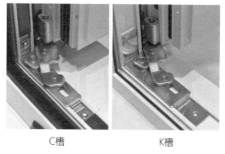

C槽　　　　K槽

图2 K槽与C槽的对比图片

该公司负责人提到市场抄袭的问题：K 槽一旦好卖了，会有很多门窗厂会马上复制跟进。那时公司该如何应对？他自信的笑了笑：都在跟风的时候我们就早人一步，从唯一走向了第一，我们手里还有很多具有"唯一性"的产品，等待时机推向市场！

K 槽最深远的意义在于，打破了欧标槽口的思维惯性及桎梏。让中国门窗界同仁，根据实际需要，用整体性的思维来开发门窗产品。

而 K 槽门窗从诞生到目前在某些市场受到热捧，恰恰反映了众多门窗厂家对追求差异化卖点的迫切需求。面对内地市场众多从工程项目市场转战到家装市场的门窗厂的快速竞争切入，快人一步的南方家装门窗企业，提前布局做好了自己的防火墙。更好的性能，更高的效率，更可视化的 K 槽与 C 槽的优劣势比较，使得南方家装门窗厂更了解终端消费者消费心理需求，更加完美的展示 K 槽的优势。

从另一个角度，我们可以知道：封闭式槽口的门窗系统开发在未来几年会成为趋势。反向倒推，这也可以说明为什么国内目前那么多的门窗系统公司，其产品并未形成良好竞争优势和市场规模的原因。

铝合金门窗不同于塑钢门窗，其魅力和生存的根本就在于其低廉的型材开模成本及由其低成本带来的丰富的变化。塑钢门窗从被认知到辉煌到衰落，只经历了短短几年（5 到 6 年）的时间（因同质化而迅速进入价格红海，假冒伪劣，粉墨登场，结果是一地鸡毛）。而铝合金门窗及门窗系统，真正的百家争鸣的时代才刚刚到来。K 槽的发展就是这样一个例证。

门窗、幕墙、钢结构设计师的制胜法宝

◎ 李和峰

内江百科科技有限公司

2017 年 3 月 11 日～13 日，建筑门窗幕墙行业最早的商用软件品牌"百科软件"，2017 版正式发布。BKCADPM 2017、GESP 2017、W-Energy 2017、W-EMIS 2017 版，独有的"最新标准规范"、"精确计算公式"、"错误提示报警"等功能备受行业用户推崇。

产品列表：

建筑幕墙计算机辅助设计和生产管理系统（BKCADPM2017）

百科通用结构有限元分析系统（GESP2017）

建筑门窗幕墙热工计算及分析系统（W-Energy2017）

建筑门窗幕墙企业管理信息系统（W-EMIS2017）

版本详细升级说明如下：

1 W-Energy2017 门窗幕墙热工计算及分析系统相关修改说明

由于《公共建筑节能设计标准》（GB 50189—2005）废止，按新规范（GB 50189—2017）修改了老热工软件

热工软件（2017 版）修改如下：

（1）软件引入太阳得热系数（SHGC）替代遮阳系数（SC），按新规范表 3.3.1-1 至表 3.3.1-6 给出了 SHGC 限值，进行了相应计算。

（2）增加窗墙比大于 0.7 时围护结构热工性能限值，按新规范表 3.3.1-1 至表 3.3.1-6。

（3）气候分区修改为 11 个分区，按新规范 3.1.2。

（4）对温和地区增加围护结构限值要求。

（5）新规范条文 3.1.1 增加了建筑分类，分为甲类、乙类建筑，对应内容进行了修改。

（6）添加热惰性指标，在夏热冬冷，夏热冬暖，温和地区 A 区，都有热惰性指标，其影响外墙的传热系数。

（7）寒冷地区的传热系数和太阳得热系数由三个因素决定：窗墙比，体形系数，朝向（东、南、西向，北向），老软件只考虑了窗墙比，体形系数。已修改。

（8）计算书中相应列表全部进行了修改，计算内容及相应查表方法、数值全部进行了修改。

（9）太阳得热系数：术语介绍，已修改。

（10）更新帮助文档内容、软件版本号以及输出计算书，已修改。

2　BKCADPM2017 幕墙设计相关修改说明

（1）修改系统设置界面，去掉（JGJ 102—2003）规范，铝型材强度按《铝合金结构设计规范》（GB 50429—2007）计算。

（2）将原来的结构胶类型标签变为结构胶名称，并增加结构胶类型标签。并且使得在有托条的情况下玻璃分项系数可以取 0。

（3）将原来的结构胶类型标签变为结构胶名称，并增加结构胶类型标签。其中的结构胶类型输入框为复选框，只能选择三种胶中的一种。

（4）修改了玻璃组合系数以及相关的参数计算方法。

（5）修改了扣勾、压片、铝板、横梁和立柱的载荷组合方式。

（6）重新加入了对立柱稳定性的计算。

（7）对规范引用进行了调整。

（8）修正了玻璃综合计算中对边简支挠度计算的公式。

（9）根据后锚固新规范对其计算方法进行了修改，增加可支持 5、6、8、9 个锚栓。

（10）修改了工程参数增加时地震分组不能增加的问题。

（11）修改了幕墙基本参数输入，点选待计算，输入风载荷参数为空出错的问题。

（12）修改了石材背栓抗拉、抗压、抗剪以及板强度校核时，石材边长取值错误的问题。

（13）修改了石材板抗剪公式计算单位转换有误的问题。

（14）增加了中空玻璃二道密封胶的计算（玻璃与玻璃硅酮结构密封胶粘接宽度计算）。

（15）修改了钢型材中型材截面积放大 100 倍的问题。

（16）修改了计算玻璃胶宽度时，δ 值被放大 100 的问题。

（17）修改了通槽式石材幕墙，石板槽口处剪应力校核计算时，槽口宽度取值错误的问题。

（18）修正了硅酮结构密封胶的最大计算厚度输出有误的问题。

3　GESP2017 结构有限元设计相关修改说明

（1）增加了单独的地震工况。

（2）有限元软件可支持 32 位 AutoCAD 2010—2014 版，可支持 64 位操作系统，暂不支持 64 位 CAD。

（3）对后固锚计算按新规范进行了修改，修改了锚栓面积计算错误增加了锚栓长度验算。

（4）玻璃综合计算中对边简支计算方法进行了修改，修改了载荷组合方式。

（5）修改了单独计算惯性矩出错问题。

（6）修改了有限元实心矩形截面计算出错问题。

（7）载荷计算按最新规范修改。

（8）调整了规范列表。

如果您对百科软件 2017 版产品感兴趣，并有订购意向，请联系售前咨询电话：0832-2203868。

如果您在使用百科软件过程中，遇到什么问题，请联系售后服务电话：0832-2201099，会有专人为您排忧解难。

同时还可登录中国幕墙网知识库 alwindoor.com/zsk，查找更多的幕墙、门窗、采光顶等相关设计问题的解决方案。

【免费升级啦！】百科软件发布 2017 版升级补丁

补丁功能：

（1）全新的用户界面，支持 Aero 效果，使 BKCADPM 软件全面兼容 WINDOWS XP、VISTA、WINDOWS 7 操作系统环境。

（2）使 BKCADPM 软件能在 AUTOCAD2007、2008、2009、2010、2011、2012、2013 版上稳定运行。

（3）幕墙系统更新。

（4）门窗系统更新。

（5）采光顶系更新。

（6）热工计算系统更新。

（7）优化下料系统更新，强化了优化率、提高了优化速度。

下载地址：

单机版：http：//njbksoft.com/2015_S_sp1.rar。

多用户版：http：//njbksoft.com/2015_M_sp1.rar。

安装办法：下载后解开压缩包，将里面全部文件复制到软件所安装的目录下，覆盖相应文件即可。支持所有 BKCADPM 2014 版 2014 年 12 月之前版本。

本次补丁升级所涉及的相关问题请与软件客户部联系。

客户服务部电话：400-60-54100　　联系人：李和峰、刘毅

百科系列软件诚招全国代理商

本着服务行业合作共赢、提高门窗幕墙技术人员软件使用率的宗旨，现百科软件公司面向全国诚招软件代理，凡满足以下两条以上条件者均可报名：

（1）门窗或幕墙行业工作满五年。

（2）购买或使用百科软件一套以上的用户。

（3）熟悉行业、所属工作范围与门窗幕墙企业联系紧密。

（4）熟悉 autoCAD 或国产 CAD。

（5）全国建筑设计院或该地区门窗幕墙专家组成员。

本次信息发布，内江百科科技有限公司有最终解释权。

多、快、好、省是我们对广大客户朋友不变的承诺。

产品网站：http：//www.njbksoft.com/。

手机访问：http：//www.njbksoft.com/3g/。

门窗幕墙企业信息化管理体系的构建与应用

◎ 刘　毅

内江百科科技有限公司

1　背景

在当今社会，信息化的浪潮席卷社会的各个角落，特别是当前，国际主要经济体增长乏力，我国宏观经济虽然保持平稳运行，但国民经济正处在结构调整、转型升级的关键阶段，努力推进供给侧结构性改革，调整的阵痛还在持续，实体经济运行还是比较困难，门窗幕墙行业在经济大环境低迷的情况下，承受了较大的下行压力，企业面临着来自竞争更加激烈的环境，业务和资金都承受着较大压力，企业为增强自身的竞争力，要充分利用信息化工具，构建一个高效的门窗幕墙企业信息化管理体系是很有必要的，这个对于增强企业规范管理、提升管理水平大有裨益。保持信息的畅通与高效，将决定着企业在将来的市场中的有着更好的生存和发展，并具备更强的竞争力。

2　因地制宜，最怕水土不服

在构建门窗幕墙企业信息化体系过程中，要考虑到门窗幕墙的行业特点，要针对性进行研发和适应行业特点，其他行业的信息化软件不能套用在门窗幕墙行业上，比如，门窗幕墙行业的工程企业主要以工程为核心来管理，涉及的管理过程繁杂，涉及的物料品种繁多，从到项目标书投标，再到工程预算、设计下料、工程备料、物料分发、物料加工，成品发送、工程施工等一系列过程和环节，并且还可能涉及工程的分包、变更等管理，所以对于工程企业来说，整个管理过程的信息流都离不开以工程为核心来管理，对于门窗幕墙管理软件来说，以工程为核心进行管理是必不可少的，内江百科研发的百科门窗幕墙企业管理信息系统就是以工程为核心进行管理的，从工程合同、工程人员准备、工程预算、工程设计、物料计划、物料采购、物料的进出库、成品和半成品的加工和安装等都是以工程为核心来管理，并且还提供了可根据工程预算来跟踪工程成本在物料计划、采购、物料进出库等一系列环节的变化情况。

在构建企业信息化系统时，也要跟上时代潮流，要考虑到企业大数据的应用，一个企业在生存期间是在不断产生和创造的大量非结构化数据和半结构化数据，而从这些海量数据中来记录、分析和提取对企业有用的数据是一个非常繁杂的工作，我们要善于运用大数据手段来帮助企业更好进行日常的经营管理工作，数据管理将是一个企业的核心竞争力，另外提高数据管理的质量也是非常重要的。目前国内门窗幕企业管理软件良莠不齐，很多软件缺乏对于企业的大数据的应用意识、没有提高数据管理的质量，只是简单的工程设计及仓存环节管理，并且缺乏应用大数据手段从中搜集和挖掘对于企业有用的信息，没有从整体业务流程的角度去管理，信息化管理的关键环节不全，各类经营的环节人、财、物的信息相互脱节，部门各自为政，彼此沟通和协调不够，各类信息相互不集中，导致管理软件业务运作协同性差，最终必然是造成企业的整体效率和客户服务不能令人满意。

3 我们需要一个什么样的帮手？

上面谈到诸多问题，想必也是很多企业家、管理者必须面对的痛点，有没有什么办法，能让企业的信息化管理变得简单清楚呢？建议您定制一套门窗幕墙企业管理系统，全面覆盖企业各个经营环节，从工程合同管理、工程人员管理、工程预算、工程设计下料、物料计划、采购和仓库管理等各个环节都有相应的节点管理，对于每一个部门都有相应的关键业务数据管理和数据分析，并形成了相关的待办事务管理，控制了企业关键的生产经营环节涉及的人员、物流、资金等信息进行有效地合理地调配和控制，协调和监督了诸多部门的工作，有效地实现了企业信息资源的共享及其应用的集成，强调事前计划，实时控制，事后分析，明晰权责、分级管理，合理授权和内控，保证了企业经营效率的提高与经营的安全。

在构建门窗幕墙信息化系统时要充分利用"互联网＋"思维，促进企业提高生产效率和管理质量，目前"互联网＋"已深刻影响着各行各业，门窗幕行业也不例外，利用"互联网＋"思维推动企业转型，推进企业供给侧结构性改革有着现实的意义，通过互联网化完成产业升级，通过大数据的分析与整合，进一步理清供求关系，改造传统产业的生产方式、产业结构等，对于解决这些现象有着现实的意义：经常出现工程预算和物料计划脱节、物料采购超过物料预算，造成成本失控；查料供应不足或不准时，影响生产，但同时不需要的材料库存积压严重；部门之间信息沟通缓慢，信息质量差，运作效率低下；大量的人力资源浪费在信息重复输入、校对工作上；财务核算和财务管理准确性、及时性差，财务部门结账期间长；内部运作系统缺乏弹性和适应性、计划准确性、灵活性差，难以适应市场快速变化，无法快速反应市场等。要解决这些问题，就要利用解决"互联网＋"思维在管理软件中进行创新和发展，从企业整体管理角度来管理。内江百科科技有限公司 njbksoft. com 针对建筑门窗幕墙行业企业的实际生产管理流程，积累 20 余年的行业信息服务经验，利用"互联网＋"思维研发的建筑门窗幕墙企业管理信息系统（W-EMIS）软件产品，可以在以下几方面提高管理效率：

（1）各个部门之间的信息实时沟通，无论是在公司、在工厂、还是工地的人员都随时根据需要参与信息系统的管理过程中，提高部门协作，改进整体效率。

（2）实现各类业务数据的一次录入，信息资源全局共享，从意向客户的挖掘、各类的合同签订和管理、工程预算、设计下料、物料计划及采购、物料仓库管理等环节，进行了全面的数据规范化管理、提高数据管理质量。

（3）从规范的整体业务流程角度运筹规划资源及行为，统一计划一致性。

（4）各种经营和管理环节的财务数据及时、准确地反映出来；

（5）降低不必要的库存积压，减少库存成本，减轻资金压力，降低工程成本。

（6）有效的供应商到货情况分析，类似的物料比价采购，缩短采购周期，降低采购成本，增加采购透明度。

（7）企业主管实时获取准确信息，有助于及时做出决策。

（8）从工程立项至投标至施工、竣工，系统全程管理。

4　结语

应用管理系统后，可以加速资金周转速度，提高资金使用效益；提高存货周转率，降低库存成本；准确订货，降低采购成本，降低销售费用；保证生产质量，降低生产成本，提高库存管理水平，避免不必要的损失；规范管理，快速提供合理有用的物料及财务等信息，方便领导者决策，提高管理者的科学管理和决策水平。

第四部分

行业调查报告

2016—2017 年度中国门窗幕墙行业市场研究报告

◎ 雷 鸣 曾 毅

中国幕墙网

1 调查背景

2016 年，整个建筑行业在全国经济低迷的情况下，承受了较大的下行压力，整体保持平稳发展态势，营业额总体与 2015 年基本持平。但产能过剩的情况依然存在，建筑业行业规模、产业结构的总量并未在经济新常态的形势下，发生明显转变，尤其是门窗幕墙的市场总量变化并不明显。当然这与国家总体经济战略转型升级，重点推进供给侧结构性改革，主动求变是密不可分的。在此背景下，门窗幕墙行业市场持续发展，相关供应商、服务商等在经济新常态下，迎来了行业发展的新挑战与新机遇。对于大部分产业链企业，危机也同时存在，特别是各类供应商来说，严峻的行业环境，上游企业尤其是房地产企业资金紧张，银行及金融系统谨慎贷款等环境因素，以及外部品牌进入中国市场、与本国品牌融合，产品技术的日新月异，丰富的差异化需求，尤其是越来越多的个体需求化等造成巨大的行业竞争压力。

行业的发展瓶颈凸显，当前建筑门窗幕墙行业最应该解决的三大问题：①如何提高品牌影响力，②如何提升产品竞争力，③开拓新市场，突破市场禁锢，在自身行业竞争中领先对手占领市场高地是企业当前及未来几年考虑的首要问题。

2017 年中央提出振兴实体经济，明确要在坚持提高质量和核心竞争力为中心，坚持创新驱动发展，扩大高质量产品和服务供给。抓住实体经济，振兴制造业，促进制造业提质增效，作为推进供给侧结构性改革的重要内容。

随着国内政策及市场导向的变化，各种可喜的信息不断涌现，但我们也应该清楚地认识到国内建筑门窗幕墙行业无论是供应商还是服务商还普遍存在品牌意识淡薄，市场渠道、营销手段单一，产品存在同质化现象和技术研发缺乏创新，要么就是"抄袭型"创新等问题。当竞争日趋激烈时，诸如此类问题会更加凸显，造成很多企业陷入渠道冲突、成本上升、收入下降、客户投诉不断、满意度大幅度降低的尴尬困境之中。面对上述问题，一方面企业应该树立品牌意识，打造属于企业、销售商和建筑业企业、消费者共同认可的品牌；另一方面企业需要加快科技创新步伐，关注产品质量，提高服务水平，以科技创新作为企业产品及发展的第一推动力，以产品和服务质量成体系并辅以精细化管理带动企业全面高速发展。

为了帮助建筑门窗幕墙行业产业链企业，特别是广大的会员单位更好的认清行业地位和市场现状，从而提升自身产品品质及服务能力，中国建筑金属结构协会铝门窗幕墙委员会，在 2016 年 9 月启动"第 12 次行业数据申报工作"。通过历时三个月的表格提交，采集到大量真实有效的企业运行状况报表，随后，授权中国幕墙网 ALwindoor.com 以门户平台的身份，对门窗幕墙行业相关产业链企业，申报的数据展开测评研究，首次建立行业大数据模型，并推出《2016—2017 年度中国门窗幕墙品牌及市场研究报告》，力求通过科学、公正、客观、权威的评价指标体系和评价方法，评估出具有较强竞争力的产品企业品牌和工程服务商企业。

注：调查误差——由于参与企业占总体企业的数量比值、调查表提交时间的差异化等问题，统计调查分析的结果与行业市场内的实际表现结果，数字方面可能存在一定误差，根据统计推论分析原理，该误差率在 1‰～4‰ 之间，整体误差在 2‰ 左右。

2　调查分析

（1）行业总体经济情况分析

委员会自 2005 年开始，对全国的铝门窗、建筑幕墙企业进行数据统计工作，以帮助会员单位纵览上、下游经营状况，了解行业发展趋势，是一件具有深远意义的事情。

2016 年的数据统计工作，为我们分析行业总体经济情况带来的清晰的结果。

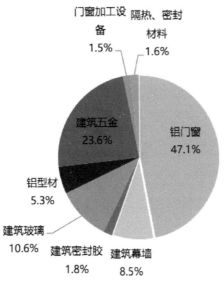

图 1 数据统计工作数据来源

本次市场表现调查分析的数据模型，建立在以行业内存在 8000 家左右的铝门窗企业，存在 1500 家左右的建筑幕墙企业，存在 900 家左右的铝型材企业，存在 1800 家左右的建筑玻璃企业，存在 4000 家左右的建筑五金企业，存在 300 家左右的建筑密封胶企业，存在 280 家左右的隔热（密封）材料企业，存在 250 家左右的门窗幕墙加工设备企业等基础之上。（以上企业数量，摘自国家统计局发布的数量，以及参考细分行业协会掌握的数据。）

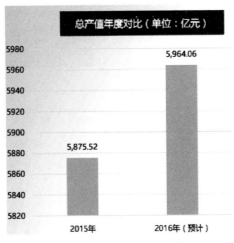

图 2 2015 与 2016 生产值

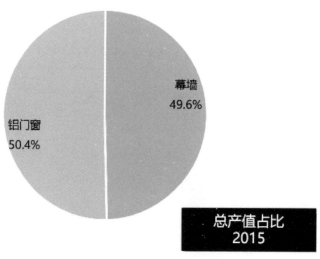

图 3　2015 年铝门窗、幕墙占比

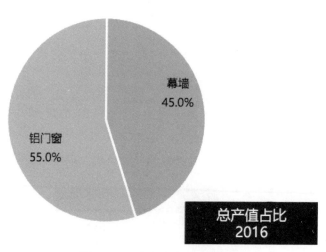

图 4　2016 年铝门窗、幕墙占比

从铝门窗、建筑幕墙行业的总体发展来说，自进入 21 世纪的第一年开始，始终出于发展的快车道，从最初的几百亿发展到如今接近 6000 亿的体量。两者的年均复合增长率超过了 15％，超过了国内诸多传统工业及制造业的发展速度。在铝门窗、建筑幕墙行业，中国是当之无愧的第一大国。

但 2016 年整个行业在全国经济低迷的情况下，承受了较大的下行压力，整体保持平稳发展态势，营业额总体与 2015 年持平。但产能过剩的情况依然存在，低价竞争成为房地产行业的通病，导致铝门窗幕墙行业随艰难地维持了营业额的稳定，利润却呈现整体下滑的趋势，2016 年全行业经营利润较 2015 年下降 24％。尤其是幕墙产品、建筑玻璃、门窗五金件等三个行业利润下滑最为明显，分别下降 60％、40％和 30％。而型材、建筑胶和隔热条和材料产业的利润则有所上升，其中铝型材行业利润上浮较多，达 36％。

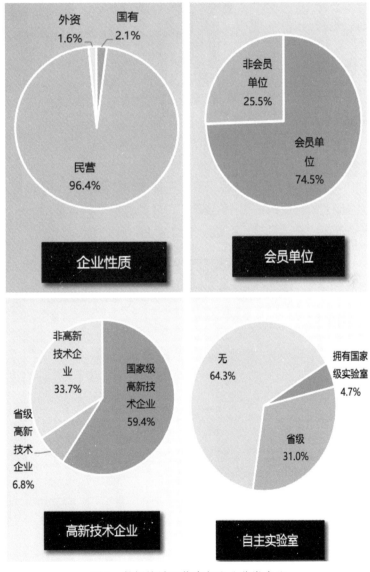

图 5　数据统计工作参与企业分类占比

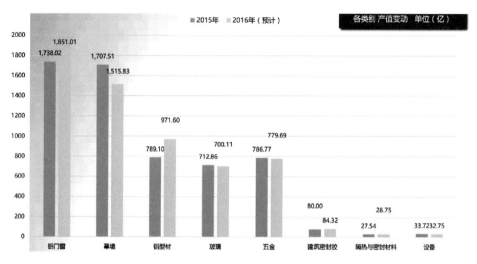

图 6　2015 与 2016 八大分类生产值对比

　　从 2016 年度调研工作的整体来看，明确表示经营状况下降的企业超过了 35％以上，持平的企业约占 40％，仅有 20％的企业增长。幕墙、玻璃和设备制造行业经营现状最不乐观，有超一半的企业经营负增长。

图 7　2015 与 2016 总体利润变动

2016 年行业的总体经营状况表明，随着国家对房地产业投入的减少，铝门窗幕墙行业承受了前所未有的下行压力，个别企业因资金链短缺、银行贷款缩紧等情况的影响，出现经营困难的局面。

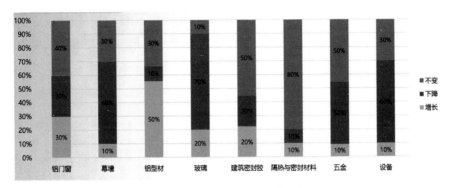

图 8　2016 年八大分类产值变化

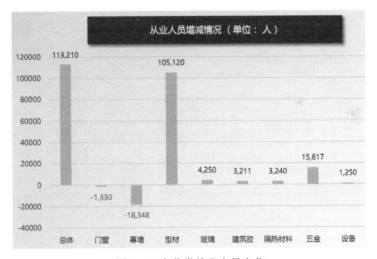

图 9　八大分类从业人员变化

八大分类企业 2016 年对比 2015 年就业人员形式变动较大，总体新增就业大约 12 万人，铝型材企业新增就业人数占比接近 80%，五金、玻璃、建筑胶、设备及隔热材料等均有所增加，但铝门窗及幕墙企业就业人数呈现下降趋势。

从另一个侧面反映出，也正是这样艰难前行的日子，才能更好地成就一批具备较强国际市场竞争力的强势企业，打造一批可以经历时间洗礼的优质品牌。

接下来的内容中我们将以幕墙工程企业、铝门窗加工生产企业为主线，辅以建筑型材、建筑玻璃、门窗五金、密封胶等材料供商，为大家分析门窗幕墙行业内的现行状况与发展态势。

（2）八大类企业行业分析

（1）幕墙类

建筑幕墙是建筑物不承重的外墙护围，像幕布一样挂到主体结构上，因此又称做悬挂墙，通常由面板（玻璃、铝板、石板、陶瓷板等）和后面的支承结构（铝横梁立柱、钢结构、玻璃肋等等）组成。

根据中国建筑装饰协会统计，截至2016年7月，拥有壹级建筑幕墙工程专业承包企业291家，甲级幕墙工程专项设计企业298家，分别占行业企业总数的0.20％和0.21％。全国标志性工程和区域重点工程的大部分业务被幕墙50强企业承揽。从企业分布来看，2016年建筑幕墙企业前列的50家企业中，32家位于华东地区，9家位于华南地区，剩下的企业主要分布在华北和华中地区。

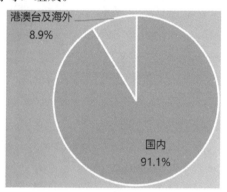

图10　幕墙市场分布情况一

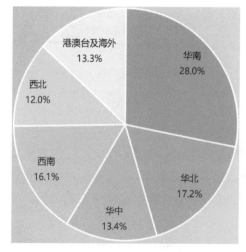

图11　幕墙市场分布情况二

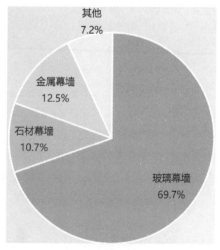

图13　建筑幕墙工程类型

根据 2016 年的幕墙市场分布表，我们发现以下几点：

① 国内工程数量在总体工程量中占比巨大

近年，随着国家战略的实施以及国家区域规划的出台，幕墙行业主流市场除包含新突出的高层、超高层幕墙外，更不断向二三线城市辐射，宏大的区域经济振兴规划形成巨大的幕墙行业市场需求，在这样的市场环境下，国内幕墙企业在发展及市场竞争中更多地着眼于国内幕墙市场，而海外市场做出的突破并不大仅与前两年基本持平。竞争环境的加剧，小型幕墙企业的生存压力也会越来越大，而大品牌间的竞争会愈演愈烈。将越来越集中在结构调整、技术更新以及满足多样化的需求等方面，那么与行业内的大品牌企业相比，

② 地标性建筑技术创新引领市场

相较于 2015 年的幕墙工程品牌名录，2016 年整体幕墙市场规模没有太大变化，排在前两位的区域市场依然是华南和华北。但华中、西南及西北地区的幕墙工程量与前两位之间的差距正在急剧缩小，这恰恰符合了我们前文提到的二三线城市工程市场辐射。国内幕墙行业领军企业在与区域性企业或地方强势竞争对手进行较量的过程中，更多的将资源投入到了地标性建筑，尤其看重技术创新，2016 年我们在中国建筑装饰业内各地的活动及技术交流会中，涌现出了大量的技术创新成果。有理由相信，接下来的市场竞争将越来越集中在结构调整、技术更新以及满足多样化的需求等方面。

③ 幕墙产品价格平民化高技术幕墙利润可观

伴随着供给侧结构性改革带动的房地产市场格局变化，在幕墙工程方面，市场内需求更多地倾向于将最大的优势资源倾斜向优质工程，这其中的原因在于一般类幕墙工程伴随着玻璃、型材、胶、人工成本的上涨，以及幕墙产品价格被甲方持续压价，导致一般类工程利润偏低，仅能作为维持企业正常运转；要想突破当前的发展瓶颈，优质工程尤其是地标性工程、高技术幕墙产品，才是幕墙市场高利润产品的保障。技术创新、施工工艺创新、产品设计创意创新，孕育高附加值的幕墙新产品。

④ 幕墙产品结构性调整明显

幕墙产品的市场主要产物为玻璃幕墙、石材幕墙以及金属幕墙，2016 年我们可以发现过去长期占据幕墙市场 75% 以上的玻璃幕墙份额正在减少，与之相应的其他类幕墙（如纤思板幕墙、太阳能幕墙、植物幕墙等）正在稳步上升。

（2）门窗类

在我国建筑节能要求日益提升，建筑业内产能过剩的今天，既有建筑物节能改造是国家当前重要的国家战略，据统计每年门窗流失的能量占到了建筑物能源消耗的 45％～50％，因此如何降低门窗的能源消耗提高保温性能是当前门窗企业迎合市场需求，提升国内整体门窗行业技术水平，品牌影响力的重要机遇。

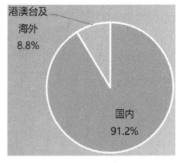

图 14　建筑门窗市场分布情况一

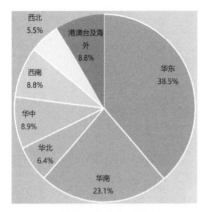

图 15　建筑门窗市场分布情况二

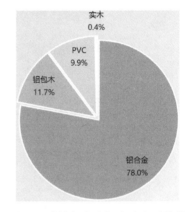

图 16　建筑门窗市场主流产品结构

① 新型环保门窗市场潜力巨大

新型环保门窗在保温节能性以及室内舒适度和空气、卫生质量等方面产生显著效果，保温性能、气密性能和水密性能优异的高质量门窗产品能够满足并提升老百姓对家的满意度。

铝合金节能门窗、多层玻璃节能减噪门窗、铝塑复合门窗以及铝木复合门窗等一大批新型环保节能门窗产品的市场占有率必将显著提高。

② 国内外门窗企业竞争加剧

由于国家房地产调控政策的一些影响，我国门窗行业发展正在经历的一些阵痛，这样严峻的市场形势为门窗企业发展确定了新方向。

当前国际品牌门窗公司，尤其是全球前十强的企业，90％已经选择了登录中国市场，它们将国外先进的门窗技术和产品引入中国的同时，其国内分公司也得到较好的发展，总体而言对提高我国建筑门窗的整体水平做出了重要贡献。

国内的门窗公司在引进、学习国外先进门窗技术的同时，积极需求与国内配套企业开展合作，尤其是与型材、玻璃等大企业合作，共同建立门窗检测、技术实验室等，也得到快速的发展，同时借助型材加工领域积累的材料、加工价格优势，在终端门窗消费市场发力，纷纷推出代表性的门窗系统，为推进我国系统门窗的发展和科技进步做出了不懈努力。

③ 铝合金门窗市场分布区域性明显

铝合金门窗相比塑料门窗、塑钢门窗的优势巨大，且铝合金门窗在中国发展超过三十年，其产品类型、产品性能一直稳步上升，已经逐渐打破了传统的门窗市场格局，尤其是近年来铝合金门窗市场总量急剧增加。2016年，华中、华南地区的铝门窗市场占比巨大，我国西部及北部地区的市场份额也在增加，相对国内建筑业市场情况来看，这更显得难能可贵。

④ 国内各地门窗节能政策进展加快

2016年我国各地实施门窗节能政策进展速度加快，我们简单统计了一下：

江苏文件规定门窗 $K \leqslant 2.4$ 正式发布实施。

上海建筑用门窗节能管理规定正在酝酿。

北京门窗 $K \leqslant 2.0$ 的标准已经实施（率先执行节能75％标准）。

天津门窗 $K \leqslant 2.0$ 的标准已经起草完成，正在审批。

乌鲁木齐门窗 $K \leqslant 1.8$ 的标准已经实施（最高要求的75％标准）。

长沙节能标准已经实施。

其他区域如山东、重庆、唐山、保定也接近出台相关政策。

⑤ 门窗需要打造出真正的世界品牌

近年来，门窗行业发展过程中系统门窗将占据越来越重要的地位，高质量的门窗产品及服务，将为门窗公司带来更加良好的市场口碑和不俗的市场业绩，门窗市场植根于百姓家，借用唐太宗李世民千年前的智慧"民为水，水能载舟亦能覆舟"，系统门窗公司中不论国际、国内品牌，谁更重视国内民情，确立民用系统门窗标杆，谁就会成为中国系统门窗行业的首家百年企业，真正的世界品牌。

（3）建筑玻璃类

近年来，随着我国建筑领域的快速发展和市场需求的不断扩大，以及大力发展新能源产业、持续推行节能减排和建筑节能，给我国玻璃行业的发展带来了新的机遇。通过对门窗幕墙的节能改造，深加工玻璃的产量和使用量不断增加，行业的技术进步在大幅提升。现在，在大力推广建筑节能的基础上，普通门窗包括铝合金门窗、塑料门窗也都在使用深加工玻璃。

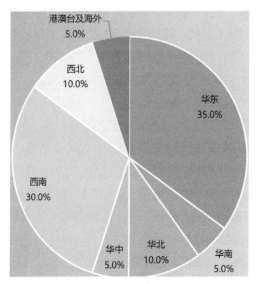

图 17　建筑玻璃市场分布情况

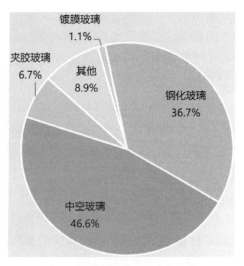

图 18　建筑玻璃市场产品结构

① 国内玻璃企业产能过剩情况严重利润严重下滑

2016 年的玻璃现货市场走势，整体表现为"价格走势低于预期，新增产能继续增加，区域间竞争加剧，酝酿新一轮整合行情"。目前，玻璃现货价格和年初大部分业内人士所预测的大相径庭，主要原因是下游房地产等行业对玻璃的需求减量过多和新增产能的冲击。据国家统计局公布的数据显示，玻璃行业经济运行形势严峻，27％的企业处于亏损状态，整体行业利润下降达40％左右。

建筑节能一直是这几年来门窗幕墙及玻璃行业倡导的主旋律，自2013年以来，我国玻璃行业产能扩张迅猛，产量出现大幅增长。仅在2013年全年平板玻璃产量77898万重量箱，同比增长11.2％。2014年1—8月我国平板玻璃产量达到了54770.21万重量箱，同比增长了5.02％，2015年总体产量与2014年同期基本持平。

② 市场面改变艰难玻璃企业急待转型调整

作为国内最大的玻璃制造企业之一的北玻、南玻，依靠其强大的产能位居市场表现榜前列，其在国内门窗幕墙行业巨大的影响力，具有的资金实力获得市场首选的坚实基础。相应的玻璃企业规模较大的在2016年大多市场表现不俗，在市场内的消化总量下降的大前提下，仅牺牲掉部分利润，维持了企业的稳定发展。

当然，市场内同样存在着我们不能忽视的现象，当前国内玻璃市场中，高端玻璃的产量最多为10％左右，中端玻璃在20％左右，普通加工玻璃比例为30％左右，而低质量的建筑用玻璃至少在40％。同时玻璃产品的利润产生，却大量来自于高端及中端玻璃产品，因此玻璃企业转型升级，配合建筑铝门窗幕墙行业完成供给侧结构性改革势在必行。

③ 一带一路带动，东南亚市场将持续火热

中国的玻璃制造业近年来取得了长足的发展，尤其深加工玻璃领域的技术进步更为明显，包括生产设备的引进更新，部分设备的国产化制造等，都为未来整个玻璃行业的发展奠定了基础。

中国的玻璃制造业近年来取得了长足的发展，尤其深加工玻璃领域的技术进步更为明显，包括生产设备的引进更新，部分设备的国产化制造等，都为未来整个玻璃行业的发展奠定了基础。目前浮法玻璃有125条生产线，生产能力巨大；中空玻璃已形成高、中档规模化生产格局；镀膜玻璃已有足够的产能空间满足市场的需求；此外，各种玻璃品种的生产配套齐全，生产用原辅材料基本可国产化。在技术方面，硬件有与国际同步的生产设备，软件有与国际相同的工艺技术水平，总体优势明显。

东南亚是第二次世界大战后期才出现的一个新的地区名称。东南亚地区共有11个国家：越南、老挝、柬埔寨、泰国、缅甸、马来西亚、新加坡、印度尼西亚、文莱、菲律宾、东帝汶。这些大部分国家基础建设落后，经济处于中国 80 年代中期，国家建设发展迫在眉睫，然而对于中高端玻璃产品的需求量突飞猛进，同时带动中国玻璃及相关机械技术及原辅材料的需求量，2015 年，国家加大对"一带一路"相关国家出口贸易，从国际比较看，我国继续保持世界第一贸易大国地位，出口市场份额稳中对印度、泰国、越南等国出口分别增长 7.4%、11.7% 和 3.8%。对于东南亚国家的出口总值达 14.14 万亿元。开拓东南亚国家的玻璃市场，是行业及市场发展的一个新趋势。

④ 国内玻璃产品结构及市场分布分析

2016 年的市场统计结果显示，华东地区与西南地区的玻璃市场份额接近，这主要得益于西部贵州市场及云南市场的高速增长；钢化玻璃尤其是钢化中空玻璃，以及多层玻璃的应用面越来越广。其中特种玻璃，如特种安全玻璃、防火玻璃等除在建筑门窗幕墙行业市场喜人外，在汽车领域的应用也越来越多。参考图 12　2016 年玻璃市场分布。

（4）建筑型材类

近年来，随着中国经济的快速增长，人民生活水平的提高，金属门窗、建筑幕墙、铁路运输设备、汽车和城市轨道交通等行业发展迅速，推动了铝型材行业的快速发展，市场对铝型材的需求也会不断的膨胀。铝型材作为建筑领域和机械工业领域重要的应用材料，其全行业的产量和消费量增长速度迅猛，在未来，中国将步入中等发达国家行列，铝型材在工业发展中具有很大的应用空间。

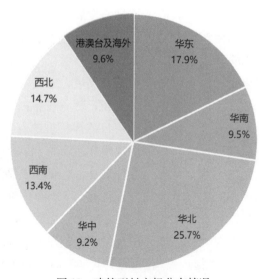

图 19　建筑型材市场分布情况

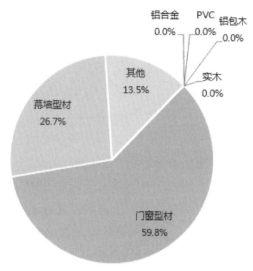

图 20　建筑型材主流产品结构

① 国内铝工业发展产业集群优势明显广东山东南北对抗

我国是铝型材最大的出口国，国内品牌大多集中在华南和华中地区。迄今为止，建筑类型材（建筑门窗、幕墙、遮阳、结构及装饰等）的产量在中国整个铝挤压行业中仍占着绝大的比例。总体上来看，现在还是广东的铝型材厂家最多，达 167 家，占 36.38%。广东铝型材行业的水平被公认是中国铝型材行业水平的代表。南山、华建等企业集聚的山东以及忠旺等企业集聚的东北本身就是铝资源大省，在原材料及设备产品上具有很强的实力，因而这两个地域也具有较为明显的产业集群优势，也能够形成一定的成本竞争优势。

② 国内建筑铝型材企业集团化发展速度加快

我国铝型材企业已在积极进行产业结构及产品结构的深层次调整，并积极提升企业竞争力。铝型材企业重组兼并加快，大型企业越做越大，向着集团化、大型化、专业化迈进；加大科技投入，积极组建技术中心，提升企业研发能力；装备向着大型化、连续化、紧凑化和自动化方向发展；工艺技术向着流程短、节能环保型方向发展。

③ 建筑铝型材行业产值逆市而上

2016 年"涨价"成为了年度热门话题，劳动力成本、运输成本等上涨了一倍不止，部分建筑原材料上涨的速度也不慢。建筑铝型材行业得益于铝型材涨价，行业总产值大幅提升，利润也相当客观，国内建筑铝型材企业纷纷设立分厂或扩大生产规模。

④ 国内铝型材企业资金流动速度加快

当前国内铝型材企业为了更好、更快的保持企业高速发展，在企业产值获得大幅提高的前提下，主动扩大产能，并有将产品线扩展到建筑产品终端消费市场的趋势。国内大多数铝型材企业已经迈出了改革的步伐，建立自主门窗品牌或将产品运销体系、配送服务体系放在家装市场内；这样的举措带来的最大好处在于，企业的资金流动速度加快了。

（5）建筑密封胶类

密封胶是建筑防水工程的重要材料，我国由于建筑结构设计技术进步和新型建材应用，建筑接缝密封问题日益突出，随着城市建筑现代化，建筑设计施工技术进步，装修档次不断提高，密封胶在建筑工程和家庭装修中的消费量迅速增长。因此，国家和企业都在逐渐加大这方面的投入。

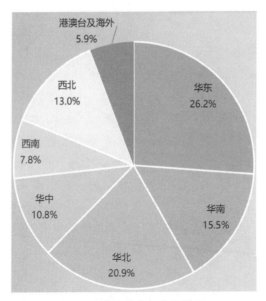

图21　建筑胶市场分布情况

① 建筑胶市场饱和业内服务意识加强

在建筑工程中，通常要用到胶粘剂来粘结工程结构件，常用的胶粘剂有结构胶和耐候胶。工程结构件的粘结要求受力结构件的粘接，能够承受较大的载荷，在较高的温度下仍有较好的机械强度，还具有耐化学品和耐老化等特性。

随着建筑胶行业近几年的快速发展，目前中国建筑胶市场已进入市场饱和阶段，形成了一大批国内外知名品牌共同存在的现状，且国内外品牌在产品质量、服务体系以及市场占有率等方面的差距越来越小。赢得市场的首选，体现在了技术支持、服务及配送环节，可喜的是国内几大知名建筑胶企业都已经有了较为完善的技术及服务团队，需要提高的部分在服务意识的强化。

② 国内品牌市场首选率远超国外品牌

今年内，各大结构胶品牌在市场的表现都不俗，整体与 2015 年首选率变化不大，除局部市场有小的

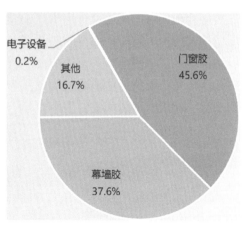

图 22 建筑胶市场主流产品结构

波动外，国内的几大主流品牌表现均不俗。国外结构胶品牌在国内二十年来的发展趋势，呈现下降态势，因为众多的国内品牌在技术创新、研究室建立、品牌维护等方面的资金和人力资本投入已经远超国外品牌，市场内的表现伴随着创新与服务的提升，国内品牌市场前景远高于国外品牌。

③ 结构胶品牌企业中高新技术企业占比大

在今年的数据统计调查分析中，我们收集整理的数据显示，高新技术企业占比接近 67%，国内结构胶企业已经越来越重视产品的创新与研发，提升产品品质，为企业长期发展积蓄力量，而不仅仅是注意眼前的利润。

④ 建筑密封胶已经成为家装市场"快消品"

在今年的数据统计调查分析中，我们收集整理的数据显示，以前家装时很多人都不把密封胶当成重要的装修产品，随便选择低廉的密封胶来装修，直接导致一段时间后家居中的打胶部位出现发黄、发霉，当前越来越多的家庭装修意识到密封胶的重要性。特别是马桶、台面、玻璃、金属等重点用到密封胶的部位，如果使用的密封胶质量不过关，很影响家居美观。于是建筑密封胶作为高质量的密封胶产品，快速进入并占领家装密封胶市场，成为了量小但多、利润足的"快消品"。相比常规生产家装市场密封胶的小企业而言，建筑胶企业在产品质量，流水线生产程度，产品研发投入方面都具有较大优势，相信建筑胶企业在占领家装密封胶市场方面，将会有更可喜的表现。

（6）门窗加工设备类

半多个世纪以来，机械设备涉及电力、石油、化工、航空、邮电、房地

产等等众多领域，在国家重点项目的建设中必不可少，那么在房屋建筑工程中所涉及的加工设备，主要包括玻璃加工设备、型材加工设备、钢结构加工设备等等，就拿型材加工设备来说，一般一台型材加工设备主要具有集洗销、钻孔、攻牙、倒角等功能的自动化复合加工设备，它们可以对各种长度的铝铜型材、PVC、型钢等材料进行加工。

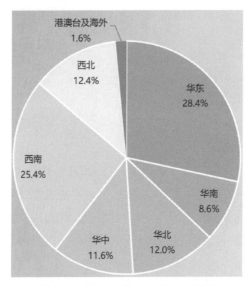

图 23　门窗加工设备市场分布情况

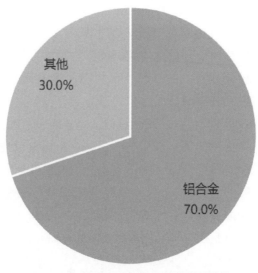

图 24　门窗加工设备市场主流产品结构

① 铝合金门窗加工设备市场潜力巨大

近年来，随着门窗技术的完善，优质门窗的应用，越来越为用户所认可。市场已逐步形成以节能门窗为主流的门窗产品。这也推动者门窗加工设备行业不断地更新及发展。伴随着铝门窗行业的市场持续增强，铝合金门窗加工设备的市场份额已经悄然的达到了70%。铝合金门窗的市场饱和度尚不足65%，因此，相信铝合金门窗加工设备市场在铝合金门窗方面仍然具有巨大潜力。

② 新型设备已经推出市场反映强烈

近年来，建筑门窗加工设备行业为了满足日益提升的门窗品质，配合门窗技术的提升，不断的研发新型设备并推出市场，其中最抢眼的包括以下几种。

型孔加工设备：在系统门窗中，对于锁孔、地弹簧孔、五金件安装孔、排水系统提出较高要求，传统的单轴仿形铣加工很难达到精度要求，而用模具加工又难以适应客户的时间和不同系统的多样性加工，所以深受门窗企业欢迎的门窗用加工中心显现其特殊作用。采用了3轴自动换刀方式，输入用通用的门窗输入加工软件，用图形方式，所见所得，操作者只具备初级文化水平就可以完成程序加工，此设备在许多大型门窗企业的系统门窗加工中起到重要的加工能力。

自动仿形铣加工设备：在常规门窗加工中采用双头操作的单轴仿形铣，左手控制深度，右手控制形状，工作劳动强度和环境非常恶劣。采用左手控制定位和移动，右手控制铣削深度和移动，在多腔体的型材上，可采用分层加工，用普通铣刀就可以完成不同腔体的型孔加工。

组角设备的改善：在系统门窗角部加工时，需对冲铆精度加以控制。在工艺中还需增加角部注胶工序，对于设备来讲，需要有一开阔的组角操作空间，同时应有大截面冲铆范围。采用气液增压系统，低压接近型材，高压冲铆，后定位采用上下移动，给操作者提供便利的装配空间。冲铆力可达到6~7吨，保障冲铆的强度。

诸如此类，多种新型设备在门窗加工设备市场内充当了产值上升的主力军，

③ 加工设备企业需要更加重视在品牌及产品保护上的工作

随着网络时代的到来，电子商务作为一种新型的交易方式，将生产企业、流通企业以及消费者和政府带入了一个网络经济、数字化生存的新天地。在

电子商务环境中，人们不再受地域的限制，客户能以非常简捷的方式完成过去较为繁杂的商业活动。越来越多的人接受这种简捷的交易方式，而一些生产厂商也逐渐意识到网络给自身企业品牌带来的推广效益。

但加工设备行业作为传统制造业的产业，大多数的企业在自身品牌及产品的配套保护上所做的工作还比较欠缺，导致部分企业的产品有大量的"伪冒、虚假"产品在市场内存在，且用户辨别成本较高。

（7）门窗五金类

建筑门窗幕墙行业的配套材料品种非常之多，包括五金（拉手、执手、合页、锁、滑轮、插销、感应启闭装置等等）、附件（角码、密封塑料件等）、密封材料（胶条、毛条等）以及其他如分子筛、玻璃筛等各式配件。在这些配套件产品中，五金件作为我国的出口大户，无疑具有举足轻重的地位。五金制造企业是从东南沿海地区开始发展起来的，主要集中在华南、华东等地区。现阶段，这两个地区的企业仍然保持着市场领先优势，具有较强的竞争力。

据不完全统计，目前国内建筑五金生产企业近 4000 家，占五金全行业企业数的 25%。

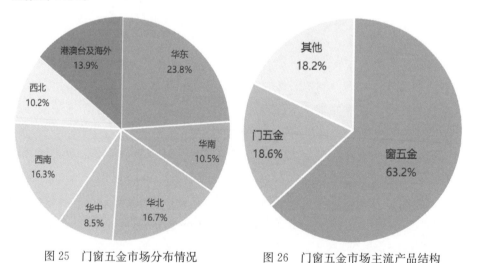

图 25　门窗五金市场分布情况　　　　图 26　门窗五金市场主流产品结构

① 建筑五金产业集群产生良好效果

受益于国际产业转移、中国制造与科技水平的不断提高，我国建筑五金行业形成了较完备的生产、流通与研发体系，造就了以珠三角、长三角、河北、河南、福建、山东等地为代表的建筑五金产业集群，各地区建筑五金产业链形成了良好的协同效应。其对外贸易额快速增长，与此同时，我国的中高端市场仍有很大一部分被海外品牌所占据。

②门窗五金迎来海外发展的宝贵时机

面对日益扩散的贸易及经济开发，许多国内企业从中看到了较大商机，纷纷抢占国外市场，门窗五金无疑面临着一个宝贵的机会。像中东、东南亚以及非洲国家中较多的新兴国家，门窗市场内急需的门窗五金，国内五金企业完全能够强势进入。

与此同时，我们还应该清楚地认识到很多国内的门窗五金品牌正处于成长之中，如果要走向国外的市场还需对这个市场有更多的调研，另外可以寻找当地有实力有头脑的供应商一起参与，来争夺更多的市场份额。

③国内市场遭遇国外品牌强势冲击

门窗五金市场由以前的门窗工程，零散门店五金，逐渐向工程、零售集成化方向发展，越来越多的国内门窗五金品牌寻求在地区点上的市场突破，将门窗五金搬入居民生活区，建立小区域代理及服务商。从区域分布来看，华中、华东以及华南在这方面发展较为强劲，同时国外的品牌五金已经越来越多的进入中国市场，通过与国内企业或行业知名企业家深层次合作，深挖国内市场潜力，瓜分市场蛋糕，这导致五金企业在竞争加剧的前提下，大部分企业利润严重下滑。可喜的是，在残酷的竞争环境下，企业对五金产品的质量及品牌可信度投入加大，老百姓将享受到更多的实惠。

④国内建筑五金市场将经受价格冲击

国内五金行业企业一直保持着低库存，且不囤积大量原材料的经营方式，面对着2016年汹涌的原材料涨价趋势，尤其是钢、锌、铝等大幅度涨价，现阶段保持较长时间的建筑五金市场价格格局即将被打破，五金价格受到强势冲击。

(8) 隔热（密封）材料类

"积极推广绿色建筑和建材，大力发展钢结构和装配式建筑，提高建筑工程标准和质量。打造智慧城市，改善人居环境，使人民群众生活得更安心、更省心、更舒心。"这是国家领导人对建筑节能的要求。建筑要节能首抓的就是门窗，国家在2010年就开始提倡建筑节能，

目前，门窗是我国建筑物节能是薄弱的环节，每年通过门窗流失的能量占到建筑能耗45%到50%，占到了社会总能耗的20%。由此可以看出，隔热材料在门窗幕墙产品扮演着多么重要的角色，因此提高门窗产品的节能保温

性能是降低建筑物长期使用能耗的重要途径。门窗的保温节能性还能能室内舒适感和卫生状况有明显的影响，保温性、气密性、水密性等综合性能好的高品质门窗产品满足了人们对门窗环保节能要求，铝合金节能门窗、玻璃钢节能门窗、铝塑复合门窗以及木塑铝复合门窗等一大批新型环保节能产品的市场占有率逐步提高。

相关建筑节能政策的推出和节能标准的提高在降低能耗的同时，有处于消除目前门窗行业内低层次发展和恶性竞争的局面，促进行业健康发展。一些企业通过开发符合节能标准的新产品受到了市场青睐，一批缺乏自主创新能力的小企业则逐渐被淘汰，行业洗牌正在加速进行。

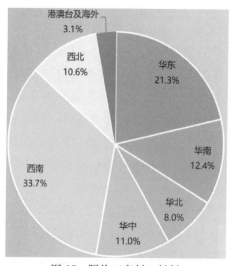

图27　隔热（密封）材料
市场分布情况

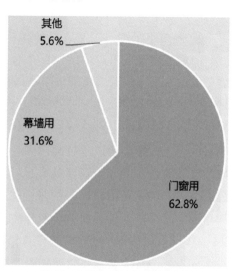

图28　隔热（密封）材料市场
主流产品结构

① 外资品牌在市场内表现活跃

隔热（密封）材料产品在建筑门窗幕墙行业辅料产品中，整体占比重小于10%，但其对建筑节能的整体影响却接近30%，由此可见隔热（密封）材料对门窗幕墙是否新型、环保、节能所起到的巨大作用。因此隔热（密封）材料的产品性能、参数及整体稳定性是其自身与市场挂钩的最重要指标。总体来看，目前市场上外资品牌与国内品牌之间依然存在不小的差距。

② 建筑家装市场份额增加快

密封材料产品是为了将一种东西密封，使其不容易打开，起到减震、防水、隔音、隔热、防尘、固定等作用的产品，密封条有橡胶的、纸的、金属的、塑料的、多种材质；在建筑家装市场内，密封材料的应用除了门窗以外，在建筑家居上的应用也越来越多，尤其是三元乙丙胶条的应用增长最快。

3　分析结论

（1）市场情况

我国这几年的房地产政策，我国的房地产业始终是在收缩、适度放开、适当控制、个别微调的调控模式中转化。整个门窗幕墙行业也持续受相关政策影响，最辉煌的时期应该在逐步地在退去。

随着国内建筑门窗、幕墙市场需求变化加剧，国内市场的竞争环境越来越残酷，国内门窗、幕墙企业借助国内新型创新技术资源及人力资源等优势积极向国际市场拓展，行业发展趋于平稳，市场国际化趋势愈来愈强。

专家分析，今后几年内，铝门窗幕墙行业将会有逐渐进入平静发展期，市场逐渐显露出八大发展趋势，市场总量将保持基本稳定。

目前，建筑业虽然随着一系列国家政策调控的影响，受到了一定的挫折，但其作为我国的消费热点和经济增长点中占较大比率的情况仍然显示国内需求将保持稳定的局面。在西部大开发、振兴东北、各地城市改造及新城建设的拉动下，铝门窗、幕墙市场总量将继续保持稳重有升的态势。形成以大型企业为主导，中小企业为辅助的市场结构。目前，门窗幕墙行业已经形成了以100多家大型企业为主体，以50多家产值过亿元的骨干企业为代表的技术创新体系。这批大型骨干企业完成的工业产值约占全行业工业总产值的50％左右，在国家重点工程、大中城市形象工程、城市标志性建筑、外资工程以及国外工程建设中，为全行业树立了良好的市场形象，成为全行业技术创新、品牌创优、市场开拓的主力军。

产品结构将有较大改变；铝合金幕墙仍以明框、隐框、铝板幕墙为主，单元式幕墙在大、中城市有良好的发展前景，铝合金双层、智能、遮阳板幕墙将逐渐成熟和提高。铝合金门窗在建筑门窗市场的占有率将保持在55％以上，产品结构有较大变化。受国家建筑节能政策和能源危机的影响，节能环保型的铝合金门窗、幕墙的使用比例将有较大提高。

环保、节能将成为发展主题。随着小康生活的到来，人们对自己的居住环境的要求越来越高。绿色消费成为主导建筑消费市场的主导观念，绿色消费带来了巨大的绿色商机。因此，满足绿色消费需求，发展高性能、高技术生态建筑幕墙及门窗，不仅要从建筑外观效果、幕墙及门窗自身的基本物理性能以及造价等方面去思考，也要把幕墙及门窗的整体设计与生态环境挂上钩，针对建造后的幕墙及门窗能具有良好的性能，减少对环境的污染，给人们营造舒适的环境。

"环保"潮的到来，将有力促进重视环保企业的健康发展。纵观当代企业中，凡是百年企业、凡是强势崛起且持续发展的新兴企业，必然是重视环保的企业；这与当代世界范围内各国政府对环保的重视，尤其是发达国家及发展中国家政府的重视是分不开的；在国内门窗幕墙行业内以前对环保的硬性规定不多，且由于国内行业伴随房地产产业急剧膨胀，崛起了太多的中小规模企业，这些企业缺乏环保意识、且环保管理工作较差，自身并不具备持续、高速、科学发展的动力；通过此次最严"环保"潮的梳理，将一大批不符合环保要求的企业退出市场，将一大批重视环保、环保生产管理工作到位的企业大力推向市场，既有利于国家产业的长期、稳定、科学发展，也符合现阶段国家"供给侧、去产能"政策的落实，一举两得。

（2）门窗幕墙企业风险分析

① 市场竞争风险

门窗幕墙行业以大型企业为市场参与主体，这批大型企业完成的工业生产总值约占全行业工业总产值的50%左右，在国家重点工程、城市形象工程、城市标志性建筑、外资工程以及国外工程建设中成为行业的主力军。这些公司在专业设计、施工能力等方面均具有较强的竞争实力，同时国外的大型门窗、幕墙企业在国内高端门窗、幕墙细分市场的份额正在逐步扩大，市场竞争较为激烈，虽然国内门窗幕墙大型公司在技术、产品质量管理、采购模式等方面具有竞争优势，但如果不能在高端产品的技术研发有进一步的突破性发展，迎合未来环保、节能的发展主题，将可能丧失在行业内的竞争优势，会面临较大的市场竞争风险。

② 侧供给结构性改革带来的企业风险

随着供给侧结构性改革的实施，对整个国民经济建设提出新的要求，当然也包括我们门窗幕墙行业。近年来，门窗幕墙行业发展面临转型，产业急待升级，更重要的是，我们的思维方式、发展理念需要变革。

门窗幕墙行业是属于房地产行业的下游产业，型材、五金、玻璃、设备、配件等产业的上游产业，随着上下游产业的形式不断变化，尤其是跟国家大的经济面波动相伴的，经济结构调整，生产制造要素配置变化息息相关。

③ 行业内资金风险加剧

铝门窗、幕墙市场竞争更加激烈。由于门窗幕墙行业已进入发展稳定期阶段，竞争程度激烈，同时由于外部环境如原材料价格急速上涨、人力资源成本加重、运输成本增加等导致目前各企业利润降低，企业内的流动资金大量减少。建筑门窗幕墙市场产品为了减小以上不利因素带来的影响，积极寻求以铝、塑、木、钢四大材料为主，多种替代性材料为辅的多元化市场结构，新材料、新技术的应用将出现更多新产品，铝门窗、幕墙产品与其他行业比，产品差异性小，竞争更加激烈。

大小企业将出现"马太"效应、国家宏观政策调控、银行信贷紧缩、银行利息上调导致竞争环境恶性化，工程垫资日益严重，以房抵款的情况加剧。由于国家要求各施工单位提供农民工工资保证金制度，加大了施工单位的垫资，客观上占用了一部分现金流，企业资金周转速度降低，加大了企业资金周转的难度。

（3）产业链发展展望

随着近年来日益激烈的市场竞争环境和人们对居住环境的高要求，门窗幕墙产品的信息通过互联网络被人们逐渐熟知并了解，产品质量、安全性等在国内多次被国内专家多次讨论，行业规范标准和施工质量等都已经较以往有了较大改变，高品质的门窗和幕墙工程被大多数人所认同。产业链内的发展，产品结构因此将有较大改变；在坚持传统幕墙类型，铝合金幕墙仍以明框、隐框、铝板幕墙为主，单元式幕墙在大、中城市有良好的发展的现状下，铝合金双层、智能、遮阳板幕墙将逐渐成熟和提高。新型的建筑节能、环保材料和施工方法将越来越多的应用在建筑门窗幕墙行业中，这使得产业链上下游的企业必须推陈出新，通过自身新技术、新产品的不断研发和推广，维护并提升自身的品牌价值，提高门窗、幕墙的工程质量，并通过高附加值的产品使企业得到足够的利润，促进自身造血功能的不断提高。

（4）服务分析

中国门窗幕墙行业，尤其是幕墙行业经过三十年的发展，各类型大小企业的竞争已经越来越趋于常态化和有序竞争，不管是产品系列、新技术、新材料的应用基于目前的互联网社会模式，产品差异化越来越小，笔者估计接下来新一轮的竞争核心将逐渐向服务差异化以及服务品牌化发展；门窗以系统门窗为发展主体，整合各门窗产业链各个环节直接面向最终用户已成为可能。

（5）品牌分析

品牌是企业文化的核心体现，是被消费者和大众认知的重要手段。门窗幕墙行业企业不同于其他传统行业产品的品牌建立，它是需要产业链上下游企业的共同支撑来建立起良好的品牌。如何建立品牌，如何深化品牌价值，如何从国内品牌向国际品牌转变，这不仅是困扰其他传统行业企业的"拦路虎"，也是门窗幕墙行业企业做大做强必将面临的一道难题。

从品牌本身来分析，品牌是为人所熟知以及快速接受的产品名称；它所包含的除了易被记忆等特点外，更应该体现的是企业的核心价值竞争力。我们的中国门窗幕墙企业品牌测评研究报告正式针对门窗幕墙行业企业的品牌建设和品牌推广以及企业核心价值竞争力的一个整体评价。

《2016—2017 年度中国门窗幕墙行业市场研究报告》一文，由中国幕墙网编制：

中国幕墙网 ALwindoor. com 成立于 2001 年，是中国建筑金属结构协会铝门窗幕墙委员会认可的、唯一的直属网站。本着全心全意为企业服务的原则，以及"服务、快捷、专业、交流、创新、发展"的运营宗旨，以建筑幕墙和网络运营专业技术为强大后盾，通过对建筑幕墙市场的专业理解和深刻分析，为各企业提供专业化、针对性的优质服务。

中国幕墙网拥有专家库、企业库、产品库、技术资料库等信息资源数据库；向客户提供诸如：会员平台、技术论坛、专家视点、网站调查等互动交流通道；同时在网站上开展最新商情、最新动态、展会信息、热点专题、技术资料下载、会员下载、人才招聘、典型工程、最新工程动态、工程招标、推荐企业、推荐产品、采购专区、供应专区以及交易指南等，还开展了幕墙行业政策法规、国家地方部门法律法规及协会专区等及时、高效、准确的信息推广和服务，让广大企业及客户在第一时间获得幕墙行业的最新信息，并开展网络广告和平面广告宣传业务。力图为企业之间、行业协会和企业、企业与技术专家之间搭建起第一流的交流平台，成为协会、企业宣传自己的最佳窗口。

中国幕墙网的用户浏览量，在所有的第三方机构（China Rank、艾瑞、CR-尼尔森等）的数据中，都是绝对的领先者，在百度和 Google 上搜索幕墙、门窗以及任何幕墙材料相关的内容，中国幕墙网也是排名靠前的。长期保持着，幕墙上、下游消费者市场占有率第一的殊荣。

2016—2017 年度建筑幕墙顾问行业现状调查报告

◎ 兰 燕

中国幕墙网

2016 年 11 月 24 日—25 日，"第三届全国建筑幕墙顾问行业联盟座谈会"在深圳召开！会上，中国建筑金属结构协会黄圻副秘书长，对《建筑幕墙工程咨询导则》的编制情况进行了详细的介绍，铝门窗幕墙委员会董红主任，结合 2016 年度门窗幕墙行业现状，以"创新发展，构建门窗幕墙咨询行业变革之路"为主题，做了 2016 年"全国建筑幕墙顾问行业"年度总结报告。

报告中提到：现阶段幕墙顾问公司还存在很多不足，首先是在中国幕墙顾问公司已经存在几年，因为归属关系以及行业规范等问题，初期受到了行业内部分企业和一些专家的批评和抵制。我国的幕墙顾问公司没有纳入资质管理，尚不能像幕墙工程公司一样名正言顺从事幕墙设计咨询技术工作。其次，幕墙顾问公司的水平参差不齐，部分公司工程人员不足，工程技术人员能力有限，在从事一些特殊工程的咨询过程中显得力不从心。很多幕墙顾问公司取费差异较大。针对目前幕墙工程存在的各类问题，我们也做了总结找出了解决问题的方法，对于幕墙咨询顾问公司本身应该加强自身建设，提高自身素质，调整企业结构，配备相应的工程技术人员；幕墙咨询顾问公司应该申请取得相应的设计资质；应根据自己的人才业务特点，确立自己的业务范畴；幕墙咨询顾问公司应加强在行业的影响力，摸索出符合中国特色的行业管理模式；幕墙咨询顾问公司应建立行业联盟，大家共

顾问联盟的标志

同议事，共同进步。

中国幕墙网 ALwindoor.com 针对参会的近百家建筑幕墙咨询顾问公司进行了抽样调查，通过对 57 家反馈回来的调查表展开分析，得到如下行业数据（因调查样本的局限性，以下的图表及分析仅供参考。）：

通过图 1，我们欣喜地发现，国内目前顾问公司规模突破 50 人以上的占比较大。通常国内的幕墙公司，具有的技术部、项目部总人数在 20～30 人左右，顾问公司的技术人员总数量已经超越了国内的一线幕墙公司。

通过图 2 从成立时间上看，2011 年后是顾问公司新增速度最快的时期。这段时期也是房地产企业整合资源，加强对利润的管理，作为第三方设计单位或合作单位，顾问公司因此依靠其专业度，迎来了一轮发展高峰。

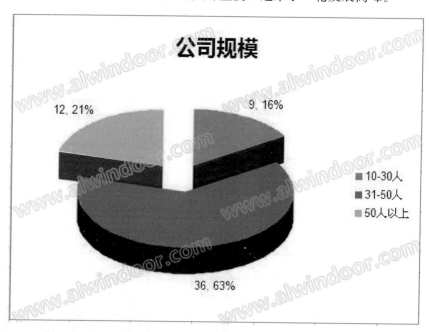

图 1　公司规模

通过图 3 得出现阶段顾问公司咨询服务类型中大多数企业已经涵盖了幕墙咨询、建筑咨询，部分涉及了照明咨询、钢结构咨询及其他。未来的发展模式，更多的顾问公司已经朝着全面的建筑行业内顾问方向发展。

通过图 4 可看出，地标工程项目数量是顾问公司技术实力的一大指征，绝大部分参与调查的顾问公司都已经有 2 个以上的地标工程项目。地标项目既是精品之作，也是顾问公司的代表作，其项目数量代表的是顾问公司的硬实力。

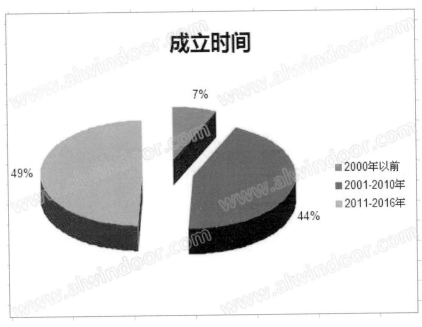

图 2 成立时间

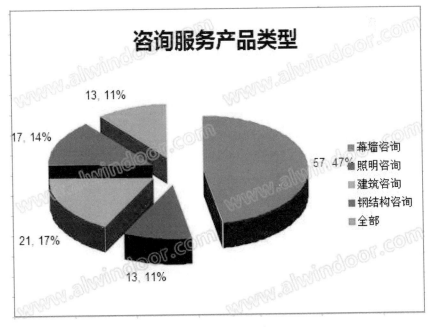

图 3 咨询服务产品类型

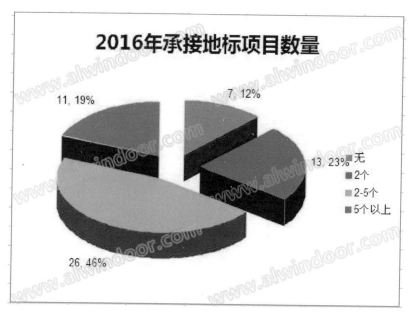

图 4　2016 承接地标项目数量

通过图 5，顾问公司服务客户中，国内前 100 强的房地产商合作率较高，基本此类房地产企业都已经有熟悉的，或已经合作的顾问公司。

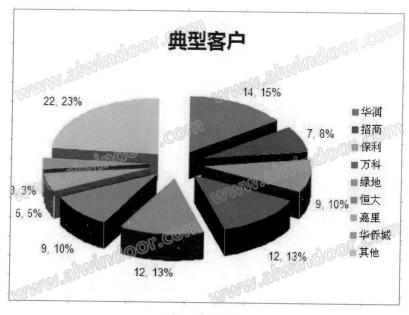

图 5　典型客户

　　通过图 6，注册建造师及注册结构师（此处均为一级），在顾问公司的技术人员中占比日渐上升，但总体而言顾问行业内从业人员的资质水平还不高。随着顾问公司规模的扩大，薪酬及福利水平的提高，更多的注册建造师、注册结构师将进入顾问公司。

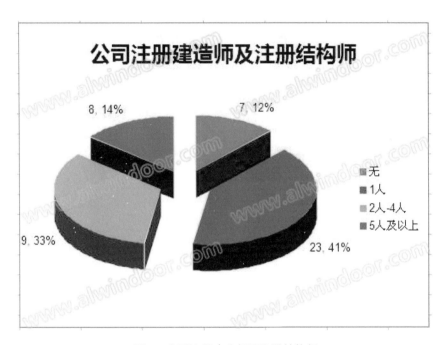

图 6　公司注册建造师及注册结构师

　　通过图 7，国内顾问公司在国外工程项目中，目前已经有接近调查里过半数的企业参与过。但目前总体来说，国内顾问公司在国外项目的竞争力依然低于发达国家顾问公司，整合行业人力资源，更多的与国内具备新技术、新产品且有一定价格优势的产品企业合作，以技术带产品的模式进行国外项目拓展，才能在与国外顾问公司竞争中取得优势。

　　通过图 8，技术创新逐渐收到了企业重视，已经有接近 50% 以上的企业具备了技术创新的能力和条件。

　　通过图 9，折叠门作为目前幕墙建筑工程中日益常见的产品，顾问公司中半数以上的企业已经应用。

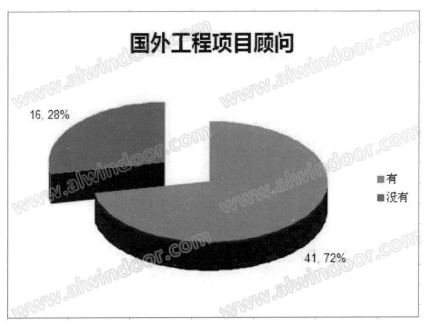

图 7　国外工程项目顾问

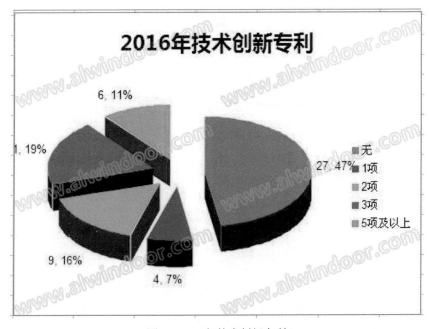

图 8　2016 年技术创新专利

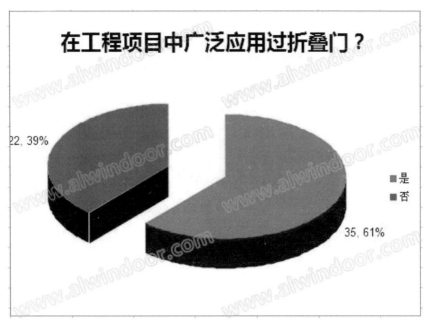

图 9　在工程项目中广泛用过折叠门

（因调查样本的局限性，以上的图表及分析仅供参考。）

中国幕墙网 ALwindoor.com 结语：

随着我国经济高速发展时期的结束，国民经济结构调整和供给侧改革的实施，房地产行业结束了超级繁荣期，迎来了前所未有的巨大挑战。面对国家宏观经济调控及产能过剩的调整，房地产投资及建设的速度均逐年放缓，对我国门窗幕墙行业的冲击在所难免，尤其是建筑幕墙设计咨询行业作为门窗幕墙行业的先行者，更肩负着迎接新挑战的重任。

建筑幕墙咨询顾问公司作为专业性强、服务对象主要集中在房地产板块内的特点明显的行业企业，在 2011 年后进入了顾问公司行业的高速发展时期，目前国内的房地产企业都已经接受了顾问公司行业，且真真切切地感受到了顾问公司为房地产企业带来的技术和成本双重红利。我相信在接下来的三到五年内，顾问公司行业依然会是高速发展的行业，目前的建筑幕墙咨询行业对顾问公司的需求缺口依然大量存在，但需求曲线中的拐点存在，可能左右行业的快速发展，要避免企业在行业大发展中掉队，增强企业人才储备，参与行业市场建设，自觉地维护行业取费规则，重视设计技术及设计服务项目的创新，转化技术与利润的合理利用率，是我们给出的顾问公司发展"五大法宝"。

扫一扫！了解"全国建筑幕墙顾问行业联盟"最新消息

回顾：中国门窗幕墙行业 2016 大事记

◎ 黄 玲 杨 伶

中国幕墙网

公元 2016 年，公历闰年，共 366 天，53 周

2016 年是"十三五"规划的开局之年，是决胜全面小康的开局之年，也是推进供给侧结构性改革的攻坚之年。这一年的中国门窗幕墙行业，闯关夺隘，奋然前行。企业在管理体制改革、创新突破方面，我们动真碰硬，披荆斩棘；行业在转型困惑面前，我们清醒坚定，勇毅笃行。

站在历史与现实、过去与未来的交汇点，我们信心满怀，豪情满怀；我们还须努力，还要奋斗。有梦的人生是美好的，有梦的民族是充满希望的。

接下来，请跟随中国幕墙网 ALwindoor.com 一道，共同对行业 2016 年的重大事件（新闻）展开回顾，共同向珍贵而又难忘的 2016 致敬！

——编者语

一月：七部委工作会，定调 2016 建筑业发展方向，释放年度发展信号！一个又一个创新低的增速、新订单、营业收入的骤减、新开工面积持续负增长，随之而来的是减薪减员潮来袭和上市公司破产关停。部分企业瘦身、裁员已经不足以摆脱窘境，更有甚者选择退出建筑行业。多个部委召开工作会议，部署 2016 年经济工作重点。去库存、棚户区改造、地下综合管廊、装配式建筑、海绵城市，成为住建部 2016 年发展方向。

七部委年终会议释放 2016 年建筑业哪些信号？

本文中列出的所有事件，若需阅读原文，请扫描此二维码

二月：春节刚过完，辽宁一位美女就开着宝马撞碎 4 块幕墙玻璃，最终认定需赔偿百万元！这也让社会大众明白了，幕墙的玻璃需要单独定制、运输及安装，十分麻烦，人工费等费用也十分昂贵。旁白：同时希望业主知晓，请甲方不要再压低工程款啦！各项成本已经很明确的放在这里，再低如何保障质量？

三月：辗转流离多年，重回祖国怀抱：老牌幕墙公司强势回归，预示行业充满机会。上海美特幕墙中文代表，通过其独立控股的新加坡公司与日本骊住集团达成了收购日方持有的美特公司投资方的 100% 股权，从而实现股权控制。旁白：此举将为广大同仁注入信心，大家携手从新的起点迈步，务实求真，力争上游，为建筑幕墙行业发展，作出新的贡献。

女子开宝马 X1 撞碎 4 块幕墙玻璃，需赔百万元

　　四月："世界第一高楼"花 27 个月成了"第一高烂尾楼"，2013 年，208 层、838m 高的"天空城市"宣布 7 个月就可以横空出世的时候，众人皆惊。大家都盼望着，远大可建手中这个耗资 90 亿元，"搭积木"而成的"天空城市"，

真的能超越迪拜哈利法塔，成为世界第一高楼。然而3年即将过去，在2016年的4月，我们发现远大可建的"天空城市"本来想成为世界第一高楼，但地皮成了鱼塘、瓜田，第一高楼成为第一烂尾楼。"第一高楼"逐渐变成了"第一烂尾楼"，到底发生了什么？造成这样的现状，仅仅是因为不报建，先开工违规行业？

上海美特幕墙强势回归"中国"预示行业充满机会

"世界第一高楼"花27个月成了"第一高烂尾楼"

五月：营改增试点全面推开，工程半包还是全包，成为焦点话题，而依赖挂靠经营的企业还能存在吗？5月1日起，随着《财政部国家税务总局关于全面推开营业税改增值税试点的通知》（财税〔2016〕36号）文件的出台，我国全面实施营改增试点，试点范围扩大到建筑业、房地产业、金融业、生活服务业，并将所有企业新增不动产所含增值税纳入抵扣范围，确保所有行业税负只减不增。工程企业的税率由 3% 的营业税变为 11% 的增值税，门窗幕墙企业与甲方进行工程结算时，计税的销售额中必须包含材料价值缴纳增值税，因此，选择清包工形式或包工包料形式，对建筑施工企业来讲尤为重要。

营改增后签包工合同、清包工合同，哪种更划算？

对工程企业更关键的是，营改增后，原有挂靠经营模式将受到致命的冲击。营业税改征增值税后，因为增值率是进项和销项环环相扣，所交税额为销项税额减去进项税额后的值，企业要对项目部的资金、票据和物资等实现全面管理，才可能对进项税票全面管控，以避免因项目部虚开增值税，而导致企业法人和高级管理人员承担刑事法律风险的情况出现。

"营改增"：传统挂靠经营，要么倒闭，要么坐牢！

六月：重视一定要有"血的教训"吗？甲方注意！设计使用年限 25 年，玻璃幕墙你负责！2016 年 6 月 17 日晚，四川绵阳长虹世纪城玻璃幕墙上一块玻璃掉落，这起极端事件，也引起了市民和网友对玻璃幕墙的安全问题以及相关责任的关注。事件经专家认定，系某幕墙公司承担施工的明框玻璃幕墙区域，隐框开启扇的中空玻璃外片脱落而造成的。由于初始查看人员不专业，未发现外片脱落了。初步技术分析的结果是：玻璃厂家统一按明框幕墙的玻璃施工工法，采用聚硫胶进行隐框中空玻璃的合片，施工单位订货时，未特定明确造成，现有关各方正查找资料，进一步确认责任方。最终处理：长虹世纪城方承担伤者相关赔偿责任、并向幕墙施工企业追偿相应责任，幕墙施工方图纸针对此问题未有明确采用结构胶合片及其尺寸要求，且订货单未就隐框板块单立要求，同时提供原中空玻璃的厂家已经不在了，将由幕墙公司承担起相应责任。已全权委托律师按法律程序解决相关赔偿问题。同时由幕墙公司开始对项目上所以隐框开启扇进行更换整改。与此同时，根据《建筑结构可靠度设计统一标准》（GB 50068—2001），玻璃幕墙设计使用年限是 25 年。住建部、安监总局的《通知》也规定，玻璃幕墙达到使用年限后，安全维护责任人应当委托具有相应资质的单位对玻璃幕墙进行安全性能鉴定，需要实施改造、加固或者拆除的，应当委托具有相应资质的单位负责实施。

七月：史上最严地标！深圳出台"幕墙管理新规"有效期半年，作为中国门窗幕墙行业的桥头堡——深圳的一举一动都深刻关系着行业的趋势走向，针对近年来，当地政府、相关管理机构，对人员密集、流动性大等特定环境、特定建筑的安全防护工作重视不够等问题，造成建筑幕墙维护管理责任落实不到位的现状。深圳市住房和建设局为切实加强建筑幕墙安全管理，保护人民群众生命财产安全，维护城市公共安全，根据《中华人民共和国建筑法》、《中华人民共和国安全生产法》、《建设工程质量管理条例》及《既有建筑幕墙安全维护管理办法》（建质〔2006〕291 号）等法律、法规、规章的规定，于2016 年 7 月正式颁布了《关于加强建筑幕墙安全管理的通知》。通知中明确了建设单位是在建幕墙工程质量安全第一责任人、在初步设计阶段，编制建筑幕墙安全性报告，组织幕墙专家对设计方案进行专项安全论证；玻璃幕墙的面板，除夹层玻璃外应选用均质钢化玻璃及其制品；鼓励业主投保既有建筑幕墙安全使用的相关责任保险；幕墙工程自竣工验收交付使用后，应当每十年进行一次安全性鉴定等要求。该通知自发布之日（2016 年 7 月 22 日）起施行，有效期 6 个月。

甲方注意啦！设计使用年限 25 年，玻璃幕墙你负责

深圳市住房和建设局文件

深建物业〔2016〕43 号

深圳市住房和建设局关于加强建筑幕墙
安全管理的通知

各区住房和建设局、宝安区建设局，各新区城建局、前海管理局规划建设处，市建筑工程质量安全监督总站，各建设、设计、审图、施工、监理、检测鉴定单位，各既有建筑幕墙业主：

近年来，我市建筑幕墙发生数次因幕墙玻璃自爆或脱落造成的损物、伤人事件，危害人民群众生命财产安全，引发社会广泛关注。造成这些安全危害的原因，除建筑幕墙工程技术缺陷、材料缺陷等因素外，对人员密集、流动性大等特定环境、特定建筑的安全防护工作重视不够，建筑幕墙维护管理责任落实不到位，也是重要原因。为切实加强我市建筑幕墙安全管

史上最严！深圳出台"幕墙管理新规"有效期半年

八月：玻璃幕墙本无"罪"，一"禁"能否了之？随着四川、广州等多地住建部门的《管理办法》出台，8 月可谓是行业的多事之秋，玻璃幕墙似乎成了"众矢之的"，去到哪里，各地喊"禁"。我们担心，这其实是"治标不治本"，科学的计算和实践应用告诉我们，高层建筑的外围护结构必须采用玻璃幕墙，究其原因，玻璃幕墙的自重轻是一个关键的优点。一旦禁止，将造成建造成本或大幅上升，应分区域分类管理。面对当前的使用现状，轻设计、轻验证、重成本为工程埋下隐患，而我们的门窗幕墙技术不比欧美差，保障安全的前提是，

大量采用均质钢化的玻璃，而更多的推广明框幕墙或组合形式幕墙，也是提高工程安全质量的关键。同时，监管方面缺执行力和监管力度，相关专业人才短缺问题，急需改善，呼吁管理部门加强后期监督，使行业有序和健康发展。

中国幕墙网 ALwindoor.com 通过采访建筑行业多位资深专家，整理出以下七点建议，希望帮助大家理解幕墙工程，引发门窗幕墙及至建筑业界更多同仁们的共鸣：①玻璃幕墙无论从结构、功能、造价上来说是高层、超高层建筑的基本选择。②玻璃幕墙在中国近三十年的应用经历，上亿平方米的应用，总体是安全的，出现安全问题是小概率事件。受众多因素和环节影响的工程系统，从来就不会达到100％安全可靠。100％是极致，是极限，可以追求，但是在任何"工程领域"都是做不到的。③玻璃幕墙出现安全问题，就跟建筑大楼（结构）、桥梁、道路会出现安全问题一样，但从来没有限制盖楼、造桥、修路。④玻璃幕墙出问题不是行业技术存在问题，而是项目整个管理实施过程各方面的问题综合反映，同时，也是监管和维护方面存在缺陷的表现。⑤既有幕墙使用业主应按相关规定承担起检查维护安全责任。⑥简单限制玻璃幕墙使用的行政管理规定，必定会建筑市场带来深远影响。⑦不希望大众媒体记者，有目的选择观点、曲解表达，把政府的决策导向一种过激的、片面的解决途径上去。包括在缺乏与行业专家充分意见沟通的前提下，颁布地方限制政策和管理办法等，容易给民众带来杯弓蛇影的错觉，同时也容易出现矫枉过正现象。

玻璃幕墙本无"罪"—"禁"能否了之？

九月："莫兰蒂"台风！冷酷无情的检验了建筑幕墙的设计、施工与选材，第14号台风"莫兰蒂"，于2016年9月15日凌晨3时05分在厦门翔安，以强台风级别登陆，登陆时最大阵风 17 级以上，中心最大风力达 15 级、48m/s、中心气压 945Pa，为新中国成立以来厦门遭遇的最强级别台风。台风刚刚过去，在"锐建工程咨询有限公司"邀请组织下，会同厦门建筑幕墙、门窗业界的多位行业领导、企业专家，组成"9.15 莫兰蒂"门窗幕墙建筑灾情考察组，第一时间对厦门市区部分幕墙门窗受损情况进行了调查。经过对既有幕墙门窗及在建工程项目的调查观察，大部分幕墙门窗在这次强台风中表现良好，无受损情况发生，少数门窗幕墙的个别玻璃出现局部受损现象，而极个别项目，特别是一些小区的阳台门窗，玻璃受损较为严重。相关的调查报告，也再次证明，设计规范、施工科学和选材优质的——幕墙是城市建筑中为人类提供保护的第一层，也是关键的一层"防御屏障"，安全为先，不容小觑；

发布："915 莫兰蒂"厦门幕墙门窗受损情况报告

十月：原材料涨价席卷全国，多个行业面临挑战！金九银十，刚刚过完国庆长假，门窗幕墙行业同仁都铆足干劲，准备在最后一个季度冲刺一轮，以为可以赚点钱过年，谁知道先是原材料疯涨，各种辅料也比拼着涨价，紧接着运输成本上涨，人工工资也要涨，最后连微信支付宝也要收手续费了，深感压力山大……面对出口和内需毫无起色，房地产市场依旧不温不火的现状，经销商和工程商为打价格战拼命挤压上游供货商，这可是拼命的节奏呀！相信接下来的相当一段时间内，价格上涨带来的不利因素，将持续危害国内多个实体经济行业。门窗幕墙行业需要通过抓新技术、新产品研发，同时降低企业生产和管理成本，适当减少市场渠道成本，将市场内的不良因素降低到远低于企业抗风险能力极限以下，才能谋求更合理的发展，保证企业的正常生产经营。

原材料涨价席卷全国，多个行业面临大考验！

十一月：新纪元！推动行业健康发展，《建筑幕墙工程咨询导则》编制工作进展顺利。顾问咨询公司，作为门窗幕墙行业产业链上重要的一环，为了进一步明确其在目前整个建筑产业链中所处的位置及定位，加强行业的自我监督与管理，推动该行业健康稳健发展，由铝门窗幕墙委员会与全国建筑幕墙顾问行业联盟联合编写的《建筑幕墙工程咨询导则》，自 2016 年 1 季度筹备阶段开始，经过编制组的共同努力，截至 2016 年 11 月 18 日，"送审稿"顺利通过了专家评审。《导则》的编写有利于明确咨询公司在目前整个建筑产业链中所处的位置及定位，也有利于统一和规范行业服务内容与规则，从而加强行业从业者自律，最终推动该行业的健康稳健发展。

新纪元！2016 全国建筑幕墙顾问行业联盟座谈会深圳召开

十二月：2016 铝门窗幕墙委员会工作会顺利召开，行业数据统计报告正式出炉。年末，中国建筑金属结构协会铝门窗幕墙委员会工作会，在成都世纪城国际会议中心隆重召开，与会领导及嘉宾、行业代表们纷纷就2016 门窗幕墙行业发展形势，众多行业企业发展现状进行了深度总结，围绕供给侧改革、一带一路等国家战略背景下，铝门窗幕墙企业的应对策略进行了讨论；同时，会议期间还解读了国家最新行业政策；介绍行业数据统计工作、专利汇编征集工作以及"第 12 届门窗幕墙行业读者调查活动"的开展情况。统计报告反映出，在 2016 年铝门窗幕墙行业生产总值将接近6 千亿元，较 2015 年增长约 2％，其中幕墙生产总值占比有所下降，而铝合金门窗的总产值继续提高。行业总体经营情况不太乐观，伴随着国家对房地产业的投入减少，铝门窗幕墙行业承受了前所未有的下行压力，个别企业因资金链短缺、银行贷款紧缩等情况的影响，出现经营困难的局面。2017 年需要企业更加谨慎经营，稳定发展，合理的企业市场布局、清晰的企业经营思路，更多的通过多渠道、多层面分析行业及国内相关产业发展，及时调整经营策略，把稳资金投入等方面，应成为门窗幕墙行业企业的重中之重。

2016 年铝门窗幕墙委员会工作会

2016，一带一路、装配式建筑等政策的大力推进，让我们看到了无限希望，2016 原材料起伏、价格战加剧，让我们感受了山大的"鸭梨"。进入2017 年，门窗幕墙行业同仁，注定要迎来"机会与考验"并存的一年。时代会无情的淘汰那些所谓传统的企业家，会不断的迸发新颖甚至是新奇的商业模式，创新精神、实干英雄会崛起。

本文中列出的所有事件，若需阅读原文，请扫描此二维码

逆境都是考验，挑战都是机会！2017 我们继续出发，带给行业、带给中国、带给世界更多惊喜。